LA PERRUQUE DE NEWTON

LES BÂTISSEURS DU CIEL

****

DU MÊME AUTEUR :

Les Trous noirs, Belfond, 1987 ; Le Seuil, coll. Points Sciences, 1992.

Noir Soleil, poèmes, Le Cherche-Midi, 1993.

La Physique et l'Infini, Flammarion, 1994.

Les Poètes et l'Univers, Le Cherche-Midi, 1996.

Figures du ciel, avec M. Lachièze-Rey, Le Seuil, BNF, 1998.

Éclipses, les rendez-vous célestes, avec S. Brunier, Bordas, 1999.

Le Rendez-vous de Vénus, roman, Lattès, 1999 ; Livre de poche, 2001.

L'Univers chiffonné, Fayard, 2001 et 2005 ; Gallimard, coll. Folio Essais, 2005.

Le Bâton d'Euclide, roman, Lattès, 2002 ; Livre de poche, 2005.

Le Feu du ciel, Le Cherche-Midi, 2002.

Itinéraire céleste, poèmes, Le Cherche-Midi, 2004.

L'Invention du big bang, Le Seuil, coll. Points Sciences, 2004.

De l'infini, avec M. Lachièze-Rey, Dunod, 2005.

Astéroïde, Le Seuil, coll. Points Sciences, 2005.

Le Destin de l'univers, Fayard, 2006.

Dans la série *Les Bâtisseurs du ciel* :

Le Secret de Copernic, tome 1, Lattès, 2006 ; Livre de poche, 2008.

La Discorde céleste, tome 2, Lattès, 2008 ; Livre de poche, 2009.

L'Œil de Galilée, tome 3, Lattès, 2009.

www.editions-jclattes.fr

Jean-Pierre Luminet

LA PERRUQUE DE NEWTON

LES BÂTISSEURS DU CIEL

****

JC Lattès

ISBN : 978-2-7096-2415-2

Première édition mars 2010.

« La Nature et ses lois gisaient dans la nuit.
Alors Dieu dit : “Que Newton soit !” et la lumière fut. »

Alexander Pope (1688-1744)

« Ce fut l’être le plus épouvantable, le plus prudent et
le plus suspicieux que j’aie jamais connu. »

William Whiston (1667-1752)

Les bâtisseurs du ciel

Le roman que vous tenez en main a été écrit pour divertir, mais aussi pour instruire. Instruire en divertissant, tel était déjà le projet d'Alexandre Dumas lorsqu'il conta l'Histoire de France dans ses romans inimitables.

L'Histoire des sciences, et surtout celle des grands hommes qui l'ont forgée, reste quant à elle largement ignorée du public. Elle fourmille pourtant de grandes et de petites âmes, de héros et de traîtres, de princes et de gueux, d'aventuriers et de craintifs, bref, d'hommes et de femmes animés de passions célestes autant que terrestres, intellectuelles autant que matérielles, spirituelles autant que charnelles. Dans la grande quête des mystères de l'univers, jalousie, soif de pouvoir et de reconnaissance, cupidité, lâcheté voisinent avec hauteur de vue, désintéressement, abnégation, fulgurances de l'esprit.

Au cours des XVIe *et* XVIIe *siècles, une poignée d'hommes étranges, des savants astronomes, ont changé de fond en comble notre façon de voir et de penser le monde. Ils ont été des précurseurs, des inventeurs, des inspirateurs, des agitateurs de génie... Mais pas seulement. Ce qu'on ignore généralement – peut-être parce que leurs découvertes sont tellement extraordinaires qu'elles éclipsent les péripéties de leur existence – c'est qu'ils ont été aussi des personnages hors du commun, des caractères d'exception, de véritables figures romanesques dont la vie fourmille en intrigues, en suspenses, en coups de théâtre...*

La série « Les bâtisseurs du ciel » illustre et développe l'aphorisme que lance Shéhérazade au sultan en leur 849e *nuit :*

« Mais les savants, ô mon seigneur, et les astronomes en particulier, ne suivent pas les usages de tout le monde. C'est pourquoi les aventures qui leur arrivent ne sont pas celles de tout le monde. » Elle redonne chair, sang et esprit à ces héros de l'humanité que sont Nicolas Copernic, Tycho Brahé, Johann Kepler, Galileo Galilei, Isaac Newton et quelques autres figures de moindre renom... En façonnant une nouvelle vision de l'univers, tous ont contribué à bâtir le socle de notre civilisation moderne, au même titre que Christophe Colomb ou Gutenberg.

Pourquoi ce choix plutôt que Darwin, Pasteur, Maxwell ou Einstein ? Parce que les XVI*e et* XVII*e siècles marquent une étape essentielle de l'Histoire des sciences, de l'astronomie en particulier et de la civilisation en général.*

Quelles étaient les connaissances et les polémiques sur la nature et l'organisation du monde à cette époque ?

La cosmologie d'Aristote, perfectionnée par l'astronomie de Ptolémée, a été aménagée au Moyen Âge pour satisfaire aux exigences des théologiens. L'Univers antique et médiéval est considéré comme fini, très petit, centré sur la Terre. Le pouvoir temporel et spirituel trouve naturellement sa place au centre de cette construction, de sorte que ce modèle d'univers s'impose et conserve une indiscutable suprématie jusqu'au XVII*e siècle.*

La première faille apparaît avec le chanoine polonais Nicolas Copernic (1473-1543). Il propose un système « héliocentrique », c'est-à-dire dans lequel le Soleil est au centre géométrique du monde tandis que la Terre tourne autour de lui et sur elle-même. Mais il conserve l'idée d'un cosmos clos, borné par la sphère des étoiles.

Copernic ne sera pas compris ni lu de son vivant. Plusieurs décennies s'écouleront avant que de nouvelles failles lézardent l'édifice aristotélicien. En 1572, une étoile nouvelle est observée par le Danois Tycho Brahé (1546-1601), qui démontre qu'elle est située dans les régions célestes lointaines, jusqu'alors présumées immuables. Il observe aussi des comètes, fait bâtir le premier observatoire européen – un incroyable palais baroque nommé Uraniborg, et accumule pendant trente ans les meilleures observations sur le mouvement des planètes.

L'Allemand Johann Kepler (1571-1630) est le grand artisan de la révolution astronomique. Utilisant les données de Tycho Brahé, il découvre la nature elliptique des trajectoires planétaires, et renverse le dogme aristotélicien du mouvement circulaire et uniforme comme explication des mouvements célestes.

En Italie, à partir de 1609, les observations télescopiques de Galileo Galilei (1564-1642) ouvrent définitivement la voie à une nouvelle vision de l'univers, construite sur la base d'un espace infini. Son contemporain et compatriote Giordano Bruno (1548-1600) paiera de sa vie sa passion de l'infini et son obstination à ne pas abjurer sa philosophie devant l'Inquisition. En France, René Descartes (1596-1650) élabore un système philosophique nouveau d'une portée considérable, qui prône la mathématisation des sciences physiques et la séparation du corps et de l'esprit. Selon lui, l'Univers s'étend dans toutes les directions jusqu'à des distances indéfinies et est entièrement rempli d'une matière continue et tourbillonnaire.

Ce changement radical de conception cosmologique est achevé par l'Anglais Isaac Newton (1642-1727). Il explique la mécanique céleste en termes d'une loi d'attraction universelle, agissant au sein d'un espace infini, selon lui « l'organe sensible » de Dieu.

Cette succession d'idées a révolutionné l'astronomie et la science en général. Mais, surtout, par imprégnation dans les autres domaines de l'activité humaine, elle a conditionné l'éclosion et l'évolution de notre société occidentale moderne. En effet, Newton, qui cherchait Dieu dans la Nature comme dans les Écritures, a paradoxalement laissé derrière lui un monde dans lequel la religion n'est plus aux commandes. Avec lui, la science a puissamment contribué à décomposer la lumière de la foi, qui jusqu'alors dominait la pensée. Libre, elle nous emporte aux confins de l'univers, et nous fait toucher la petitesse et la touchante fragilité de notre planète.

L'enjeu de la fiction

Chaque volume narre donc la vie exceptionnelle de l'un de ces aventuriers du savoir, chacun restitué dans sa personnalité profonde à travers son œuvre, bien sûr, mais aussi et surtout par ses relations passionnées et conflictuelles avec ses proches, la société, la politique, les mœurs et les conventions de son temps. Chaque étape du savoir se situe en effet dans le contexte bien précis de la société de l'époque ; le génie de quelques individus entre en résonance avec l'histoire politique, religieuse et culturelle de leur temps, et ce processus engendre un progrès soudain et décisif des connaissances.

Dans ces romans biographiques en forme de réflexion sur la science, ce n'est pas de vulgarisation qu'il s'agit, mais de sensibilisation. La fiction permet de mettre de la chair sur des personnages historiques et des concepts à première vue abstraits, parce que « scientifiques ». La fiction humanise le propos et démontre que le savoir n'est jamais séparé de l'émotion.

Les récits restent profondément ancrés dans la réalité historique et scientifique de l'époque. Le lecteur parcourt l'Europe toutes voiles dehors en compagnie de savants-aventuriers, liés au pouvoir politique et religieux. Intrépides, érudits, intègres mais habiles négociateurs, carriéristes parfois, les savants sont avant tout humanistes. Tous sont universalistes, en contact avec d'autres cultures, tous ont conscience d'œuvrer au progrès de l'humanité. Ainsi, au fil des pages, le lecteur découvre à la fois les avancées de la science et les progrès des idées d'une Europe en train de se faire.

La série « Les bâtisseurs du ciel » est un hymne à la science, au plaisir et à la hardiesse d'esprit. Car c'est à ces hommes d'exception que nous devons la première image d'un cosmos qui est toujours le nôtre – celle d'un univers démesuré, et cependant mesurable par l'intelligence et l'imagination créatrice.

I.

Fils de personne

1.

Le bâton d'Euclide

Isaac descendait l'allée centrale menant aux grilles du manoir de Harlaxton, tel un petit soldat allant à la bataille en portant son arme sur l'épaule. En guise de mousquet, la grosse canne en bois d'olivier et au pommeau d'ivoire jauni que lui avait offerte sir Askew.

Cet antique objet avait été façonné, selon la légende, dans le bâton dont se servait Euclide pour dessiner sur le sable d'Alexandrie ses figures géométriques. On ignore comment ce « bâton d'Euclide » s'était retrouvé dix-huit siècles plus tard entre les mains de Paracelse. Le fantasque médecin prétendait l'avoir reçu d'un mage babylonien. Il l'avait confié ensuite à un ami tendre à son cœur, le jeune Rheticus, à charge de le remettre au chanoine Copernic lui-même, qu'il allait visiter dans sa tour polonaise. Dans la cache du bâton était dissimulé *L'Hypothèse*, un manuscrit d'Aristarque de Samos réputé perdu, mais arraché *in extremis* aux flammes de la Grande Bibliothèque ; le géomètre alexandrin osait y affirmer que la Terre n'était pas le centre de l'univers, mais une petite planète tournant autour du Soleil. Quelques années après la mort de Copernic, un jeune disciple de Rheticus, Michel Maestlin, venu en pèlerinage à l'observatoire du chanoine, avait chapardé la relique. Mais sur le chemin de l'Italie, à court d'argent, il avait vendu la canne à un astronome danois déjà célèbre, Tycho Brahé. Bien des années plus tard, ce dernier, devenu mathématicien et astrologue de l'empereur Rodolphe, avait légué sur son lit de mort le bâton d'Euclide à son assistant et successeur, Johann Kepler. Mais vinrent les tempêtes de la guerre de Trente Ans. Errant de ville en ville, ballotté au milieu de la tourmente où sombrait l'Empire germanique, Kepler fut secouru par John Askew, alors diplomate quelque peu espion au service de l'Angleterre. Pensant rejoindre un jour les côtes britanniques, Kepler lui avait confié la canne. Mais Kepler n'avait jamais traversé la Manche : il était mort d'épuisement quelques semaines plus tard, sur le chemin de Ratisbonne.

Askew était bien embarrassé de cet objet dont il se savait indigne. Ce symbole du savoir ininterrompu ne devait être transmis qu'à ceux qui étaient aptes à perpétuer noblement l'œuvre des anciens philosophes. Après Kepler, la seule personne au monde qui aurait mérité de le recevoir en héritage n'était autre que Galilée. Mais comment le lui remettre, alors que celui-ci gémissait dans les prisons de l'Inquisition ? Il y aurait eu aussi Descartes, mais c'était un diable de Français, et le royaume d'Angleterre n'était guère en bons termes avec celui du jeune Louis XIV... C'est ainsi que le bâton d'Euclide s'était échoué dans le manoir d'une campagne anglaise oubliée du monde...

Jusqu'à l'âge de quarante ans, quand il avait décidé de se retirer dans ses terres et de se marier, sir Askew avait eu une vie très mouvementée, faite de voyages, d'intrigues et de politique. Mais il n'aimait guère en parler, préférant évoquer les hommes illustres qu'il avait rencontrés. Non pas les princes, les prélats et les généraux, qu'il haïssait, mais ceux qu'il appelait, avec admiration, les bâtisseurs du ciel : Tycho Brahé, Maestlin, Galilée, et surtout celui qu'il avait aimé comme un frère, Johann Kepler. Arrivé au bout de sa longue vie, il avait l'amère conscience de n'avoir pas accompli ce pourquoi il se croyait destiné, transmettre aux générations futures le savoir de ces géants et de leurs prédécesseurs, Aristarque, Ptolémée, Copernic, Réthicus... Mais à qui léguer le bâton d'Euclide, dépositaire de ce savoir ?

Entre le très vieux gentilhomme et le garçon de dix ans délaissé par sa mère s'était tissée une amitié aussi profonde qu'étrange, n'ayant que peu à voir avec les lointains liens de parenté qui les unissaient. La mère d'Isaac était une Ayscough. Ayscough, Askew... Cela se prononçait pareil. L'orthographe des patronymes était tellement fluctuante... Ils devaient être plus ou moins cousins. Le père d'Isaac, lui, était mort six mois avant la naissance du garçon. « Je suis né le jour de Noël, comme le Christ. Et comme lui, mon père était déjà aux cieux », lui avait déclaré très sérieusement l'enfant, avec même un soupçon de vanité. Askew avait souri, en se disant que si l'Angleterre ne s'était pas obstinée, par antipapisme étroit, à conserver le calendrier julien au lieu d'adopter le grégorien, bien plus rationnel, le petit Isaac aurait été déçu de savoir qu'il était venu au monde non le jour de la Nativité, mais le 4 janvier de l'année suivante.

Sir Askew avait trouvé, dans ce garçonnet grave et triste, quelqu'un qui l'écoutait, sans arrière-pensée autre que celle d'apprendre goulûment, l'interrompant parfois avec brusquerie pour poser une question : comment la Terre peut-elle tourner autour du Soleil ? Si en plus la Terre tournait sur elle-même, pourquoi les hommes, les bêtes, les maisons ne s'envolaient-ils pas dans les airs ? Non seulement Isaac posait les bonnes questions, non seulement il écoutait passionnément les réponses, mais, surtout, quand il ne les comprenait pas, il l'avouait. Le plus souvent cependant, il demandait une précision, pour montrer qu'il avait compris et que ce n'était pas la peine de s'étendre dans une explication, ou pour rappeler cruellement à l'octogénaire qu'il avait déjà raconté telle ou telle anecdote.

Chaque semaine, après avoir accompagné sa grand-mère et le valet de ferme à la foire de Grantham, Isaac s'échappait et faisait le détour jusqu'au manoir de son vieil ami. Celui-ci avait trouvé la bonne manière d'enseigner l'astronomie à son jeune auditeur, en évitant de s'aventurer dans l'algèbre et la géométrie, qui auraient certainement rebuté l'enfant. Lui-même, d'ailleurs, était loin d'être un nouveau Thalès ou la réincarnation de Pythagore. Aussi décrivait-il ses héros passant leurs jours à calculer sur leur table de travail, et leurs nuits dans le froid, l'œil se crevant à fixer les étoiles, bagnards de la Vérité cosmique. Sans le vouloir, il ancrait dans la tête du petit Isaac que les sentiers menant au savoir et à la renommée n'étaient que souffrance, peine, sueur, douleur. Il est vrai que la vie d'Askew n'avait été que plaisir, insouciance, recherche de la bonne fortune ; elle lui semblait bien stérile, maintenant qu'elle allait s'achever. Alors il parlait, il racontait, il enseignait. Les jours de froid ou de pluie, le vieillard et l'enfant se réfugiaient dans la bibliothèque.

Le printemps revint. Il faisait fort beau en cet après-midi d'avril 1652, et John Askew s'était fait dresser une table sur la pelouse en dessous du perron pour mettre la dernière main à son manuscrit. La douceur de l'air et sa digestion difficile l'incitèrent à s'allonger quelques instants sur une chaise longue à l'ombre d'un chêne. Une brise légère le réveilla. Il sursauta quand il vit, attablé, la tête plongée dans les mains, le garçonnet blond-roux lisant l'un de ses manuscrits.

Le temps avait passé si vite, pour le vieil homme. Encore une année immobile, pendant que la mort avançait vers lui. Alors, dans un accès de lassitude, il décida que s'achevait la mission dont il s'était senti investi par Kepler et, à travers lui, par ses prédécesseurs, les autres bâtisseurs du ciel, à lui qui n'avait jamais rien bâti. L'heure était venue de transmettre le témoin. Pourquoi le petit Isaac ? Peut-être parce que Dieu, comme le lui avait dit un jour Kepler, cache ses mystères aux sages et aux prudents de ce monde, mais les révèle aux petits enfants ? En tout cas, Askew était certain qu'ainsi le bâton d'Euclide continuerait de voyager, de passer de main en main, tandis qu'au manoir, après sa mort, le précieux sceptre s'empoussiérerait derrière une vitrine du cabinet des curiosités, entre un mouton à cinq pattes empaillé, la lunette de Galilée, et une coiffure de plumes indienne rapportée des colonies du Nouveau Monde par un neveu voyageur.

— Tiens, prends-la, dit-il un peu brusquement au petit garçon, alors que celui-ci s'installait de l'autre côté de la table, déjà impatient d'écouter l'épisode du jour. Tu raconteras son histoire à tes petits-enfants, quand tu seras devenu *clergyman* de Colsterworth. File, maintenant, je suis fatigué. Et puis, ce n'est pas la peine de revenir la semaine prochaine. Ni celle d'après. Je pars en voyage. Pour longtemps.

Il lui tendit la canne à tête de sphinx comme on jette une bouteille à la mer. Isaac s'en saisit, tel un écuyer adoubé par son seigneur et recevant l'épée…

D'un pas vif, Isaac marche dans la campagne, la canne sur l'épaule. Il rêve. À l'âge où les petits garçons veulent devenir plus tard capitaine de vaisseau, général ou missionnaire, il s'imagine comme Tycho Brahé, maître d'une île ou au milieu d'instruments d'observation extraordinaires, partant en quête d'étoiles nouvelles. Mais un Tycho qui refuserait de frayer avec les princes et les empereurs, et qui, comme Copernic, fuirait la gloire et les honneurs, isolé dans sa tour dominant l'océan. Mais un Copernic qui oserait clamer au monde la Vérité céleste, comme Kepler… Mais un Kepler solitaire, sans femme ni enfants à nourrir en rédigeant des horoscopes complaisants aux puissants et aux riches. Un Kepler libre, un Copernic courageux, un Tycho modeste ! Oui, il serait tout cela ; n'est-il pas né quatre jours avant la mort de Galilée, comme le lui a fait remarquer sir Askew ? Oui, il serait l'ultime bâtisseur du ciel. Quand il serait grand.

Son enthousiasme tomba d'un coup quand il se retrouva devant la barrière cernant la butte en haut de laquelle était posée la lourde bâtisse aux murs épais que l'on appelait « manoir de Woolsthorpe », depuis que le père d'Isaac était passé du statut de simple fermier à celui de « seigneur ». Un seigneur sans vassaux, sinon un considérable cheptel de plus de trois cent cinquante moutons et d'une trentaine de bêtes à cornes paissant dans de vastes prairies. Les villageois des environs enviaient la fortune de ces Newton qui avaient prospéré dans toute la région, et leur faisaient payer au prix fort droits de pacage et autres privilèges seigneuriaux. De plus, feu le père d'Isaac avait augmenté son bien en épousant Hannah Ayscough, qui se flattait non sans raison d'appartenir à une noble famille du comté de Rutland. Richesse bien relative, sur cette terre rude et en ces temps difficiles, mais richesse quand même.

Le père d'Isaac était mort subitement à l'âge de trente-sept ans, sans que personne éprouvât le besoin d'en connaître les causes. Six mois plus tard, Isaac naissait. En naissant il était déjà presque mort, tellement petit qu'il aurait tenu dans une cruche d'eau, et ce fut un miracle qu'un nouveau-né prématuré, apparu trois mois avant le terme de la grossesse, résiste plus de quelques heures, au cœur de l'hiver. Prématuré, si l'union de ses parents avait vraiment été consommée après les noces…

Avec un nourrisson à charge, et malgré la trentaine approchant, la veuve Newton restait un excellent parti. Les prétendants ne manquèrent pas. Ce fut sa mère, Margery Ayscough, qui, malgré ses cinquante ans passés, battit la campagne pour trouver un époux digne de sa fille.

Les deux femmes avaient le temps ; il fallait d'abord que l'enfant soit sevré. En attendant, leur principal souci n'était pas d'amoindrir leur petite fortune, mais bien au contraire de l'accroître par un beau mariage. Quand le petit Isaac alla sur ses trois ans et qu'il abandonna, en trottinant, le sein de sa mère, les deux femmes se mirent sérieusement en quête, aidée par leur nombreuse parentèle. Les Ayscough avaient essaimé partout dans le comté. Ce fut une cousine qui leur dénicha la perle rare.

Barnabas Smith, recteur anglican de North Witham, un village des environs, venait de perdre son épouse, qui ne lui avait pas fait d'enfant. À soixante-trois ans, il se voyait mal finir ses jours dans la solitude. Outre les bénéfices de sa charge, le recteur possédait de bonnes terres, dont il tirait des revenus substantiels. Certes, le temps était au puritanisme, mais un *clergyman* anglican, qui saurait accomplir son ministère discrètement et sans trop de zèle, pouvait vivre et prospérer en paix au cœur du Lincolnshire. Barnabas Smith l'avait bien compris. La terre couvrant le cercueil de son épouse était encore fraîchement remuée qu'au manoir de Woolsthorpe, devant un oncle qui avait fait quelques études, le contrat de mariage fut âprement négocié. Le recteur consentit en particulier à son beau-fils une parcelle de terrain importante, en échange de quoi il n'aurait aucune responsabilité tutoriale sur l'enfant. Laisser aux Newton ce qui appartenait aux Newton, aux Ayscough ce qui appartenait aux Ayscough, et aux Smith ce qui était aux Smith, tel était le pacte.

Ainsi, Isaac vécut toute sa prime enfance avec sa grand-mère Margery, dans la sombre bâtisse que son beau-père avait restaurée à ses frais, selon une des clauses du contrat, lequel ne précisait pas que le petit garçon ne viendrait jamais rendre visite à sa mère dans son nouveau foyer... Chacun chez soi et les moutons seront bien gardés. C'était partout comme ça, dans le Lincolnshire, depuis le premier berger et la première brebis.

Dire que le petit Isaac fut élevé par sa grand-mère serait exagéré. La vieille femme n'avait jamais appris à lire ni à écrire, mais, à coup sûr, elle savait compter. Elle dirigeait le domaine d'une main de fer, redoutée mais respectée par son valet de ferme et sa servante, les saisonniers, les manouvriers et les métayers autant que par les marchands de Grantham, à qui elle allait vendre elle-même le bétail et la laine. Scrupuleusement, sans état d'âme, la veuve Ayscough s'occupait d'accroître le patrimoine de son petit-fils.

Quand l'enfant eut six ans, ses oncles Newton s'avisèrent que le rejeton de la branche aînée du clan ne puisse jamais tenir son rang s'il ne possédait pas des rudiments de lecture et d'écriture. Ils eurent beaucoup de mal à l'arracher à la vieille dame, qui ne voyait pas l'utilité d'apprendre de telles choses pour savoir mener un domaine. Mais, comme ils ne lui demandèrent pas d'argent pour héberger l'enfant chez eux, elle finit par céder. Ainsi, durant quatre années, Isaac vécut alternativement chez son oncle de Skillington et chez celui de Stokes, deux villages qui avaient chacun leur école primaire. Ce fut aussi l'aubaine, pour l'enfant, d'être à proximité du manoir de Harlaxton où, après l'avoir longtemps épié, il fit enfin la connaissance de John Askew.

Durant les périodes de congés scolaires, qui coïncidaient avec les gros travaux agricoles, Isaac se résignait à revenir habiter dans la demeure familiale de Woolsthorpe, auprès de la vieille aïeule morose et taciturne qui lui ordonnait mille et une tâches, au champ, au pré, au verger, à la grange, selon la saison, afin qu'il commence à gagner un peu de ce qu'il coûtait.

C'est donc avec une grande amertume que ce jour-là, le bâton d'Euclide sur l'épaule, Isaac se retrouve devant la barrière du manoir. L'école est finie pour cette année, et il ne reverrait plus sir Askew. Un malheur n'arrivant jamais seul, là-haut, devant la porte d'entrée, il voit la voiture de son pire ennemi : Barnabas Smith, son beau-père. Le recteur de North Witham est encore venu fourrer son nez dans les affaires des Newton. Mais, cette fois, Isaac est bien résolu à lui tenir tête, tel Tycho affrontant le roi du Danemark, et Galilée le pape.

Autour de la table, dans la longue salle commune au sol carrelé, Barnabas Smith, Margery et Hannah sont en grande discussion. Plus exactement, le recteur lit et explique aux deux femmes un gros volume ayant trait aux lois et coutumes concernant l'élevage et l'agriculture. Dans un panier posé devant la cheminée où rougeoient encore quelques tisons, un nourrisson dort – la petite Hannah, demi-sœur d'Isaac, née quelques mois auparavant.

En entrant dans la salle, Isaac voit Benjamin, un petit garçon de cinq ans, en train de mouvoir la roue d'une maquette de moulin à eau qu'Isaac a fabriquée et qui n'attend plus que sa souris ou son écureuil pour la faire tourner.

— Eh, toi, le morveux, ne touche pas à ça !

En le voyant avancer vers lui, menaçant, son demi-frère court se cacher sous la table.

— Enfin, te voilà, Isaac, siffle la vieille Margery d'une voix aigre. Où étais-tu allé vagabonder, fainéant ? Et que nous rapportes-tu encore comme ordure à la maison ? dit-elle en désignant la grosse canne avec laquelle Isaac a menacé Benjamin. Où as-tu volé ça ?

— Je ne l'ai pas volé, répond en bredouillant un Isaac terrorisé. C'est sir Askew qui me l'a donné.

— Askew ? Ce vieux diable, ce mécréant ? Je t'ai dit cent fois de ne jamais aller rôder du côté d'Harlaxton. Tu y perdras ton âme. Donne-moi ça.

Isaac, que l'on aurait pu croire un esprit aussi rebelle que sa tignasse, obéit sans rechigner et tend le bâton d'Euclide à sa grand-mère. La vieille dame ne paye pourtant pas de mine, petite, racornie, noueuse comme un tronc de pommier, le visage ridé enfoui sous sa coiffe noire. Mais, dans sa courte mémoire d'enfant laissé à lui-même, c'est la seule personne auprès de qui Isaac a appris l'obéissance. Quant à l'affection, il n'en lit aucune dans le regard indifférent que sa mère lui lance.

— Montrez-moi cette canne, je vous prie, Margery, dit Barnabas Smith d'une voix posée.

Le pasteur n'avait même pas tourné la tête vers Isaac quand celui-ci était entré. Le contrat de mariage stipulait qu'il n'aurait ni le droit ni le devoir d'exercer une quelconque tutelle sur son beau-fils ; aussi s'appliquait-il à faire comme si l'enfant n'existait pas. Le petit garçon n'était jamais venu au presbytère de North Witham pour rendre visite à sa mère, et lui-même n'accompagnait qu'exceptionnellement son épouse à Woolsthorpe, comme ce jour-là, pour démêler une affaire de droit de pacage non versé par un métayer. D'ailleurs, Mme Hannah Newton-Smith n'était venue voir son fils que deux fois en six ans de mariage. Non que son second mari le lui interdît, mais la naissance de Benjamin, puis celle de la petite Hannah, sans oublier son rang d'épouse de recteur à tenir, l'obligeait à surseoir à la bonne demi-journée de voyage entre ses deux foyers. Et puis, elle était à nouveau enceinte.

Barnabas Smith a posé la longue et lourde canne sur la table. Il en caresse le bois avec un air de volupté.

— Belle facture… Olivier… Vieil ivoire… Cette antiquité doit être chère au cœur de sir Askew. J'irai moi-même la lui restituer. Je prends toujours plaisir à sa conversation, qu'il a brillante et érudite.

À ces mots, Isaac, rouge de colère, brandit son petit poing vers son parâtre et se met à crier d'une voix suraiguë :

— Vous n'avez pas le droit. C'est vous le voleur ! Si vous prenez le bâton d'Euclide, j'irai brûler votre maison, vous, votre femme, vos enfants, vous rôtirez dans les flammes de l'enfer !

Puis, comme s'il se croyait lui-même foudroyé par sa menace, il s'enfuit et part se réfugier dans sa chambre, sous les combles. Là, couché sur son petit lit de fer au-dessus duquel est accroché un crucifix en bois, la tête enfouie dans les bras, il remâche sa colère des heures durant. Il s'imagine jeter le brandon dans la maison du pasteur, puis le brasier dans lequel Smith, les deux enfants et même sa mère hurlent et se tordent de douleur tandis que les flammes les dévorent. Il ne se calme enfin que lorsqu'il entend les roues de la voiture du pasteur crisser sur les graviers de l'allée. Alors, il s'assied sur son lit et regarde sans le voir le mur peint à la chaux, où un rai de lumière jailli d'un interstice du volet fait danser une petite tache irisée.

Sir John Askew mourut quelques semaines plus tard. Le révérend Smith n'eut donc pas l'occasion de lui remettre le bâton d'Euclide, s'il en avait eu un instant l'intention. Lui-même d'ailleurs ne se servit que peu de cette canne, car il fut bientôt frappé d'une crise d'apoplexie qui le laissa paralysé de tout le côté droit et cloué dans un fauteuil, jusqu'à sa mort, en août de l'année suivante. Isaac crut que la malédiction qu'il lui avait lancée avait produit son effet, et se jugea voué aux flammes éternelles.

Hannah Newton-Smith revint vivre à Woolsthorpe, deux fois veuve mais deux fois plus riche. Elle ramenait avec elle, outre les trois enfants qu'elle avait eus du défunt – Benjamin, sept ans, Hannah, deux ans, et Mary qui n'avait que quelques mois –, des meubles et de la vaisselle beaucoup moins rustiques que ceux du manoir, et le bâton d'Euclide. Mais, surtout, ce fut la première fois que des livres pénétraient dans cette antique bâtisse. Ce n'étaient que gros ouvrages de théologie que Barnabas avait hérité de son père, lui-même *clergyman*.

Pendant que le valet de ferme les déballait de leur caisse avec un respect teinté de crainte, et que sa mère cherchait le meilleur endroit pour qu'ils soient le plus en évidence, dans un meuble grillagé faisant office de bibliothèque, Isaac s'empara subrepticement de deux gros cahiers dénichés dans cette caisse, qu'il glissa sous sa blouse, et partit les dissimuler dans sa chambre, avec le plumier et l'encrier qu'il avait déjà détournés de l'héritage de ses demi-frère et sœurs. Le révérend Smith y avait noté, d'une grosse écriture appliquée, titres de ses ouvrages et titres de leurs chapitres, une sorte d'inventaire. Ce n'était pas le contenu, mais le contenant qui intéressait le garçonnet : des centaines de feuilles vierges, denrée encore plus rare que la tendresse, ici, à Woolsthorpe.

— Comment veux-tu, maman, que ce garçon puisse faire de votre domaine une exploitation prospère s'il ne peut s'informer de toutes les machines merveilleuses que l'on invente aujourd'hui pour irriguer la terre, engraisser le bétail et faire prospérer nos cultures ? On ne compte plus les livres qui parlent de ces choses et qui portent le beau nom latin d'*agronomia*.

Le révérend William Ayscough cherchait en vain derrière les traits butés de la vieille Margery le doux visage de sa mère, qui l'avait tant choyé jadis et l'avait poussé à suivre ses études jusqu'à obtenir une maîtrise d'arts à Cambridge. Ses mains ridées, percluses et tavelées, semblaient être une allégorie de l'avarice. William était recteur de Burton Coggles, une paroisse anglicane dans la région de Grantham, à quelques heures de marche. Il se rendait de temps à autre au manoir de Woolsthorpe, en prenant bien garde à ce que ses visites à sa mère et à sa sœur ne soient pas trop fréquentes pour ne pas éveiller les soupçons du clan Newton, toujours méfiant quand il s'agissait de ses biens. Mais, cette fois, William avait fait fi de toute prudence : il avait appris, dans ces campagnes cancanières, que Margery et Hannah avaient retiré de l'école le jeune Isaac et entrepris de le faire travailler à la ferme, maintenant qu'il avait achevé ses quatre années d'enseignement primaire. Le recteur n'avait pas remarqué de dons particuliers chez son neveu, mais il était convaincu que celui qui deviendrait forcément le premier « seigneur » de la parentèle ne pouvait sans déchoir ignorer les humanités et le latin. Ensuite, quelque bon mariage avec une cousine ferait des Ayscough-Newton une des familles les plus riches du Lincolnshire.

C'est par ces arguments que le révérend William avait commencé son plaidoyer. Mais l'avenir n'était pas la préoccupation primordiale de sa mère : les bêtes et les champs, eux, n'attendent pas, et le cycle des saisons est bien plus rapide que celui des cursus. Comme la vieille s'obstinait sur le coût des études et de la pension chez un habitant de Grantham, son fils, à court d'arguments, avait lancé cette tirade sur les machines nouvelles : on ne parlait alors dans la région que d'un grand moulin à vent doté de tous les perfectionnements que l'on allait construire au nord de Grantham. De plus, nombre de fermiers des environs s'étaient mis à construire eux aussi leurs propres machines, fours et moulins à eaux.

— Il est vrai qu'Isaac est fort habile à fabriquer ce genre de diableries, dit alors Hannah. Impossible d'entrer dans sa chambre sans marcher dessus. En tout cas, un de ces petits barrages-là nous a permis de désaltérer les bêtes, lors de la sécheresse de l'an dernier. S'il faut savoir le latin pour ça, eh bien, ça vaut la peine de dépenser quelque argent. De toute façon, ce nigaud est incapable de faire autre chose. Même les moutons n'en voudraient pas comme berger.

Un peu étonné par la hargne avec laquelle sa sœur avait parlé de son fils aîné, William la regarda comme si c'était la première fois. Il avait toujours considéré Hannah comme l'ombre de sa mère, l'imitant en tout, mais en pire. Le révérend n'était pas loin de penser que sa cadette était une idiote. Quant à son nigaud de fils, il était absent. Il lui importait peu, somme toute, que le jeune Isaac fût un âne ou un phénix. Il voulait avant tout donner à ces femelles rapaces une leçon de générosité, et se venger ainsi du mépris qu'elles avaient eu pour lui, qui avait préféré l'école aux champs.

— Je m'arrangerai de tout ce qui concerne les frais d'inscription et du matériel dont Isaac aura besoin au collège de Grantham, dit-il. Pour son hébergement, j'en ai déjà parlé avec M. Clark…

— M. Clark, l'apothicaire? s'exclamèrent d'une même voix la mère et la fille.

C'était l'un des personnages les plus importants de Grantham. De plus, s'il était logé chez lui, Isaac pourrait bien rapporter, sans qu'il en coûtât rien, quelques-uns de ces remèdes et breuvages si chers mais si efficaces, surtout pour les bêtes malades.

— … Mais ce sera à vous de payer la pension de l'enfant, dit le révérend, sentant que l'affaire était gagnée. Quand je passerai à Grantham, j'en déterminerai le montant avec M. Clark. Et puis, il y a chez lui deux filles qui seront un jour bonnes à marier… Heureux garçon !

C'est ainsi qu'Isaac Newton entra, avec un an de retard sur ses camarades, à l'École de grammaire du roi Édouard VI de la ville de Grantham.

Être séparé de sa mère une nouvelle fois fut loin d'être un déchirement : elle était pour lui comme une étrangère. Jamais elle n'avait eu à son égard ces gestes affectueux dont elle accablait son demi-frère et ses demi-sœurs. Jamais elle n'était venue, le soir, dans sa chambre pour poser les lèvres sur son front et lui souhaiter bonne nuit. Jamais elle ne lui avait parlé autrement que comme à un adulte, comme à celui qui, plus tard, serait le maître des lieux. Et lui se demandait quel péché il avait commis pour être privé d'enfance.

2.

L'écolier taciturne de Grantham

— Eh bien, mon garçon, il ne faut pas rester là. La pluie commence à tomber, tu vas prendre mal. Tu es le petit Newton, c'est cela ? Laisse donc ta malle ! Mon laborantin va la porter dans ta chambre.

Durant un bon moment, M. Clark a observé derrière les carreaux verts de sa façade le manège hésitant de son nouveau pensionnaire, et a trouvé de bon augure ce qu'il pense être de la timidité. Son précédent locataire, fils de noble famille et de gros propriétaires de la région, n'avait été, durant trois ans, que morgue et mépris pour celui qui n'était à ses yeux qu'un boutiquier, plus ou moins sorcier et alchimiste. Et puis Isaac a le même âge que l'aîné de ses beaux-fils, Edward. Si Ayscough n'a pas menti, son nouveau pensionnaire pourrait, par l'exemple, assagir ce garnement.

— Entre donc, mon garçon, dit l'apothicaire en ouvrant la porte de son officine, et n'aie pas peur de visiter l'antre du sorcier que je suis.

— Je n'ai pas peur, monsieur Clark, répond crânement Isaac. Je sais bien que l'alchimie et la médecine des herbes ne sont pas l'œuvre du diable. Paracelse l'a dit bien avant moi.

— Paracelse ? Peste ! Sur quel phénomène suis-je encore tombé, moi ?

L'officine embaume d'un mélange de parfums âcres, poivrés et sucrés. Sur des étagères de bois verni, des pots de faïence ornés de feuilles et de fleurs peintes, des fiasques soigneusement étiquetées… Isaac a l'impression d'entrer dans le temple du Savoir. Du coin de l'œil, Clark observe, avec une satisfaction amusée, l'étonnement admiratif du garçon. La vivacité du regard, qui semble fureter partout, la voix posée et le maintien modeste, laissent à penser qu'il a affaire à une belle intelligence, comme jadis cet autre pensionnaire devenu professeur à Cambridge, et qui vient encore lui rendre visite de temps en temps, Henry More. Et il se souvient que, peu de temps avant sa mort, le vieux sir Askew, qui assistait ici à une expérience alchimique, avait évoqué un étrange garçonnet nommé Newton.

La mansarde dans laquelle Isaac s'installe est propre, claire et même coquette, sentant la lavande et la cire. Lit moelleux, petit bureau niché dans le chien-assis de sorte qu'en travaillant, on peut voir la grand-rue et la cathédrale. Mais ce n'est pas cela qui satisfait le plus Isaac ; c'est la solitude. Sa chambre, dont il a la clé, est très isolée du reste de la grande maison. Sans même avoir rangé ses affaires dans l'armoire de merisier, il dispose l'un des grands cahiers de Barnabas Smith sur le pupitre et se met à écrire.

Comme il n'entend pas la cloche annonçant le souper, une servante doit venir le chercher quelques minutes après. Il descend derrière elle, mécontent d'être dérangé dans ses pensées. Si quelqu'un ose la moindre remarque, il se jure de répliquer, en rappelant qu'il paye assez cher sa pension pour se permettre d'arriver en retard. Il n'a pas à le faire, et d'ailleurs il ne l'aurait jamais fait : les répliques assassines ne sortent jamais du petit théâtre imaginaire qu'il se joue dans sa tête. Clark l'accueille de fait avec un bon sourire et lui désigne sa place, puis fait la prière, qu'Isaac trouve bien désinvolte et bâclée. Enfin, le maître de maison présente son jeune hôte à son épouse. Mme veuve Storer, en plus d'une coquette dot, lui avait donné trois enfants, deux garçons et une fille. Elle paraît très distinguée et très élégante au jeune garçon de la campagne. D'une voix qui lui semble d'une infinie douceur, elle lui dit :

— Tant que vous vivrez sous ce toit, monsieur Newton, sachez que je vous considérerai comme l'un de mes fils. Mais, je vous en prie, respectez à l'avenir quelques règles, comme celle d'arriver à l'heure au souper.

Éperdu devant tant d'indulgence, Isaac rougit jusqu'aux oreilles et bredouille quelque chose qui ressemble à une promesse d'obéissance. Puis il jette un œil en dessous aux enfants, de peur qu'ils aient souri de son ridicule. Edward a quelques mois de plus que lui, mais va rentrer déjà en troisième classe. Le cadet, Arthur, sera à la rentrée sur les mêmes bancs que lui, bien qu'il n'ait que onze ans. La benjamine, Margaret, toute blonde et jolie, ne paraît pas s'intéresser au nouveau venu. De toute façon, contrairement à Woolsthorpe où sa mère laissait piailler à leur guise le demi-frère et les demi-sœurs d'Isaac, les enfants, ici, se doivent de garder le silence à table, tandis que les parents évoquent des gens importants, comme l'oncle Humphrey Babington, *fellow* au Trinity College de Cambridge, et son confrère dans un autre collège de la prestigieuse université, Henry More, ancien pensionnaire de l'apothicaire. Tout en luttant contre cet instrument de torture qu'est la fourchette, le petit campagnard imagine que bientôt, à cette même table et sous les yeux admiratifs de Margaret, on parlerait de lui en des termes aussi élogieux.

À la fin du repas, comme il fait encore jour en cette soirée de juin, Mme Clark autorise les enfants à aller dans l'arrière-cour pour faire plus ample connaissance. Edward sort une petite balle de cuir et la lance contre un mur aveugle où elle rebondit. Arthur la rattrape et la lance à son tour.

— Eh, Newton, viens donc jouer avec nous, dit l'aîné.

— Non, je suis trop fatigué.

Isaac se repent tout de suite de son refus, mais trop tard : il a eu peur d'être maladroit. Et de perdre. Il déteste perdre. Alors il s'assied à côté de Margaret.

— Elle est jolie, ta poupée.

— Elle s'appelle Lily.

— Si tu veux, je lui construirai une maison, avec un lit, des meubles…

Et il ne s'arrête plus, racontant qu'il sait fabriquer toutes sortes de jouets, comme des cerfs-volants, des pantins… Il est tellement pris par son sujet qu'il ne remarque pas les ricanements des garçons. Deux jours avant la rentrée scolaire, sa réputation est déjà faite : Isaac Newton est une poule mouillée, une vraie fille.

L'École de grammaire du roi Édouard VI était un vénérable établissement de trois cents ans d'âge, grand pourvoyeur de professeurs pour l'université de Cambridge et de pasteurs pour les paroisses du Lincolnshire. Dans ce havre de paix qu'était restée Grantham au milieu des tourmentes du siècle, son prestige, cultivé avec compétence par le directeur Stokes, attirait la fine fleur du comté. Il est vrai que l'enseignement, dans l'Angleterre de ce temps, était dans un état pitoyable. Contrairement à l'Europe continentale réformée, qui avait su bénéficier des règles instaurées par Melanchthon, et celle de la contre-réformation catholique qui avait vu les jésuites prendre en main écoles et collèges, au pays de Bacon et de Thomas More, point d'algèbre ni de géométrie, point de philosophie naturelle avant l'université; on se contentait d'apprendre le latin, le grec et les Écritures.

Une intelligence aussi vive que celle d'Isaac aurait pu s'en lasser très vite, une fois la langue de Cicéron assimilée et les Évangiles solidement ancrés dans sa mémoire. Elle se serait languie, s'y serait fanée. Isaac Newton, son diplôme en poche, serait devenu *clergyman* le plus près possible de son manoir, aurait épousé une vague cousine qui lui aurait apporté du bien, puis... Une maison de poupée le sauva.

À douze ans et six mois, il était largement le plus vieux de sa classe. Malgré la blouse qui masquait les différences d'origine, tout, dans ses manières, ses gestes gauches, son regard méfiant, sa mine boudeuse et taciturne, désignait le garçon de la campagne. Lui-même ne savait ou ne voulait se lier aux autres écoliers. Déjà, à Woolsthorpe, il fuyait les nombreux cousins et cousines qui venaient au manoir. L'assistant du directeur Stokes, qui faisait la classe de latin aux petits, se laissa prendre à ces allures bornées et silencieuses. Le premier jour, il lui désigna une place au fond de la salle où il tâcha de l'oublier, un peu effrayé par ce regard noir, intense, profond, qui le fixait durant toute la leçon. Que se passait-il derrière cette face carrée de paysan au menton lourd et au front haut, sous cette grosse tignasse blonde et bouclée ? L'assistant préféra ne pas le savoir et ne l'interrogea jamais. De son côté, le directeur Stokes, qui dispensait les cours d'histoire religieuse et les premiers éléments de théologie, ne prêta guère attention non plus à Isaac.

Ce ne fut qu'aux examens du premier trimestre que les deux enseignants constatèrent que le garçon avait tout assimilé et tout retenu. Pas une faute. On le félicita, mais, après tout, on ne demandait que cela aux écoliers : apprendre par cœur la leçon et la régurgiter telle qu'on la leur avait enseignée. Le directeur Stokes mit donc sur le compte d'une excellente mémoire, d'une grande application et d'une maturité précoce les lauriers récoltés tout le long de la première année, puis de la deuxième par celui qu'ils appelèrent en riant Isaac le Taciturne.

Si ses maîtres appréciaient ce genre de tâcheron gris, il n'en était pas de même des condisciples d'Isaac. Plus encore que les adultes, les enfants n'aiment pas ceux qui leur sont différents. Ils l'exclurent donc de leurs jeux. Ceux de sa classe parce qu'il était trop grand, ceux des classes supérieures parce que c'était un petit des classes inférieures. Et puis, les frères Storer ne se faisaient pas faute de répéter que le pensionnaire de leur beau-père préférait jouer avec les filles. Lui qui, naguère, passait son temps morose de gardien d'oies ou de cochons à observer le comportement des troupeaux, mit très longtemps avant de comprendre que la même règle régnait dans une étable ou dans un pré, sous un préau ou dans la cour de récréation : dès que le chien ou le professeur avait le dos tourné, il fallait être soit le plus fort soit le plus soumis. Mais jamais le mouton noir. Le plus fort, Isaac l'était, mais en classe seulement, toujours premier, toujours félicité par le maître. De cela, ses condisciples n'en avaient cure. Au contraire, selon eux, ce lèche-cul méritait plus encore sa mise à l'écart. Il tenta donc d'abord la soumission :

— Hé, les gars, vous avez besoin de quelqu'un dans votre équipe ?

— Oui, mais pas d'une mauviette !

Il ne répondait pas et se retournait en haussant les épaules. À quoi bon discuter avec ces imbéciles ? Ils ne connaissaient que la force brutale.

Un jour, alors que le maître écrivait au tableau, le dos tourné à la classe, Arthur Storer se leva et prit des mines efféminées en désignant Isaac, dont le pupitre était juste derrière le sien. Ses camarades pouffèrent derrière leurs mains tandis que M. Stokes proférait, sans se retourner, des « silence ! » aussi machinaux que nasillards. Isaac fit mine d'envoyer une gifle au voyou qui le provoquait ; l'autre répliqua par un solide coup de poing sur le nez. Isaac se leva d'un bond…

— Qu'est-ce qui vous prend, Newton ? s'exclama Stokes, la généalogie des rois de Juda vous fait un drôle d'effet ! Dix coups de férule vous remettront peut-être les idées en place. Approchez !

Isaac s'exécuta, baissa culotte et subit cet injuste châtiment sans une plainte. Pourtant, le directeur Stokes avait la main très lourde. Après la classe, les deux ennemis décidèrent de régler leur contentieux sur le chemin du retour, derrière l'église. Avant même qu'ils se soient mis en garde, Isaac se rua sur son adversaire, sans aucun souci des règles, le prit par les oreilles en les tirant violemment, lui lança son genou au bas-ventre. Arthur s'effondra. Isaac en profita pour s'acharner sur lui à coups de pieds. Arthur demanda grâce ; Newton l'abandonna, non sans lui avoir envoyé une dernière taloche dans les flancs. Le lendemain, comme sa vengeance n'était toujours pas assouvie, il s'arrangea pour glisser des épingles dans le chapeau d'Arthur pendant à sa patère dans le couloir qui menait à la salle de classe, espérant que son crâne se piquerait et saignerait quand il s'en coifferait. Puis, torturé de remords, la nuit, il confessa ses crimes dans son petit cahier.

— Bel ouvrage, mon garçon, complimenta l'apothicaire Clark. Si l'Église anglicane ne vous mange pas, on fera de vous un architecte. Ou un charpentier.

La maison de poupée qu'Isaac avait enfin achevée était effectivement un petit chef-d'œuvre. Margaret avait fait venir toutes ses amies dans sa chambre pour qu'elles la contemplent.

Et les quatre fillettes suppliaient Isaac de leur en fabriquer une, à elles aussi. Attiré par le bruit qu'elles faisaient, Clark était monté de son officine afin de calmer un peu ces cris suraigus. Et il s'était senti gêné de voir son grand dadais de pensionnaire, se rengorgeant tel un coq au milieu de sa basse-cour, devant ces gamines excitées. Aussi, c'est d'une voix très mâle, teintée d'ironie, qu'il poursuivit :

— J'ai dans ma bibliothèque, cher Newton, un ouvrage qui vous intéressera certainement. Il s'agit des *Mystères de la nature et de l'art*, de l'honorable John Bate. Vous y trouverez la meilleure manière de fabriquer des objets autrement plus utiles que des jouets pour fillette. D'ailleurs, à ce propos... S'il vous prend l'envie de me demander la main de ma fille, patientez, je vous prie, une bonne dizaine d'années. Je la trouve encore un peu tendre...

Isaac rougit jusqu'aux oreilles. Comment pouvait-on lui prêter des intentions aussi abjectes ?

En tout cas, la bibliothèque de son logeur lui fut désormais ouverte et il ne se priva pas d'y puiser, annotant en marge et cornant les pages, comme si c'étaient ses propres livres. Et quand il n'avait plus de place, ou qu'il manquait de papier, c'étaient les murs de sa chambre qui faisaient les frais de sa frénésie de tout recopier, graphiques, dessins, équations. Car la bibliothèque de Clark, totalement dépourvue de pieux ouvrages de théologie, regorgeait de philosophie naturelle, de botanique, de mécanique, d'alchimie, de médecine, d'algèbre et de géométrie. Livres pratiques, pour le tout-venant, en langue vulgaire pour la plupart. Mais son livre de chevet restait *Les Mystères de la nature et de l'art*, de fait un véritable traité de pyrotechnie et d'hydraulique, dont la page de garde s'ornait d'un cerf-volant à pétards. Isaac y trouva la description d'étranges « saucisses volantes », feux d'artifice à base de poudre, salpêtre et charbon attachés à une queue de cerf-volant pour vols de nuit, qu'il s'empressa de fabriquer et d'expérimenter en secret. Source inépuisable d'étonnements et d'inspirations, les *Mystères* furent aussi pour Isaac une source d'étrange émoi, lorsqu'en attaquant les chapitres consacrés au dessin et à la perspective il y découvrit la représentation d'une femme nue.

Isaac n'en négligea pas pour autant l'école, bien au contraire. L'étude des saintes Écritures et du latin lui paraissait lumineuse, complémentaire des étranges découvertes qu'il faisait dans la bibliothèque de son logeur. Il passait les hivers au manoir, enfermé dans sa chambre, entre la lecture d'Ovide, de Pindare et de l'Ecclésiaste, au grand désespoir de sa mère, qui aurait tant aimé que son aîné prenne enfin en main le domaine dont il était le maître.

Dès la deuxième année, il n'avait plus rien à apprendre en latin, et Stokes consentit à ce qu'il suive les cours de grec de la troisième année. Le directeur s'était en effet aperçu, et son compère l'apothicaire Clark n'était pas étranger à cette découverte, que le jeune garçon était bien plus qu'un tâcheron appliqué. Isaac Newton était un phénomène, comme l'école de Grantham n'en avait que rarement vu. Il fallait l'encourager, l'aider, le protéger surtout de celles que Clark appelait « les sorcières de Woolsthorpe ». En outre, quand la pension était en retard, ce qui arrivait de plus en plus souvent, il n'avait pas besoin de le forcer pour que le zélé garçon devienne le plus appliqué des laborantins. Et gratuitement !

Travailler ainsi de ses mains, composer des baumes en écrasant et mélangeant soigneusement dans le mortier les ingrédients dosés par son logeur, fabriquer, en les perfectionnant, des maquettes de mécaniques utiles ou amusantes, apaisait les tourments intimes de Newton, lui faisant oublier les crimes et les péchés imaginaires dont il s'accablait. Cela le détournait aussi des questions vertigineuses qu'avaient provoquées en lui, quelques années auparavant, les histoires de son vieil ami défunt John Askew : comment bougent les planètes, quelle est la taille de l'univers, qu'y a-t-il derrière la voûte céleste, pourquoi le jour, pourquoi la nuit, pourquoi les choses sont-elles ainsi, dans quel monde suis-je, où est Dieu dans cette immensité, et que fait-Il de Sa création ? Il avait désormais des interrogations bien plus préoccupantes : pourquoi n'ai-je pas d'ami parmi les garçons de ma classe, pourquoi me fuient-ils, pourquoi ne me sens-je heureux et apaisé qu'en compagnie de petites filles bien plus jeunes que moi, pourquoi n'aimé-je rien tant que la solitude ?

Alors, Isaac Newton décida de plaire. Il s'était fabriqué une lanterne qu'aucun vent ni aucune pluie ne pouvaient éteindre, ce qui lui permettait les matins et les soirs d'hiver de se rendre au collège et de retourner à la maison en évitant les flaques et les ornières boueuses du chemin. Comptant sur la reconnaissance qu'il en aurait, il en fit deux autres qu'il offrit aux fils de son hôtesse. Ceux-ci acceptèrent ce cadeau comme un dû, et lui en commandèrent pour les plus proches de leurs camarades, tout en lui interdisant d'en donner à tel ou tel autre collégien qu'ils lui désignèrent. De sorte que notre jeune fabricant de lanternes, méprisé par les uns pour ne pas avoir monnayé son invention, fut haï par les autres qui n'en avaient pas bénéficié. Seule la servante de la famille Clark lui en fut reconnaissante : le sol du vestibule était moins sale, et les chaussures des enfants moins crottées.

Il pensa alors que pour se faire aimer, il fallait se faire admirer. Non par ses succès scolaires, puisqu'il était déjà premier en tout, et cela n'avait jamais suscité chez ses condisciples que moqueries et ricanements. Seule la supériorité physique comptait pour eux. Depuis la bagarre avec le fils Clark, trois ans auparavant, Isaac était considéré comme un sournois qui ne respectait pas les règles d'un combat loyal.

Un jour de grande tempête et de grand vent, qui coïncida avec la mort de Cromwell, il partit seul, tant il aimait ces ciels tourmentés et ces orages où il avait l'impression d'être en tête-à-tête avec Dieu. Il lui parlait, le questionnait, et la forme d'un nuage, un remuement de branche, un vol d'oiseau étaient pour lui une réponse. Il se rendait toujours au même endroit, un terrain vague derrière le collège où, par beau temps, les garçons de son âge venaient s'affronter dans toutes sortes de compétitions, dont Isaac était toujours exclu. En cet endroit venteux, quand il était seul, il se livrait à un étrange manège. Il posait un caillou par terre, puis sautait, face au vent. À l'endroit où ses pieds avaient touché le sol, il posait un deuxième caillou. Puis il faisait un deuxième saut en sens contraire. Depuis un an qu'il pratiquait cet étrange travail d'arpenteur et de sauteur, il avait établi, grâce à sa prodigieuse mémoire et à son sens aigu de l'observation, une table de rapports extrêmement précis entre la vitesse du vent et la longueur de son saut. Compter, mesurer le passionnait presque autant que fabriquer. Ainsi, il avait construit des horloges solaires dont il n'avait plus besoin : au grand étonnement de Clark et de Stokes, il était désormais capable de donner une heure précise rien qu'en mesurant les ombres au sol, d'un coup d'œil. De quoi irriter plus encore ses condisciples, quand le maître l'interrogeait sur le sujet et le donnait en exemple.

Le lendemain de la grande tempête, le vent était encore très fort. Les enfants vinrent pourtant sur leur terrain de jeu favori. Isaac leur proposa un concours de saut en longueur, qu'il gagna. Il aurait pu y gagner aussi un peu de leur estime, s'il n'avait eu la malencontreuse idée de leur expliquer pourquoi, grâce au vent, ses sauts avaient été plus longs que les leurs. Ses camarades lui trouvèrent alors un autre défaut : Newton était un tricheur.

Il ne s'avoua pas vaincu. Il décida, pour les conquérir, de se faire le complice des mille et un tours pendables que les pires garnements de la ville faisaient subir à quelques victimes désignées, parmi lesquelles un malheureux idiot qui vivait de la charité publique, dans sa masure un peu à l'écart de la cité. Un jour, dans la cour de l'école, Isaac surprit un conciliabule de ses camarades. Il pouvait écouter tout à son aise, car il était tenu pour quantité négligeable dans ce genre d'affaires. Il s'agissait de se rendre, à la nuit tombée, nuit de pleine lune bien sûr, devant la cabane de Zacharie l'idiot, afin de l'effrayer jusqu'à provoquer une de ses spectaculaires crises d'épilepsie.

La tête enfouie dans un sac seulement percé de deux trous pour les yeux, les uns brandissant la lanterne de Newton, les autres, casseroles et bouts de bois en guise d'instruments de musique, les sept ou huit garnements s'arrêtèrent, sous la lune, à quelques pas de la cabane. Ils commencèrent à frapper sur leurs ustensiles tout en criant d'une voix qui se voulait terrible :

— Zacharie, Zacharie, ton heure est venue. Nous, servants de Lucifer, venons te chercher pour te mener dans le palais de notre maître !

Soudain, dans le ciel noir sans nuage, retentit une série de détonations. Les enfants levèrent la tête. Là-haut, masquant la lune, un grand oiseau blafard aux yeux de flamme pétaradait. Paniqués, les enfants s'enfuirent à toutes jambes. Caché derrière un buisson, Isaac, tout en enroulant la ficelle de son cerf-volant, eut beau leur crier : « Hé, les gars, n'ayez pas peur, c'était moi ! », ils disparurent dans la nuit.

Quand il rentra, il eut droit à dix coups de chicotte dispensés par l'apothicaire pour lui avoir volé les ingrédients destinés à fabriquer de la poudre et des pétards. Le lendemain, en classe, ce fut au tour du directeur d'appliquer sur ses fesses la même punition, jusqu'à ce qu'il dénonce tous les membres de l'expédition nocturne. Clark et Stokes s'étaient pourtant bien amusés de l'affaire, mais une rumeur dangereuse courait à Grantham sur eux deux et leurs louches pratiques alchimiques, en compagnie du professeur Babington et sous les yeux du jeune prodige. Quant à Zacharie l'idiot, on ignore comment il réagit à cette nuit de sabbat.

En tout cas, à l'école, la situation d'Isaac devint intenable : non seulement ses condisciples méprisaient désormais ce délateur, mais en plus il leur faisait peur. Ils décidèrent de faire de sa vie un enfer.

Par chance pour lui, les armées républicaines du général Lambert marchaient sur l'Écosse à la rencontre des troupes monarchistes du général Monck. Devant cette menace d'une nouvelle guerre civile, le collège de Grantham ferma. Clark vit partir son jeune pensionnaire à regret, car, à bientôt quinze ans, Isaac aurait fait un excellent laborantin. Il lui offrit en guise de cadeau d'adieu les principaux livres que le jeune homme avait lus et qui étaient d'ailleurs hors d'usage, tant le garçon les avait annotés et cornés.

Isaac rehaussa la bretelle de son sac sur son épaule et s'éloigna en direction de Woolsthorpe, à une demi-journée de marche. Il était déjà loin, dans la grand-rue, quand il entendit une voix féminine qui l'appelait derrière lui. Il se retourna. La jeune Margaret Clark accourait vers lui. Quand elle l'eut rejoint, elle lui saisit les mains et, le dévisageant de ses yeux bleus embués de larmes, elle lui dit, suppliante :

— Vous reviendrez, monsieur Isaac, vous reviendrez, n'est-ce pas ?

Très embarrassé par cette étreinte qui le brûlait, il se débarrassa gauchement tout en bougonnant :

— Je ne sais pas, avec la guerre, n'est-ce pas... Allons, rentrez chez vous, mademoiselle Margaret, vos parents vont s'inquiéter.

Ce ne fut que quand il fut loin de la ville qu'il se sentit empli d'un sentiment inconnu jusque-là, une sorte de joie mélancolique. Un jour, il épouserait Margaret. Un jour, lui, Isaac Newton, deviendrait l'apothicaire de Grantham.

En attendant, neuf mois durant, il est devenu paysan. Et c'est le rouge au front qu'il se rend chaque semaine à la foire, poussant ses moutons ou ses chevaux, guidant la mule chargée de ballots de laine.

— Tu es le seul homme de la maison, lui répète sa mère. Un jour, ici, tu seras le maître.

Elle lui a adjoint le vieux valet de ferme, censé lui apprendre les finesses du métier de maquignon. Mais, sitôt arrivé en ville, Isaac va se terrer dans la taverne du marché, seul endroit où il est sûr de ne pas rencontrer un condisciple ni surtout la petite Margaret. Peu de risques non plus de tomber sur le directeur Stokes ou l'apothicaire Clark : ces philosophes fréquentent une taverne autrement plus huppée que ce rendez-vous de forains.

Au manoir, il n'y a d'employé permanent que ce vieux valet de ferme. Pour le reste, les deux veuves embauchent des saisonniers. Mais ils se font rares en ces temps de troubles, préférant l'aventureuse solde du militaire aux monotones travaux des champs. Isaac étant le plus âgé, sa mère l'a désigné pour la garde des moutons, qui nécessitent plus de déplacements et de changements d'herbage. Certes, Benjamin, à bientôt douze ans, pourrait s'en charger, tandis qu'Isaac s'initierait à l'intendance et à la gestion du domaine, mais l'aïeule Margery ne veut pas que son « savant » petit-fils regarde dans les livres de comptes, où se confondent d'un peu trop près les intérêts des Newton, des Ayscough et des Smith.

Quant à Hannah, elle est soulagée de ne voir son aîné qu'à l'heure du souper. Ce garçon lui pèse comme un lourd remords.

Celui de son péché, puis d'avoir accumulé les mensonges sur sa prétendue naissance prématurée. Un jour pourtant, il faudrait lui avouer que son vrai père était un soldat de passage, dont elle ignore jusqu'au nom.

Isaac, pour sa part, a décidé de gâcher le travail. Il se sait d'un naturel distrait, ou du moins, quand il s'attelle à une tâche, que ce soit de l'esprit ou des mains, il réussit à s'abstraire du monde qui l'entoure. Alors il se met à composer le rôle du rêveur évaporé, du philosophe perpétuellement « dans la lune », pour faire comprendre à sa mère sa totale inaptitude aux métiers de la campagne.

Ainsi, alors que pour une fois on l'a laissé aller seul à Grantham, sur le chemin du retour il descend de la carriole pour soulager le cheval dans une côte très raide. Il débride la bête, lui donne une claque sur la croupe et la laisse rentrer seule, devant. En voyant revenir la carriole vide et sans conducteur, la maisonnée ne s'inquiète guère, habituée aux distractions du garçon. Les convives finissent même par manger le morceau de poulet qui lui est dévolu et remettent les os dans le plat. Au bout d'une heure, ils s'inquiètent enfin. Le valet et Benjamin partent à la recherche du disparu. Ils n'ont pas à aller bien loin : Isaac marche paisiblement, lisant un livre qu'il tient dans la main gauche, tandis que son poing droit levé vers le ciel brandit les rênes comme s'il continuait de mener l'attelage. Newton arrive enfin à table, s'assied et commence à justifier son retard par la lecture du passionnant ouvrage qu'il vient de poser à côté de son assiette. Devant les convives muets, il soulève le couvercle du plat central, fait une grimace et dit :

— J'étais pourtant persuadé que je n'avais pas dîné…

Puis il reprend son monologue comme si de rien n'était. Cette petite comédie réussit parfaitement : il sera désormais dispensé de se rendre à la foire ! Hélas, les deux femmes estiment aussi qu'il faut reprendre toute son éducation de fermier à la plus petite classe, celle du gardien de troupeaux.

Mal leur en prend, c'est encore pire : les moutons vont briser les chaumes du champ d'un voisin pour en brouter les racines, les porcs vont se rouler dans les blés après avoir saccagé une clôture, tandis que celui qui est censé les surveiller est plongé dans un livre, ou en train d'installer au travers d'un ruisseau de petits barrages de retenue avec leurs écluses, leurs roues à augets et à aubes. Les plaintes des voisins affluent, l'homme de loi du village fait pleuvoir les amendes sur le manoir. D'absent, de distrait, Isaac devient odieux. Au moindre reproche, il se met à crier, et si par malheur une de ses demi-sœurs s'en mêle, la gifle part. Benjamin seul est épargné : il est devenu un trop solide gaillard...

Cependant, à Grantham, dans la salle commune du Rendez-vous des philosophes, l'apothicaire Clark, le directeur Stokes et le révérend William Ayscough sont en grande discussion devant leur chope de bière qu'ils mélangent à un vin de Porto – remède très efficace pour faire circuler le sang selon le premier d'entre eux, disciple de Harvey.

— Il me semble quand même, dit le révérend, que la réouverture de l'école est bien précipitée. Après tout, le roi Charles n'est de retour que depuis trois semaines. Les partisans de la République sont encore nombreux. Une nouvelle guerre civile est à craindre.

— Que nous chantez-vous là, révérend? réplique Clark. Vous connaissez fort bien mes opinions sur les Stuarts, ces papistes, mais le peuple est las de tous ces troubles. Ce n'était pas Charles qu'il acclamait entre Douvres et Londres, c'était la paix. Outre l'amnistie générale, à l'exception de ceux qui avaient voté la mort de son père, n'y a-t-il pas d'ailleurs de meilleur geste de réconciliation que la réouverture des écoles, des collèges et des universités?

— Sans oublier la fondation de cette Société royale des sciences naturelles, renchérit l'apothicaire. À propos de savants, révérend, que devient mon ancien pensionnaire, votre neveu, le jeune Isaac Newton? Ce garçon-là possédait une intelligence qui tenait du prodige.

— Maintenant que vous m'y faites penser, maître Clark, je ne l'ai pas vu, vendredi, à la cérémonie de réouverture de l'École, dit le directeur en essuyant sa longue barbe de puritain moussue de bière. Il serait bien dommage de perdre un aussi bon élément, qui pourrait rehausser le prestige de mon établissement et de notre cité.

Le révérend Ayscough prend une mine désolée et pousse un grand soupir qui s'achève par un rot. Il aurait bien aimé, lui aussi, que son neveu poursuive ses études le plus loin d'ici possible. Non pas tant pour que ses talents s'épanouissent, mais pour gérer tout à son aise et à son plus grand profit le patrimoine des Newton, savamment confondu avec celui des Ayscough et des Smith. Mais il lui faudrait pour cela affronter sa mère et sa sœur, ces harpies qui le terrorisent.

— Hélas, messieurs, dit-il enfin, ma sœur a décidé d'en faire un agriculteur. Pourtant, il est autant fait pour les travaux des champs que moi pour célébrer la messe en latin devant le pape !

— Ne vous sous-estimez pas, cher ami, ricane l'apothicaire, qui sait à quoi s'en tenir sur la profondeur des convictions religieuses de son convive. Rassurez-vous. Tout le Lincolnshire connaît l'avarice des sorcières de Woolsthorpe. Pour ma part, je veux bien employer le garçon comme laborantin, moyennant quarante-cinq shillings qui sont, si je ne m'abuse, le montant que doivent verser les écoliers non-résidents à Grantham. Mais je ne peux plus l'héberger. Ma belle-fille vient d'avoir quinze ans, et il en a, sauf erreur, dix-huit. Vous comprenez, n'est-ce pas ?

— Hé bien, lance le directeur Stokes dans un grand élan d'enthousiasme où le mélange d'Ale et de Porto a sa part, il vivra à l'école, dans mes appartements privés. Oublions ces quarante-cinq shillings et ces histoires de laborantin. Il servira de répétiteur pour les plus petits. Et je me propose, mon révérend, d'aller affronter avec vous ces deux femelles que vous semblez tant craindre.

Ainsi fut fait. Constatant que cela ne lui coûterait rien, Mme Newton-Smith finit par accepter que son aîné reprenne ses études, à une seule condition : il ne retournerait à l'école de Grantham qu'à la fin août, une fois les moissons terminées. Quant à la vieille Margery, elle se contenta de pousser des grognements au-dessus de son tricot. Pour le reste, Benjamin était maintenant en âge de remplacer Isaac au manoir.

Ce nouveau retard ne perturba pas Isaac. Pendant ses derniers mois campagnards, il se plongea dans des traités de mathématiques prêtés par Clark et Stokes. Traités fort simples, mais il s'immergea dans ce monde de l'abstraction avec autant de volupté et d'inventivité qu'il l'avait fait auparavant dans celui de la pyrotechnie et de la mécanique.

Il se retrouva enfin dans sa petite chambre étroite et obscure, sous les toits des Clark. Peu importait l'exiguïté du local, il était au cœur de l'école, au cœur du savoir, à deux portes de la bibliothèque qui lui était ouverte en permanence. Et, surtout, il était *seul.*

En classe, durant cette dernière année, Newton comprenait tout trop vite. Le latin et le grec lui étaient devenus comme deux nouvelles langues maternelles. Stokes n'ayant plus rien à lui apprendre, il se contentait de le préparer à l'examen d'entrée à l'université. Il s'agissait seulement de l'exercer à discourir en latin, en truffant son propos de belles citations tirées de Cicéron, épicées d'un peu de Phèdre pour le sourire, d'une pincée de Ficin pour la modernité, nappées d'une légère couche de Platon pour le grec.

Isaac s'amusait beaucoup à faire répéter leurs déclinaisons aux élèves des petites classes, pour payer sa pension. Il mettait une certaine cruauté à leur crier dessus et à les menacer de sa férule quand ils butaient sur un gérondif, mais il ne s'exécutait jamais, non par pitié ni indulgence, mais par peur de la nuit qui suivrait, tourmentée de remords et de cauchemars. Le reste du temps, à l'exception du souper qu'il prenait en compagnie de Stokes et de la bonne grosse épouse du directeur, il ne quittait que rarement la classe ou la bibliothèque, craignant de croiser dans la rue l'un ou l'autre des frères Storer. Mais ceux-ci, qui commençaient leurs vies d'hommes, l'avaient oublié. Il ne se rendit qu'une fois à l'officine de Clark, pour une visite de courtoisie. En sortant, il croisa Margaret. Il rougit jusqu'aux oreilles, souleva son chapeau, baissa les yeux et bredouilla :

— Bonjour, mademoiselle Hannah.

S'apercevant soudain qu'il lui donnait sans s'en rendre compte le prénom de sa propre mère, il s'enfuit en se retenant de courir et en murmurant des bribes de l'Évangile de Matthieu :

— Éloigne la femme loin de toi, car la fin des temps est proche.

La fin de l'année arrive. Stokes le convoque un samedi dans son bureau directorial. Sont présents à ses côtés, comme les deux assesseurs d'un tribunal ou d'un conseil de discipline, l'apothicaire Clark et l'oncle William. En voyant ce dernier, Isaac ne peut s'empêcher de faire une grimace. Il sait ce qu'il doit au *clergyman* pour l'avoir arraché aux travaux de la campagne, mais il n'est pas dupe de ses raisons profondes : mettre la main sur le patrimoine des Newton dont lui, Isaac, est le seul héritier. De son côté, Ayscough regarde son neveu avec surprise. Il ne l'a pas vu depuis un an. Au lieu de l'adolescent hurluberlu et renfrogné de Woolsthorpe, il a en face de lui un jeune homme râblé, au menton mal rasé en galoche, à l'abondante chevelure blond-roux, au regard d'un noir profond, mais fuyant. Et là où Clark et Stokes voient un prodige d'intelligence, dont la gloire future ne pourrait que rejaillir sur eux, le pasteur ne voit qu'un petit paysan matois, dont il faudra se méfier.

— Monsieur Newton, dit Stokes d'une voix sévère, nous sommes réunis ici pour évoquer votre avenir. Avez-vous une idée sur le sujet ?

Les mains croisées derrière le dos, le regard baissé comme un écolier pris en faute, Isaac répond :

— Je n'ai que dix-neuf ans, monsieur le directeur, et n'atteindrai ma majorité que dans deux ans. Aussi, seule ma famille peut en décider.

— Certes, Isaac, intervient Clark, mais enfin… Vous avez quand même votre petite opinion ?

— Je ne souhaite rien tant que consacrer ma vie à l'étude et au Seigneur de toutes choses.

« Maudit hypocrite de puritain, qui donc t'a mis cela en tête ? », grommelle pour lui-même le révérend Ayscough, qui intervient à voix haute avec un air affable :

— Ne te fais pas de souci pour ces histoires de majorité, mon garçon. J'ai évoqué l'affaire avec ton oncle Robert, et il accepte volontiers que je te fasse office de tuteur.

« Pauvre bougre d'oncle Bob qui ne sait ni lire ni écrire, songe Isaac, ça n'a pas dû être très difficile pour ce jocrisse d'anglican de jouer de sa naïveté. »

Cette légère amertume se dissipe d'un coup quand Stokes annonce solennellement que « son » élève Isaac Newton serait admis, dès le mois de juin de l'année prochaine, à passer les concours d'entrée au Trinity College de l'université de Cambridge. Le jeune homme solitaire se sent envahi par une bouffée chaude et suave qu'il n'avait jamais ressentie jusque-là : le bonheur, ou plutôt le plaisir, la volupté. Mais, tout de suite, une angoisse la dissipe d'un coup, lui tordant le ventre et lui nouant la gorge : sa mère, que dira-t-elle ? Et lui, là-bas, si loin de son pays, lui qui n'a jamais quitté le comté, survivra-t-il ? Que deviendra-t-il, lui, l'obscur fils de fermier, au milieu de tous ces jeunes aristocrates à l'immense fortune ?

— Quel sera mon statut à Cambridge ? demande-t-il enfin.

Il a prononcé ces mots avec une telle arrogance que le directeur Stokes répond avec une grande sécheresse, pour le remettre à sa place :

— Sous-boursier. Nous l'avons tous été ici et nous n'en sommes pas morts. Qu'espériez-vous de plus, Isaac Newton ? Manger à la haute table, peut-être ?

Isaac blêmit. Il connaît par cœur les règles de Cambridge, tant il a espéré, ces dernières années, parvenir dans ce qu'il imagine comme un jardin d'Eden du savoir. Sous-boursier : il servirait de valet à un fils d'archevêque, faisant son lit et vidant ses pots de chambre. Non, jamais ! Plutôt retourner garder les porcs !

L'apothicaire Clark, qui sait par profession lire les souffrances sur les visages, prend en pitié son ancien pensionnaire :

— Rassurez-vous, Isaac, j'ai déjà parlé de vous à mon beau-frère, l'honorable Humphrey Babington, qui enseigne au Trinity College. Il se propose d'être votre tuteur. Mais ses nombreuses autres activités l'obligent à être toujours par monts et par vaux, de Londres à Boothby, dont il est le recteur. Aussi, il aurait besoin sur place d'une sorte d'intendant, ou de secrétaire, vous voyez? Non rémunéré, bien sûr, car cela compenserait les cinq livres par an que doivent lui verser ses autres pupilles.

« Que puis-je faire d'autre que d'accepter, se dit alors Newton. Deux ans de patience et je pourrai disposer de mon bien comme je l'entendrai. »

Il feint donc le plus grand enthousiasme, se jette à genoux, baise les mains de Stokes et de Clark en les accablant de remerciements, mais en oubliant délibérément l'oncle Bill.

Dans la cour de l'école, tous les élèves et leurs parents ont été réunis pour la cérémonie de fin d'année. Stokes demande à Isaac Newton de monter avec lui sur la petite estrade dressée pour l'occasion et de rester à ses côtés. Puis le directeur se lance dans un long dithyrambe du futur sous-boursier du Trinity College, exhortant son jeune auditoire à suivre son exemple. Seul Isaac n'écoute pas. Il cherche en vain sa mère dans l'assemblée.

3.

Premiers pas à Cambridge

— Un conseil de famille ? Vous avez réuni un conseil de famille sans m'en aviser ? Et vous avez osé prolonger ma minorité jusqu'à vingt-cinq ans ? Mais… Vous n'êtes qu'une bande de voleurs. Honte sur vous, ma mère, honte sur vous !

Dressé au bout de la grande table rectangulaire de la salle commune du manoir, Isaac Newton pointe l'index vers sa mère, qui, la tête dans les mains, sanglote. À côté d'elle, la vieille grand-mère hoche la tête en poussant de gros soupirs et en murmurant :

— La honte, oui, la honte est sur nous.

L'oncle Robert Newton, les yeux fixés sur le plafond bas et noirci, préfère se passionner pour les ébats amoureux de deux mouches. Quant à l'oncle William, sa fonction de *clergyman* en fait le président de cette réunion.

— Ma mère, ma sœur, je vous prie de sortir. Isaac et moi avons à parler entre hommes.

Avec des regards suppliants, les deux femmes obéissent. L'oncle Bob prétexte un besoin naturel urgent pour s'éclipser lui aussi. Quand ils sont seuls, l'oncle Bill fait un geste afin que son neveu s'assoie, se taise et l'écoute.

— Ce que je vais te révéler maintenant réclame de ta part tout ton calme et beaucoup d'abnégation. Tu es un homme, mais il te faut comprendre pourquoi nous avons préféré prolonger ta minorité. Dans les formes légales, comme tu as pu le constater.

Le jeune homme émet un petit ricanement avec un air entendu.

— Puisque tu le prends ainsi, poursuit le *clergyman*, je vais être brutal avec toi. Isaac Newton, ton père n'était pas ton père.

— Je ne comprends pas.

— Laisse-moi te conter l'histoire. Comme tu l'as appris à l'école, en 1641, c'est-à-dire un an avant ta naissance, le pays était secoué par les troubles et les guerres. Une troupe d'Écossais est venue prendre ses quartiers dans la région. Eh bien, un jour, ta mère, qui était fort jolie, est revenue en larmes à la maison. Une brute, a-t-elle raconté, l'avait forcée.

— Vous étiez présent au manoir ?

— Bien sûr que non. J'étais étudiant à Cambridge, comme toi dans quelques jours. Ta grand-mère ne m'a répété la chose que longtemps après. Et j'ignore ce qui s'est passé réellement en ce jour du joli mois de mai, quand un petit vent malin soulève les jupons des filles et les flamberges des gars… Pas vrai, chenapan ? Bah, ne fais pas cette tête ! J'ai connu ça avant toi !

— Vous parlez de ma mère en des termes que je ne saurais tolérer !

— Oh, ça va ! Ta mère est également ma sœur, je te le rappelle… Bref, elle est tombée enceinte. Plus question d'être trop regardant sur ses prétendants. La réputation des Ayscough était en jeu. Ta grand-mère avait un don d'entremetteuse. Elle a donc déniché cet Isaac Newton, qui en plus avait du bien.

— Naturellement, elle ne lui dit rien de l'état de ma mère ? fait Isaac d'un ton cynique.

— Naturellement, comme tu dis. Elle espérait que cette cervelle obtuse, toujours embrumée par l'alcool, n'y verrait que du feu et accepterait toutes les fables que sa nouvelle épouse lui inventerait. Ma chère sœur a toujours eu l'imagination fertile. Mais elle n'a pas eu l'occasion de broder une de ces fables dont elle a le secret, car, quelques semaines après le mariage, alors qu'elle était enceinte de trois mois, Newton est mort d'un coup de sang.

— Je croyais que c'était d'une mauvaise chute.

— Sans doute un peu des deux. À cheval, en pleine nuit, sur le chemin menant de la taverne au manoir, comment savoir si le coup de sang a eu lieu avant ou après la chute ? Dieu seul le sait !

— Ne mêlez pas Dieu à cela. Et laissez-moi réfléchir un peu.

Isaac se rejette sur le dossier de sa chaise et ferme les yeux. Au fond, il n'est guère surpris par cette révélation. Sa grand-mère lui avait tant de fois raconté comment, à sa naissance, il était tellement chétif qu'on aurait pu le mettre dans un pot, et combien de fois, les premières semaines, on l'avait cru mort. Quant à son pseudo-père, il avait surpris bien des fois des conversations chuchotées par les valets de ferme, sur sa brutalité et son ivrognerie. Non, il ne pouvait être le fils d'un tel rustre. Fils de qui, alors ? Sa mère le sait-elle au moins ? Qu'importe, il est né fils de personne, il serait donc le premier, l'unique Isaac Newton. En attendant, il s'agit de ne pas s'avouer vaincu. Il va devoir s'incliner devant cette histoire de minorité jusqu'à vingt-cinq ans. Après tout, six ans, c'est vite passé, surtout au Trinity College, et quand il en reviendrait, que vaudraient ces petites gens face à lui ? Mais il ne va pas se laisser faire pour autant.

Il rouvre les yeux et s'amuse un instant de l'air surpris de son oncle devant son impassibilité, alors que celui-ci croyait l'avoir assommé par cette révélation :

— Quoi qu'il en soit, dit-il enfin comme s'il poursuivait sa méditation à voix haute, je n'en reste pas moins le propriétaire, même mineur, des biens de feu Isaac Newton. À moins que vous n'ayez l'intention, mon oncle, de faire part de ma naissance illégitime à la parentèle du défunt… Non, n'est-ce pas ? Avant mon départ j'aimerais que nous fassions tous deux, en compagnie de Robert Newton, un inventaire de mon patrimoine. Ainsi, lorsque j'en aurai la jouissance, il ne pourra se créer de litiges entre les partis Smith, Ayscough et Newton. Cela me chagrinerait, mon cher oncle et tuteur, d'avoir un jour avec vous une querelle de bornage.

L'arrogance de ce blanc-bec qu'il a cru pouvoir manipuler à sa guise fait perdre toute mesure au pasteur. Il est surtout furieux d'avoir mésestimé ce garçon, qu'il pensait être un rêveur brumeux et mystique, sans aucun sens des réalités du monde.

— Comment donc, ingrat, tu te méfies de moi ? Moi qui t'ai aidé, de ma bourse et contre ta mère, à poursuivre tes études ?

— Rassurez-vous, mon oncle, je vous rembourserai... Dans six ans, intérêt et capital. Mettons-nous au travail, maintenant.

Trois jours durant, on vit le neveu et ses deux oncles sillonner tout le pays, de parcelle en parcelle, de cheptel en cheptel. Isaac, écritoire en main, mit dans cet inventaire autant de minutie que dans la préparation de son voyage à Cambridge. Il calcula tout : l'heure exacte du lever et du coucher de soleil, la vitesse de son pas jusque dans ses ralentissements dus à la fatigue ou à un troupeau de moutons traversant le chemin, la durée des pauses qu'il s'accorderait, et jusqu'au caillou dans sa chaussure qui l'obligerait à s'arrêter quelques instants. Jamais, même la tête sur le billot, il n'aurait avoué avoir triché et ralenti singulièrement le pas durant les derniers yards.

L'affaire réglée, ce fut avec une jubilation intense qu'il entendit sonner six coups au clocher de l'église de Trinity College, alors qu'il en franchissait le porche au soir d'un deuxième jour de marche. Tout au long du voyage, son esprit était resté entièrement tendu vers la réussite de son plan de route. Il aurait été incapable de décrire les paysages traversés. Mais, surtout, cela lui avait évité de remâcher la révélation de sa bâtardise, ainsi que l'odieuse pingrerie de sa famille. Sa mère jouissait au total, tous patrimoines confondus, d'un revenu de plus de sept cents livres, ce qui en faisait une des personnes les plus riches du comté. Pourtant, elle n'avait consenti à verser que dix livres de pension annuelle – juste de quoi survivre dans cette université de Cambridge, où tout coûtait épouvantablement cher. Sa mère, cette prostituée, et les autres Ayscough, cette horde de charognards, qui lui faisaient payer à lui, la victime, le péché qu'elle avait commis...

Il n'a rien vu du sordide village de Cambridge, avec ses basses masures en torchis. Il n'a rien vu des différents collèges dont les façades font assaut de sculptures, colonnes et ornements de toutes sortes, ce qui leur donne des allures de palais princiers plutôt que d'austères temples consacrés au savoir. Sous le porche, il entre comme un vieil habitué dans la conciergerie et se dirige vers le guichet :

— J'ai rendez-vous avec le professeur Babington.

Sans même lever la tête, le concierge répond :

— Attends ton tour, comme tout le monde. Prends ce carton et va t'asseoir.

Au fond de la pièce, une douzaine de garçons à l'air égaré, le baluchon posé sur les genoux, ont posé un bout de fesse sur un banc. Newton en fait de même et les imite, tortillant dans ses doigts son carton où est écrit le chiffre treize. Il contemple cet épais numéro d'appel et son esprit vagabonde.

— Eh, toi le rouquin, tu prends racine ou quoi ? Je n'ai pas que ça à faire !

Comprenant enfin que c'est à lui qu'on s'adresse de façon si peu amène, Newton se lève et revient au guichet pour répéter :

— J'ai rendez-vous avec le professeur Babington.

— Ton passeport, le certificat du directeur de ton école, et le reçu du versement des droits d'inscription.

Isaac glisse les documents demandés au-dessous du grillage qui le sépare du cerbère. Celui-ci les consulte lentement, puis, en grommelant son nom, cherche dans ses tiroirs, d'où il ressort enfin une mince chemise jaune.

— Tiens, mon garçon. Il y a tout ce que tu dois savoir là-dedans, même la clé de ta chambre et comment t'y rendre. Tu liras ça dehors. Il y en a d'autres qui attendent.

— Et… Pour le professeur Babington ?

— Si j'ai un conseil à te donner, à cette heure-ci, ou bien il a quitté les murs depuis belle lurette, ou bien tu risques fort de le déranger. Patiente jusqu'à demain matin.

Et il précise, rigolard :

— Mais très tard dans la matinée. Les réveils sont difficiles, à Trinity College. Numéro suivant !

La chambre est propre et plutôt spacieuse. Il y en a ainsi une trentaine courant sous les combles. Deux lits, chacun au fond d'une alcôve, et deux pupitres sous leurs fenêtres ouvertes sur le grand jardin du cloître. L'autre occupant est absent. Comme il n'y a pas de bagage, Newton en déduit qu'il n'est pas encore arrivé à Cambridge. Mais il sait que ce sera un « pensionnaire », à qui il devra servir de domestique. C'est pourquoi il lui faut rencontrer Babington dès le lendemain, pour se soustraire à cette humiliation qui est le lot de tout sous-boursier. Il déballe et range ses affaires dans la plus modeste des deux niches, pour ne pas faire d'histoires quand l'autre arriverait. Puis il mange la dernière ration de ses provisions de bouche du voyage, pain, fromage, jambon. Ensuite, tout en se félicitant d'avoir acheté dans l'une des innombrables échoppes ouvertes en face du collège, une bouteille d'encre, une plume et un cahier, il ouvre la chemise jaune que le concierge lui a remise. Il passe une bonne partie de la nuit à éplucher le règlement de l'université, l'annotant et le commentant en marge, non pour en chercher les failles, mais pour le faire plier au mieux de ses intérêts.

Le lendemain, en fin de matinée, c'est un Isaac Newton frais et rose qui attend dans le vestibule des appartements du professeur Babington. Au bout de quelques minutes seulement, la grosse gouvernante qui lui a ouvert la porte l'introduit dans le cabinet de travail. Un grand homme maigre au teint marbré, en robe de chambre et sans perruque, se lève de derrière son bureau et s'exclame, pince-sans-rire :

— Voici donc enfin le fameux Isaac Newton, dont mon beau-frère m'a rebattu les oreilles !

Confondu par tant d'affabilité, le visiteur s'incline profondément, tandis que son hôte le considère de pied en cap avant de poursuivre :

— Me voilà soulagé ! Je craignais d'avoir affaire à l'un de ces misérables en guenilles, qui n'ont d'autre choix que de servir d'esclaves à d'arrogants fils de baronnets pour espérer un jour obtenir un diplôme. Suivez mon conseil, monsieur Newton : soyez toujours bien mis, propre, mais sans coquetterie. À Cambridge, voyez-vous, seule l'apparence compte. Vous aurez beau être le plus studieux, le plus brillant de tous, vous ne serez rien si votre collet est un peu élimé. Il y a quelques jours, voyez-vous, j'ai participé à une passionnante réunion où l'on a débattu des heures durant sur la forme que devra prendre désormais le bonnet des étudiants. Grande affaire politique ! Que dis-je ? Théologique ! Jusqu'à présent, le bonnet était rond. Mais l'archevêque nous a affirmé que c'était là coiffure de puritain. Le bonnet carré sera désormais le signe éclatant du retour de la monarchie et de l'Église anglicane au sein de l'université. Quelques collègues et moi-même avons bien tenté de plaider que cette réforme engendrerait des frais supplémentaires pour les étudiants pauvres, mais nous n'avons pas insisté, on commençait à nous prendre pour de dangereux affidés de feu Cromwell. Prenez un siège, monsieur Newton, car il paraît que je suis un intarissable bavard. Babington babille, dit-on. Ah, ah ! Asseyez-vous, vous dis-je ! Et pour que j'entende le son de votre voix, donnez-moi les raisons de votre visite. Encore que je les connaisse fort bien.

La faconde de Babington a atteint son but : apprivoiser le jeune homme que Clark lui a décrit comme un ours timide et sauvage. Droit sur son fauteuil, les mains posées sur les cuisses, le regard toujours baissé, Isaac dit d'une voix assurée mais respectueuse :

— Si j'ai osé vous importuner, maître, c'est pour vous supplier d'avoir l'honneur d'être soumis à votre tutorat.

— Ah, le tutorat ! Belle et bonne institution, à l'origine ! Le tuteur guidait par la main son pupille à travers tous les obstacles de son cursus, le conseillant dans ses lectures, l'orientant vers ce qui lui semblait le meilleur pour son avenir. Aujourd'hui, pour nombre de mes collègues, ce n'est plus qu'une rente : quatre livres par tête ! Une trentaine de pupilles, cela fait, en fin d'année, une somme rondelette. Mais je ne puis accepter votre demande, ce serait malhonnête de ma part. Voyez-vous, je suis un professeur qui n'enseigne plus. Et j'en suis fort heureux. Mes tâches, désormais, sont d'intendance, politiques si l'on veut. Je passe le plus clair de mon temps à Londres dans les couloirs des ministères. Et je dois vous avouer que j'y prends un grand plaisir. Je ne suis à Cambridge que deux ou trois semaines par an. Aussi, ce serait vous rendre un très mauvais service que de me faire votre tuteur. Vous ne pourriez par exemple n'avoir accès à la bibliothèque que sous ma surveillance. Alors…

Le visage de Newton en est tellement bouleversé que Babington croit qu'il va pleurer.

— Rassurez-vous, poursuit-il, j'ai pour vous une solution excellente. Le jeune professeur Benjamin Pulleyn n'est devenu membre du Trinity que l'an passé. Il a beaucoup de mal à se trouver des pupilles, qui soulageraient pourtant ses maigres revenus. Si vous en êtes d'accord, je vais vous recommander à lui. Il m'en sera très reconnaissant. On n'a jamais assez d'alliés, à Cambridge. À en juger par ce que mon beau-frère m'a écrit, vous êtes un garçon qui n'en fait qu'à sa tête. Aussi, je spécifierai à Pulleyn de vous laisser la bride sur le cou dans le choix de vos études et de vos lectures. Êtes-vous satisfait ?

— Oh, maître, je ne sais comment…

— Eh bien moi, je sais. Êtes-vous déjà au service d'un pensionnaire ?

— Je ne suis arrivé que d'hier, et je n'ai rencontré personne de mes condisciples.

— Tant mieux ! Je vois à votre aspect que vous êtes un garçon soigneux. On m'a rapporté aussi que vous étiez fort habile de vos mains…

— Des jouets d'enfants, répond Newton avec un pâle sourire. Mais réparer une horloge, faire taire une porte qui grince ou remplacer un carreau cassé ne m'a jamais répugné, au contraire.

— Parfait. Et je suppose que quand vous êtes dans votre campagne, votre éducation vous permet d'aider madame votre mère à débrouiller ses affaires comptables et fiscales.

Isaac a une mimique entendue, qui peut signifier que l'art de gérer un domaine agricole n'a pas de secret pour lui. Ce n'est qu'un demi-mensonge, et qu'il n'a même pas proféré.

— Eh bien je vous embauche. Comme majordome, intendant, homme à tout faire en somme. Mais, ici, les portes ne grincent pas et vous n'aurez d'autre tâche que de payer ma bonne Maggie. De veiller aussi à ce que ces lieux soient dans un parfait état avant mon retour. Le plus important sera de trier mon courrier et de m'expédier celui qui vous semblera le plus urgent. Je vous donnerai des instructions plus précises après votre examen d'entrée, qui ne saurait être pour vous qu'une formalité. Comme pour tous les autres, d'ailleurs. J'y veillerai. En attendant, je vais rédiger un mot pour votre camarade de chambre, au cas où il aurait des velléités de faire de vous son valet. Et proposez-lui de payer vous-même un autre sous-boursier pour entretenir votre logement. Ça vous épargnera bien des tracas, croyez-moi.

Le volubile Babington se lève et ouvre sa bibliothèque grillagée. Il en sort un petit volume qu'il tend à Newton :

— Tenez, c'est pour vous. C'est un ouvrage de vulgarisation sur la *Logique* d'Aristote, la première chose que vous enseignera votre futur tuteur. Surtout, ne l'évoquez pas lors de votre examen. Quand on vous posera des questions sur le sujet, soyez transparent. Soyez gris. Allez, maintenant !

Isaac sortit de cet entretien ravi et rassuré. Mais il n'était aucunement étonné ou flatté de l'accueil d'un personnage aussi important que Babington, tant pour lui il était naturel que son mérite et son talent fussent reconnus à leur juste valeur. De même, quelques jours plus tard, il trouva légitime le faste avec lequel se déployèrent les cérémonies de réouverture de l'université. Certes, il n'ignorait pas qu'elles coïncidaient avec celles du couronnement du roi Charles II, un an tout juste après son débarquement en Angleterre, mais comme il n'avait aucun élément de comparaison avec les rentrées précédentes, il se contenta de savourer le spectacle, tout en y participant.

Trois jours durant, en effet, défilés, processions, parades, feux de joie, salves de mousquets et de canons, concerts et discours se répétèrent. Perdu au milieu des quelque trente boursiers et sous-boursiers du Trinity College, longue toge noire sans aucun ornement, mais bonnet carré tout neuf et très cher sur la tête, Isaac trouvait partout des signes divins du grand destin qui s'ouvrait devant lui. Il ne se souciait pas des affaires politiques, et trouva simplement stupide que l'on brûlât l'effigie de Cromwell, mort quelques années auparavant, au milieu d'une place. Cela gâcha un peu sa fête, même s'il applaudit comme tout le monde, pour ne pas se faire remarquer.

Son examen d'entrée fut, comme prévu, une formalité. Son excellente mémoire lui permit de régurgiter toutes les répétitions faites quelques mois auparavant en compagnie de Stokes. Quant aux questions des jurés pour savoir s'il comprenait plus ou moins ce qu'il venait de réciter, elles étaient d'une simplicité confondante. Il n'y avait pas de classement à cet examen, aussi suivit-il là encore le conseil du directeur de l'école de Grantham. Il y répondit parfaitement, mais avec la plus grande platitude, ne cherchant surtout pas à briller ou à se faire remarquer. Il fut gris. Son admission ne posa pas de problème, comme d'ailleurs celle de la dizaine d'autres postulants, tous boursiers et sous-boursiers. Quant à la vingtaine d'autres, les pensionnaires, il avait suffi à leurs parents fortunés de verser d'importants droits d'inscription pour que leurs rejetons se voient parés du titre prestigieux de *fellow* du Trinity College de l'université de Cambridge. Cela leur permettrait de mener plus tard, avec ou sans diplôme, une belle carrière de courtisan à Londres.

Benjamin Pulleyn, son tuteur, était à trente ans ce que ses collègues plus fortunés appelaient « un éleveur ». Son cheptel était composé pour la plupart d'anciens de l'école de Westminster, dont lui-même était issu. Et ce fut seulement pour s'allier les bonnes grâces de Babington, qui commençait à devenir un personnage influent, qu'il accepta de prendre à sa charge le natif de Grantham. Charge peu pesante, il est vrai, et fort rémunératrice. En principe, le tuteur, tout en dispensant son enseignement à ses pupilles, devait également leur servir de nouvelle famille, les conseiller, les soutenir et les orienter, tant dans leurs études que dans leur conduite et leurs finances. Avec un mentor pour trois ou quatre élèves, le système aurait pu se concevoir, mais il n'y avait pas de limites. Pulleyn possédait ainsi une vingtaine de « têtes », en première et en deuxième année, ce qui ne lui donnait guère le loisir de s'occuper de la moralité et du bien-être de chacun d'eux. Ce fut d'ailleurs la chance de Newton, car durant les deux années que dura ce tutorat, son professeur l'ignora, acceptant sans jamais y regarder de près les demandes qu'Isaac lui faisait d'aller consulter tel ou tel livre à la bibliothèque.

Outre la théologie, l'enseignement à Cambridge aurait pu être celui de la Sorbonne quelques siècles auparavant. La première leçon de Pulleyn fut une initiation à la *Logique* d'Aristote. En fin de cours, pour ne pas embarrasser les anciens élèves de Westminster, il s'avisa d'interroger celui de Grantham. Or, Newton avait parfaitement assimilé le livre que lui avait prêté Babington. La leçon n'était qu'une resucée du premier chapitre. Dans sa réponse, Newton poussa la malice jusqu'à entamer le deuxième. Le maître l'arrêta, le félicita et le laissa en paix jusqu'à la fin de son magistère.

Très satisfait de cette première démonstration de son talent, Isaac rentre tout guilleret à sa chambre, en se disant que ce soir il irait faire des folies et souperait, non au réfectoire, mais à la taverne de la Rose. En ouvrant la porte, il est pris à la gorge par un nuage de tabac. Sur le deuxième lit jusqu'alors inoccupé, un jeune homme élégamment vêtu fume une longue pipe d'écume avec la désinvolture d'un vieil amiral de retour du Nouveau Monde.

— Enfin, te voilà, mon bizuth, dit le nouveau venu en guise de salut. Tâche de ne plus me faire attendre à l'avenir. Ton nom ?

— Isaac Newton, mais...

— Bien. Tu t'appelleras James, désormais. « Isaac » sent son puritain à plein nez. Je viens d'arriver il y a une heure. Je suis épuisé. Déballe mes malles et range mes affaires.

Newton blêmit sous l'outrage. Mais il se contient : il aurait une année à passer avec ce gommeux.

— Vous êtes victime, monsieur, d'un malentendu. Ou peut-être d'une erreur de l'administration.

— Quoi ? Vous n'êtes pas sous-boursier ? Pourtant, j'avais exigé qu'on en place un dans ma chambre.

Newton évite de répondre directement :

— Le professeur Babington a bien voulu me prendre pour secrétaire particulier. Nous sommes en effet du même pays, et son rectorat de Boothby Pagnell est voisin de ma seigneurie de Woolsthorpe.

Il a appuyé mine de rien sur le mot « seigneurie ». Le jeune homme à la pipe se lève alors, salue le plus galamment du monde et dit :

— Pardonnez ma bévue, monsieur Newton. Permettez-moi de me présenter : Francis Wilford. Avouez que votre toge et votre bonnet vous donnent tout à fait l'allure d'un de ces rustres.

— Je suis sous-boursier, vous l'avez bien vu, monsieur Wilford. Mais sans doute venez-vous d'Amérique pour ignorer combien, durant ces deux dernières décennies, dans mon comté, même les gens de lignée comme la mienne ont souffert des révolutions. Pour porter une belle toge de pensionnaire, devais-je laisser mourir de faim ma pauvre vieille mère, pleurant encore un époux mort au service du roi, et mes sept frères et sœurs, dans mon manoir en ruines ?

En proférant ce premier mensonge de sa vie, Isaac aurait cru mourir foudroyé de honte sur le champ. Mais non, il y prend plaisir, et même il s'émeut de sa fable. Wilford, cependant, est très embarrassé. Il trouve obscène l'évocation de la pauvreté. Il rallume sa pipe en grommelant :

— C'est fâcheux, cela, c'est fâcheux. Il va me falloir trouver quelqu'un. Que diront les autres si je n'ai pas de serviteur ?

— Bah, réplique Newton en imitant malgré lui les intonations désinvoltes de son interlocuteur, je vous en trouverai bien un parmi mes homologues. Naturellement, nous partagerons ses gages.

— Je vous croyais… euh…

— Pauvre ? Laissons cela, cher Francis… Vous permettez que je vous appelle Francis ? Disons plutôt que mes difficultés financières m'ont appris à distinguer entre les bonnes et les mauvaises dépenses.

Rassuré, Wilford éclate de rire et dit :

— Ah bon ? Il y a de mauvaises dépenses ? Vous m'apprendrez lesquelles, j'espère, mon cher Isaac.

Francis Wilford était de très riche famille londonienne, beau, bavard, rieur, charmant, aimant le vin et la bonne chère, et contrastant ainsi singulièrement avec le taciturne, ascétique et timide natif de Woolsthorpe. Comme les deux ou trois amis du même rang que lui, il ne se souciait pas d'étudier pour quelque diplôme : il était assuré d'obtenir, à la fin de cette année-là, le grade de bachelier, quelques signatures de professeurs suffiraient. Il en serait de même trois ans plus tard pour devenir maître ès arts, avant de revenir à Londres et obtenir de son père ou d'un autre membre de sa famille une charge quelconque, copieusement prébendée. Sa seule obligation d'étudiant était de faire acte de présence à certains cours, mais il lui arriverait souvent de demander à Newton de signer le cahier à sa place.

Les premiers mois de leur cohabitation ne furent nullement pesants pour le sous-boursier. Wilford ne rentrait que très tard dans la nuit, quand il rentrait. Ses amis et lui avaient payé grassement les portiers. Au début, pour le principe, il avait invité Newton à se joindre à eux. À son grand soulagement, celui-ci avait décliné l'offre d'écumer les tavernes de la ville basse. Ce garçon aux airs toujours sérieux et renfrognés aurait été le pire des rabat-joie. Isaac, de son côté, pour laisser dormir Francis, prenait ses livres et ses cahiers et allait se réfugier, pour travailler, dans une petite salle de classe toujours déserte, où il finit par prendre ses quartiers. Chaque vendredi soir à six heures, il se rendait dans l'appartement de Babington et, suivi de la gouvernante, il inspectait la propreté des lieux, soulevait les tapis et passait son doigt sur les meubles. Si, par malheur, il dénichait le plus petit grain de poussière, il se mettait à crier de la même voix suraiguë qu'il prenait naguère contre sa mère ou le valet de ferme. En revanche, il préférait ignorer le sous-boursier qui, chaque jour, venait vider leurs seaux d'aisances et leur apporter du bois. Ils mangeaient pourtant tous les deux au réfectoire à la même heure et à la même place, l'un en face de l'autre, après le service des pensionnaires. Un jour que l'autre s'avisait de se plaindre des sévices de Wilford et de ses amis, dont il était devenu le souffre-douleur, Newton répliqua sèchement que ce n'était pas ses affaires et ne lui adressa plus jamais la parole.

Une nuit, Wilford le réveilla en le secouant.

— Isaac, Isaac, il faut que vous m'aidiez. Sinon, je suis un homme mort. Prêtez-moi deux livres, seulement deux livres. Je vous les rembourserai dans un mois jour pour jour, intérêt et capital.

Isaac tira sa bourse de sous son matelas. Les deux livres y étaient, mais pas plus. Comment ferait-il pour survivre d'ici là ? En prélevant sur les gages de la gouvernante de Babington, qu'il devrait payer le jour même où Wilford était censé le rembourser, calcula-t-il, bien qu'il fût encore embrumé de sommeil.

Le jour dit, Wilford lui remit la somme due, et vingt shillings de plus. Newton protesta que ce genre de choses ne se faisait pas entre amis, mais l'autre insista tant, « dette de jeu, dette d'honneur », qu'il finit par céder. Deux jours après, un compère de Wilford lui emprunta lui aussi de l'argent, et lui aussi le remboursa avec les intérêts. Trois ou quatre autres suivirent. Au bout de l'année, Isaac avait doublé la pension maternelle et était devenu le plus riche sous-boursier de tout Trinity College. En revanche, sa solitude s'accrut. Un usurier n'a pas d'amis, seulement des débiteurs.

Voyant que ses camarades, qui l'appelaient désormais Shylock, commençaient à se montrer méprisants à son égard, il tenta une approche auprès de leur meneur, Wilford bien sûr. Il choisit mal son moment. Son compagnon de chambre venait de lui demander un nouvel emprunt, car il avait perdu très gros, toute la nuit, à la nicnoque, dans un cabaret peu fréquentable. Tout en lui versant la somme demandée, Isaac entreprit de lui faire la morale, et de lui expliquer qu'il y avait des jeux bien plus enrichissants pour l'esprit, tel les dames, qu'il se proposa de lui apprendre. Wilford haussa les épaules en disant qu'il savait fort bien pousser le pion.

Ils firent quatre parties, Newton les gagna toutes. Wilford ne lui en tint pas rigueur : il était joueur, perdre ou gagner n'avait aucune importance. Seuls comptaient le jeu et les émotions qu'il provoquait. Il le félicita sans arrière-pensée et lui expliqua une idée qui lui était venue : organiser dans la chambre des tournois de dames agrémentés de paris. L'affaire était sans risques, Newton était imbattable. Ce dernier protesta que les jeux d'argent étaient interdits dans l'enceinte du collège, et qu'ils risquaient le renvoi, mais Wilford n'en tint pas compte. Isaac dut ainsi affronter une dizaine d'adversaires, gagna à chaque fois, tant et si bien que bientôt plus personne n'osa jouer contre lui. Il était d'ailleurs temps que cela s'arrête, car, du côté de l'intendance, on commençait à se poser des questions sur l'agitation qui régnait à l'étage de Newton. Il n'empêche, son petit capital s'était singulièrement accru, durant ces quelques semaines-là.

Quand vinrent les congés de fin d'année, Wilford, ainsi que la plupart des pensionnaires et des professeurs, quitta l'université pour n'y revenir qu'au début du mois de février. Il fallait être vraiment très pauvre pour ne pas aller fêter la Nativité en famille, et rester au collège pour bénéficier du vivre et du couvert. Très pauvre… ou Newton. Son tuteur Pulleyn avait signé sans même y jeter un regard le programme d'études détaillé que lui avait proposé Isaac pour cette période fériée. Il lui avait simplement ordonné de respecter le repos, la prière du sabbat et des fêtes religieuses. Recommandation inutile, car le sous-boursier s'y tenait avec des scrupules de vieille bigote, confessant le moindre manquement dans ce qu'il appelait son « cahier d'ordures ». Il considérait toutefois qu'étudier même des domaines n'ayant pas trait à la religion n'était pas de l'ordre du travail temporel, mais de la prière, de la communion avec le divin.

Logique, éthique, rhétorique d'Aristote et de ses exégètes, tout ce qui faisait l'enseignement scolastique depuis quatre siècles, il en avait très vite épuisé les délices et décelé les faiblesses. Il n'avait même pas achevé les œuvres du « Maître absolu ». Vers le milieu, il refermait chaque volume en soupirant : « compris ! », élaborant mentalement la suite et la conclusion. Au bout de sa première année à Cambridge, il aurait fort bien pu décrocher son baccalauréat ès arts, qu'il ne devrait pourtant passer que trois ans plus tard. À la rentrée universitaire de 1662, durant le cours inaugural, il fut pris de cette sensation étrange et angoissante d'avoir déjà entendu le discours du magister, d'avoir déjà été à la même place, avec les mêmes voisins, d'avoir déjà senti la même odeur de pieds et de jeunes mâles. La seule impression nouvelle était cette amertume aigre au fond de la gorge, qui lui donnait envie de pleurer.

Cette angoisse ne se dissipa aucunement en se rendant à l'appartement d'Humphrey Babington. À bientôt cinquante ans, ce grand homme maigre et caustique avait appris à lire facilement, de son œil bleu pâle, les affres et tourments de ses jeunes étudiants. Or, le visage mobile d'Isaac ne savait pas encore cacher ses sentiments.

— Vous avez une bien vilaine mine, Newton. Vous nous couvez une mauvaise fièvre, peut-être ? C'est que j'ai besoin de vous, moi, et j'ai l'intention de vous confier, cette année, des tâches autrement plus délicates que naguère.

— Non, maître, non, je me porte à merveille, prêt à mettre toutes mes forces à votre service.

Babington essaya en vain de capter le regard fuyant de son jeune secrétaire, en se demandant, comme à leur première rencontre, s'il avait affaire à un fou ou à un génie. Mais il avait accompli les quelques besognes qui lui avaient été confiées avec un tel zèle et une telle perfection qu'il en était devenu indispensable. Il faudrait simplement lui demander de se montrer un peu moins brutal avec la bonne Maggie, qui était tombée dans ses bras, en larmes, à son retour, gouvernante martyre et amoureuse déçue. À vingt et un ans passés, Babington en était sûr, Newton n'avait toujours pas jeté sa gourme.

— Je me souviens moi aussi, dit-il enfin, de ma rentrée en deuxième année, il y a de cela une vingtaine d'années. Mes condisciples et moi-même avions enfin accès à Descartes, Kepler et Bacon, et nous débordions d'enthousiasme, de soif d'apprendre. Enthousiasme vite refroidi quand nous eûmes à subir le cours inaugural. Le monde avait changé. Pas Cambridge. Et aujourd'hui ?

— Hélas, si la Terre tourne autour du Soleil, depuis Galilée et Copernic, Trinity College tourne en rond, depuis Aristote et… Duport, soupira Newton.

Babington salua d'une vague grimace aux allures de sourire le mot de l'étudiant. James Duport était le très formel professeur royal de grec au collège. Newton venait enfin de prouver qu'il avait de l'esprit.

— En avez-vous parlé avec vos amis ?

— Bien sûr, et ils pensent comme vous, mentit Newton en songeant au léger et superficiel Wilford.

— À mon époque, pour tenter de nous sortir de ce bourbier scolastique, jeunes professeurs et étudiants nous réunissions en sociétés secrètes, parfois très fantaisistes, mais parfois sublimes, grâce à la qualité de ses membres, tels Boyle, Hobbes ou notre admirable Barrow, qui fondèrent à Oxford et ici le Collège Invisible. Avec eux, la philosophie naturelle pouvait enfin s'épanouir.

— Me conseillez-vous de les imiter, maître ?

— Surtout pas ! Depuis la restauration monarchique, l'Église d'Angleterre est revenue en force dans l'université, et surveille de près toute réunion régulière dans les chambres ou dans les tavernes. À ce propos d'ailleurs, on m'a dit…

— Rassurez-vous maître, ce ne sont que tournois d'échecs ou de dames.

— Peut-être, mais vous devez cesser cela immédiatement. Le conseil a le renvoi facile, ces derniers temps. Et cette année, ce sera pire encore. Non, croyez-moi, travaillez seul.

— M'aiderez-vous ?

— Je ne puis que vous donner quelques pistes, et la disposition de ma bibliothèque en mon absence. À la fin de cette année, nous verrons si je puis vous recommander au professeur Barrow. Pour le reste… Vous êtes un esprit brillant, monsieur Newton. Brillant, mais brouillon. Je l'étais moi-même… brouillon en tout cas. Aussi, mon seul conseil sera : de la méthode, monsieur Newton, de la méthode. Et cette méthode, vous devrez la trouver par vous-même. Bien. Si nous parlions un peu de nos affaires, maintenant ?

Newton sortit de cet entretien dans un grand état d'excitation. Les mains derrière le dos, il fit trois fois le tour du promenoir sans s'en rendre compte, en marmonnant à mi-voix :

— De la méthode… Mais je n'en connais qu'une, moi, de méthode. Celle qu'on nous ressasse ici : la dialectique. Oui car, non car, donc… Thèse, antithèse, synthèse. Toujours les mêmes questions qui attendent les mêmes réponses. Eh bien, je vais m'en poser d'autres, moi, des questions… Et d'abord, qu'est-ce que la philosophie naturelle, dont Babington m'a parlé tout à l'heure ? C'est questionner la nature. Non ! La nature se dérobe. C'est elle qui nous pose des questions. Et c'est à nous d'y répondre. Sont-ce d'ailleurs des questions ? Non, ce sont des faits : la lumière, le mouvement... Et avant d'y répondre, il nous faut observer, puis expérimenter. La voilà, la vraie méthode : l'observation. La patiente observation. La nature n'aime pas les réponses hâtives. Et quoi de plus hâtif qu'une hypothèse ? Les philosophes modernes ont imaginé des hypothèses pour expliquer toutes choses mécaniquement, en renvoyant les véritables causes à la métaphysique. Mais la principale affaire n'est-elle pas de raisonner sur les phénomènes sans le secours d'hypothèses imaginaires ? Déduire les causes des effets, jusqu'à ce qu'on soit parvenu à la Cause première, qui n'est certainement pas mécanique ?

Sitôt rentré dans sa chambre, il sortit de dessous son matelas un grand et volumineux cahier vierge. Il huma le papier, trempa sa plume dans l'encrier et écrivit sur la première page : « Questions de philosophie ». Puis en dessous, toujours en latin : « Platon est mon ami, Aristote est mon ami, mais mon meilleur ami est la Vérité. »

Durant les deux années qui lui restaient avant de devenir bachelier, le reste du monde n'exista plus pour lui. Il ne revint pas une seule fois à Woolsthorpe. Il se contentait d'écrire régulièrement à sa mère, et toujours pour lui réclamer un peu d'argent supplémentaire qu'elle ne lui envoyait jamais, juste des petits mots maladroits, bourrés de fautes d'orthographe. Il allait assidûment en cours, surtout à ceux d'histoire biblique, et encore plus assidûment à l'office religieux quotidien. Mais, entre son cursus universitaire et ses travaux personnels, il éleva une muraille étanche à travers laquelle rien n'interférait, d'un côté ou de l'autre.

Il commença par les mathématiques. Ou plutôt, il recommença. Il s'y était initié, jadis, à Grantham, avec l'aide de l'apothicaire Clark, et cela lui avait paru un jeu de l'esprit passionnant. Cette fois, délibérément, il se força à repartir de rien. C'est-à-dire de Thalès et d'Euclide, jusqu'à Marin Mersenne. Il n'acceptait pas comme parole d'évangile leurs découvertes, mais refaisait leurs calculs, reconstituait leur démarche, comme si c'était lui qui déterminait les nombres premiers, et non Erathostène, comme si c'était lui qui définissait le logarithme d'un sinus, et non John Napier. Quand il fut sûr de n'avoir plus rien à apprendre de ce côté-là, il s'attaqua à la physique, en usant des mathématiques comme d'un simple outil. Mais, cette fois, il était obligé de faire confiance aux observations et aux expériences d'autrui. S'il en avait eu la possibilité, il aurait refait toutes les Tables rudolphines de Tycho Brahé et Kepler. Il projeta même un jour de se rendre au port de Lowestoft pour observer le phénomène des marées, mais il se trouva mille et un prétextes pour surseoir à cette absence d'une semaine.

Il aurait eu pourtant d'autres raisons de quitter Cambridge. Il avait annoncé à Wilford que c'en serait fini des paris sur les dames et les échecs, alors que celui-ci lui avait affirmé avoir découvert quelques « clients », des nouveaux venus qui ignoraient tout de l'invincibilité de son camarade. Après l'avoir copieusement traité de poule mouillée, Wilford s'excusa, battit sa coulpe, se déclara perdu s'il ne trouvait pas une livre dans la semaine. Attendri, Newton lui en prêta deux. Dès lors, la cohabitation devint un enfer. C'était comme si Wilford choisissait les moments où Isaac avait le plus besoin de se concentrer sur son travail pour inviter dans leur chambre trois ou quatre de ses compagnons de bamboche, boire, fumer, parler haut et chanter faux. Newton finit par se réfugier chez Babington pour y passer ses nuits, avec toujours la crainte d'être surpris et renvoyé.

Un matin, Wilford revint dans leur chambre, puant le vin. Il s'effondra sur son lit et raconta qu'il avait passé la nuit à faire la fête avec quelques amis au village de Cambridge, amas de chaumières sordides nettement séparé du quartier de l'université et interdit, en principe, aux étudiants. Wilford décrivit avec complaisance la putain, une rousse, pour laquelle il n'avait dépensé que quelques pennies contre une félicité éternelle. Écœuré par ces propos graveleux, Isaac entreprit pourtant de sermonner son camarade. L'autre, abruti de sommeil et d'alcool, se coucha en grognant :

— La boucleras-tu enfin, espèce de puceau ? Laisse-moi dormir, maudit puritain !

Les deux assertions étaient exactes. Mais la seconde était la plus dangereuse. En ces temps de restauration monarchique, avec un Parlement aux mains de l'épiscopat, les puritains, nombreux à Cambridge, devaient cacher leurs convictions, et même prêter serment à l'Église anglicane.

Bientôt, Wilford répéta ce qu'il appelait son « bon mot », et les étudiants ne désignèrent plus leur condisciple Newton que sous le sobriquet de « puceau puritain ». Son tuteur Babington, qui partageait en secret les mêmes convictions religieuses que lui, tenta d'étouffer la rumeur, mais en vain : Wilford était le rejeton d'une importante famille londonienne.

Quand passa la comète de novembre 1664, Isaac voulut transformer leur logement en observatoire. L'autre s'y opposa farouchement. Il faillit y avoir duel. Heureusement, Babington, de passage à Cambridge, hébergea le jeune prodige chez lui durant toute la durée du phénomène. Lorsqu'Isaac réintégra la chambre, Wilford n'eut de cesse de le harceler pour qu'ils se battent. La peste, qui s'abattit sur Londres et fit fermer tous les collèges anglais, épargna à Newton de se faire transpercer par une épée.

4.

Anni mirabiles

Un lourd nuage noir couvre bientôt tout le ciel. C'est comme si la peste qui frappe Londres avait roulé ici, jusqu'à venir crever au-dessus de Woolsthorpe. Mais ce sont des trombes d'eau qui s'en déversent, lourde pluie balayant d'un coup la poisseuse chaleur d'orage qui écrasait depuis tôt le matin tout le Lincolnshire. Un souvenir de pluie reste comme en suspension dans l'air. Jamais le ciel ne mérite alors autant ce beau nom persan d'azur.

La porte de la grande maison de briques rouges s'ouvre sur un tourbillon joyeux et frais. Deux très jeunes filles, troussant leurs jupons afin de ne pas les mouiller sur la pelouse luisante, surgissent pour profiter enfin du soleil immense et de l'arc-en-ciel qui, peu à peu, s'ébauche au-dessus du toit, avant de prendre des couleurs si tendres que la cadette se met à courir vers elles, bras tendus, comme pour tenter de saisir l'insaisissable.

— Mary, ne fais pas la folle !

La mère de la petite, apparue à son tour sur le seuil, a crié avec plus d'aigreur que d'autorité dans la voix. Elle est encore belle, malgré la lourde robe et la coiffe noires qui la couvrent presque entièrement, ne laissant apparaître que l'ovale régulier de son visage. Soutenant par le bras une vieille femme qui lui ressemble étrangement, elle descend les quelques marches du perron.

— Que se passe-t-il ? Pourquoi ces cris ? tonne une voix mâle.

Là-haut, sous les combles, les fenêtres d'une chambre se sont ouvertes. S'y encadre un homme jeune, à la longue chevelure d'un blond presque roux.

— Isaac, Isaac, regarde l'arc-en-ciel ! s'exclame Mary en trépignant. Ne dirait-on pas un miracle ?

Cet enthousiasme ne provoque pas le moindre sourire sur le visage aux mâchoires carrées et au lourd menton du mélancolique Isaac Newton. Il ferme soigneusement les volets. La chambre plonge dans l'obscurité. Mais d'un trou qu'il a soigneusement percé et détouré jaillit un fin et puissant rayon lumineux issu du grand soleil qui éblouit maintenant la campagne anglaise. À tâtons, il débarrasse sa table des piles de papiers et de livres qui l'encombrent, la tire au milieu de la pièce, se dirige vers la commode, y saisit par leur socle en bois ouvragé et verni deux prismes, l'un rond en forme de lentille, l'autre triangulaire, soutenus par une sphère qui leur permettent de pivoter sur eux-mêmes. Il pose le premier le plus près possible de la fenêtre, l'ajuste de telle sorte que le rai lumineux passe au travers et aille se projeter sur un long rectangle de tissu appliqué sur le mur vis-à-vis. La tache ronde, qui y est posée comme une petite lune, s'allonge alors et se métamorphose en une forme oblongue aux côtés rectilignes et aux extrémités arrondies. La lumière blanche du soleil projetée contre le drap se décompose, s'irise dans les couleurs de l'arc-en-ciel qui a tant émerveillé tout à l'heure la petite Mary. D'un geste précis, presque machinal, Isaac place le second prisme sur la table, devant le premier, en renversant le triangle, sommet en bas. L'arc-en-ciel oblong redevient une petite lune toute blanche…

— Oh la la, monsieur Cartes, murmure-t-il en français, vous allez tomber bientôt de votre trône. Je démontre que les couleurs ne sont pas une modification de la lumière blanche. Elles la composent, elles en sont les éléments.

Un vague sourire s'ébauche sur sa face pâle. « Monsieur Cartes… » Il ne se lasse pas de déformer le nom du fameux philosophe René Descartes, en éliminant la particule qui évoque par trop un titre nobiliaire que lui, Isaac Newton, n'a pas… Et pour montrer que lui, Isaac Newton, vingt-trois ans à peine, obscur *bachelor of arts* au Trinity College de Cambridge, joue une rude partie de dames avec cette icône de la science et de la pensée, mort depuis quinze ans, célèbre et célébré par les rois et toutes les académies de l'Ancien et du Nouveau Monde. Il a pourtant lu et admiré l'œuvre du savant français. Mais de l'admiration à la jalousie, la frontière est ténue. Il vient de la franchir.

« Je démontre », a-t-il murmuré… Sans doute, mais à qui ? Isaac Newton n'a pas d'amis, ni à Cambridge, ni dans son village natal de Woolsthorpe, ni à Londres, où d'ailleurs il ne s'est jamais rendu. Il n'éprouve non plus ni admiration ni attachement pour ses maîtres du Trinity College. Il se sent aujourd'hui au moins à leur niveau, lui que la peste a empêché d'être élu *fellow*, et tous ses efforts tendent maintenant à les surpasser. De la même façon, il a absorbé les livres de Boyle, Hobbes, Wallis, « Cartes », en les recopiant de sa petite écriture illisible, en les transfigurant, en se les appropriant, en en faisant ses propres œuvres, tel le messie s'appuyant sur les prophètes. N'est-il pas né le jour de Noël, et son père officiel n'est-il pas mort avant sa naissance ? N'a-t-il pas été engendré par les puissances astrales, du moins symboliquement ? Et l'anagramme de son nom, *Isaacus Neuutonus*, n'est-il pas *Ieoua Sanctus Unus*, « Yahveh seul saint » ?

Durant ses trois dernières années au Trinity College, Newton avait été à la fois son propre professeur et l'élève, s'imposant à lui-même un programme d'étude que le plus exigeant des maîtres n'aurait jamais osé imposer à son disciple le plus zélé. Il avait pu ainsi inventorier la somme des connaissances et des découvertes humaines depuis la Création, dont il avait confirmé la date, par ses propres calculs, en 4004 avant Jésus-Christ. Il avait pu aussi, et surtout, faire la liste de ce qui n'avait *pas* été découvert. Et donc ce que, lui, Isaac Newton, aura à découvrir. À découvrir, ou plutôt à démontrer. Car de là est venue sa haine pour Descartes, qui, faute de pouvoir prouver la mécanique de tel ou tel mystère de l'univers, émet l'hypothèse qui lui semble la plus raisonnable et finit par la tenir pour une réalité, pour une loi naturelle. Ce pseudo-philosophe part du principe que tous les phénomènes naturels s'expliquent par des mouvements de la matière : les corps célestes sont entraînés par des tourbillons d'éther, le magnétisme s'explique par les mouvements de petites particules en forme de tige filetée, le cœur humain est un bac à fermentation, les animaux sont des machines sans âme, et ainsi de suite. Hypothèses, hypothèses gratuites, qui plus est païennes ! Car la mécanique cartésienne n'a pas besoin de Dieu pour fonctionner. Le grand Galilée aussi, d'ailleurs, a cru bon de dissocier physique et métaphysique. Certes, il a privilégié l'observation sur l'hypothèse, mais n'a-t-il pas écrit aussi cette phrase : « L'intention du Saint-Esprit est de nous enseigner comment on doit aller au Ciel, et non comment va le Ciel. » Quelle ironie, quelle désinvolture bien italienne vis-à-vis de Dieu ! Tout cela sent l'esprit fort, l'athéisme. Newton, lui, se sait investi d'une mission divine. Celle de découvrir, par la philosophie de la nature, l'harmonie universelle voulue par le Seigneur, révéler « comment va le ciel » pour savoir comment un jour y monter…

Il rouvre les volets. La chambre est presque vide de meubles. Un lit étroit, avec au-dessus un crucifix en fer sans Christ, une bible posée à son chevet maculé de cire de bougie, une petite commode d'où il a extrait ses deux prismes et sur laquelle s'entassent quelques livres, une pile de cahiers et de papiers griffonnés de sa main ; aux murs chaulés, en plus du grand rectangle de tissu, sont accrochés nombre de croquis et d'équations. S'il n'y avait tous ces papiers, on pourrait se croire dans la cellule d'un moine.

Oubliant le reste de ses notes qu'il a abandonnées par terre, Newton s'assied derrière sa table et, d'une plume habile qui n'a pas besoin de règle, il reproduit le dessin de son expérience. Vers midi, le valet de ferme vient lui annoncer que le repas est servi. Il le chasse d'un geste impatient. La journée se passe ainsi. À la nuit tombée, il n'entend pas la cloche appelant au souper ; sa mère doit venir elle-même le supplier de descendre.

Dans la salle à manger, sa grand-mère, son demi-frère et ses deux demi-sœurs l'attendent. Il s'assied à la place du maître de maison, prononce la prière, puis se met machinalement à manger. Les autres l'imitent en silence. Au bout d'un long moment enfin, il sort de sa méditation pour s'apercevoir que tous attendent qu'il ouvre la conversation afin de pouvoir parler eux-mêmes. Le plus impatient semble être Benjamin, un adolescent qui paraît pourtant beaucoup plus « mâle » que son aîné. C'est vers lui qu'Isaac plante son profond regard mélancolique pour demander, selon un rituel bien établi depuis les longs mois où il a dû fuir Cambridge et se réfugier ici :

— Quelles nouvelles, aujourd'hui ?

Benjamin, très excité et voulant lui plaire, raconte qu'il s'est rendu à Grantham et qu'il a visité l'apothicaire Clark. Puis leur mère prend la parole et, d'un ton plaintif, comme si elle avait peur de son fils aîné, lui reproche d'être resté enfermé dans sa chambre durant toute cette belle journée ensoleillée. Il ne répond pas. Il est ailleurs.

Elle tente de le flatter :

— Sais-tu que l'écluse et la roue à augets que tu avais construites quand tu avais quatorze ans fonctionnent encore très bien ? On y voit même encore ta signature gravée. Mais, avec la peste qui sévit dans les villes, les moutons ne se vendent plus. Ils auront bientôt besoin d'eau. Si tu pouvais nous inventer une nouvelle machine…

— Et les cerfs-volants que tu nous avais construits, ils sont tellement abîmés qu'ils ne nous servent plus à rien, renchérit la petite Mary.

— Peuh ! Ça fait longtemps que je ne joue plus avec ça, réplique son aînée Hannah d'un ton dédaigneux.

— Une lunette ! Évidemment, une lunette…

Isaac a prononcé ses mots pour lui-même. Puis, à la façon dont il donnerait un cours devant des étudiants, il explique à la tablée familiale :

— Il suffirait d'installer au fond de la lunette un grand miroir concave, qui réfléchirait la lumière sur un second miroir plan, lequel dévierait le faisceau vers l'oculaire, placé à la perpendiculaire. Bref, de reproduire le même système que là-haut, mais en boîte.

— J'ai déjà vu, à Londres, ces machines pour regarder les étoiles, dit Benjamin. Veux-tu, mon frère, que je te fasse aménager une grange assez longue pour y faire entrer un tel instrument ?

— Mais tu ne vas pas, intervient la grand-mère avec son accent paysan, transformer ce qui reste une ferme, quoi qu'on pense, en un collège ?

En se tournant vers la vieille paysanne, Isaac a pour la première fois depuis le début du repas comme une ébauche de sourire.

— Rassurez-vous, *granny*, répond-il, je n'aurai pas besoin d'un espace aussi grand. Ma lunette ne sera pas plus longue que cela.

Et il écarte les mains d'une distance d'à peine plus d'un pied. Puis il murmure :

— À moins que…

Il se lève, sans avoir entamé la soupe que le domestique vient de leur servir, et remonte dans sa chambre.

Le temps passait trop lentement. Il ne sortait du manoir que chaque jour de foire dans une ville de quelque importance du Lincolnshire, avec l'espoir d'y trouver le matériel nécessaire à son invention. Ses recherches furent vaines. Il n'y dénichait que du verre de mauvaise qualité, qu'il polissait, mais qui rendait un résultat médiocre. Il devrait attendre que la peste frappant Londres se dissipe dans l'éther. Mais se dissiperait-elle ? N'était-ce pas plutôt le Seigneur de toutes choses qui punissait de ces nouvelles plaies d'Égypte l'Angleterre débauchée du Stuart Charles II, ce pharaon persécutant ceux qui, d'Arius à Calvin, apparaissaient comme le nouveau peuple d'Israël ? L'image lui plaisait. Comme lui plaisait cette sorte de blasphème de se comparer à un futur Moïse de la science, profondément convaincu qu'il trouverait, tels de nouveaux commandements, les lois divines qui régissent la nature.

L'épidémie continuait de sévir, et la pénurie s'installait. Le papier même commençait à manquer. Isaac avait réussi tant bien que mal à bricoler une lunette avec ses deux prismes, fabriquant le tube et le support. Il aimait travailler de ses mains, surtout le bois. Cela lui permettait d'apaiser les tourments de son âme où fusaient, telles des étoiles filantes, des idées fulgurantes, dont il avait oublié d'où elles provenaient. Et si on lui avait dit que, deux ans auparavant, il avait lu une description de la lunette à réflexion faite par le mathématicien écossais James Gregory, lui-même s'inspirant – mais le reconnaissant – d'homologues français et italiens, il l'aurait nié farouchement. Peut-être d'ailleurs ne l'avait-il pas lu, simplement entendu parler dans les couloirs de Cambridge. Il avait ce don extraordinaire de capter l'air du temps, comme le trou de sa persienne concentrait la lumière blanche, puis de le faire éclater avant de le reconcentrer en une théorie nette, lumineuse, irréfragable. En attendant, sa lunette ne le satisfaisait pas. Il avait poli lui-même le miroir parabolique concave placé au fond de son petit télescope, mais, faute d'outils adéquats, son reflet produisait quelques aberrations. Newton était allé jusqu'à s'introduire derrière l'œil une tige métallique, afin de provoquer par pression des fantasmes visuels colorés et reproduire les mêmes aberrations, pour mieux en comprendre le mécanisme. Expérimenter, toujours expérimenter ! Malgré tout, l'observation l'intéressait moins, maintenant que s'élaborait dans sa tête et sur le papier une nouvelle philosophie de la lumière…

La lune, parfaitement ronde, éclaire comme en plein jour la campagne anglaise. Un deuxième automne est arrivé. Au souper, comme de coutume, Benjamin a rapporté des nouvelles de la ville voisine. Et ces nouvelles, ce soir-là, sont terrifiantes : une semaine auparavant, Londres, déjà ravagée par la peste, a été presque entièrement détruite par un gigantesque incendie. Isaac s'est levé en disant :

— C'est épouvantable. Trinity College ne pourra pas rouvrir cette année. Tout ce retard, tout ce temps perdu !

— Et songez, soupire sa mère, à tous ces pauvres gens que la mort noire avait épargnés pour se faire dévorer par les flammes. Et à ces familles qui n'ont plus de logis… Dieu maudisse les Stuarts et leurs évêques !

Alors, le sang monte au visage blême d'Isaac Newton ; lui, d'ordinaire si taciturne, si posé, se met à gesticuler en criant d'une voix suraiguë :

— Qu'avez-vous, ma mère, à me rebattre les oreilles avec vos évêques, vos flammes et vos pauvres gens ? Songez-vous un seul instant à votre propre faute ? Si vous n'aviez pas tant tergiversé, jadis, avant de suivre les conseils d'oncle Bill de m'inscrire à l'université, je serais maître ès arts, maintenant, j'aurais une chaire, des étudiants, donc des rentes autrement plus conséquentes que l'obole annuelle que vous me consentez. Mais non, vous vouliez faire de moi un paysan, un berger, un... un cul-terreux ! Deux ans ! Vous m'avez fait perdre deux ans... Aujourd'hui, j'aurais trouvé refuge chez le professeur Barrow, et nous y travaillerions sur le calcul des infiniment petits...

Voyant dans les yeux de sa mère embués par les larmes l'expression d'une totale incompréhension, il hausse les épaules et sort de la salle à manger en claquant la porte.

Le calme de la nuit l'apaise d'un coup. Machinalement, il va s'asseoir au pied d'un muret clôturant le verger. Là, enfant, il venait se réfugier pour y remâcher la trahison de sa mère, qui l'avait abandonné, lui, l'orphelin, pour aller vivre avec l'homme qu'il s'était mis à haïr le plus au monde, le riche pasteur Barnabas Smith. Replié sur lui-même, il imaginait alors les pires manières de le tuer, comme par exemple incendier la maison de son parâtre, où pourtant il n'avait jamais mis les pieds. Puis, terrorisé à l'idée qu'un dieu vengeur ait pu lire ces noires pensées, il confessait son crime dans un petit cahier caché sous son matelas.

Maintenant, sous la lune ronde de septembre, Isaac, adossé au muret, jambes allongées dans l'herbe, ramasse des cailloux et les jette, un œil fermé pour mieux viser, contre un pommier torturé, afin de tenter d'en décrocher un fruit. En se concentrant sur ce seul objectif, il essaye, lui qui se sait au moins l'égal de Descartes, de vider sa cervelle de son remords d'avoir fait pleurer sa mère...

« Égal de Descartes, oui, mais le suis-je des autres bâtisseurs du ciel, mes prédécesseurs des décennies passées qui, dans leur quête des mystères de l'univers, ont eux aussi cherché à révéler le plan mathématique du monde, c'est-à-dire la pensée de Dieu ? À commencer par Copernic, ce père inspiré de l'héliocentrisme qui, au siècle passé, a affirmé la révolution de la Terre et des autres planètes autour du Soleil. Certes, ce n'était qu'une hypothèse, un jeu de l'esprit, une vaticination de poète, pourquoi pas ? Mais cette vie lisse, sans autre besoin que d'expliquer l'harmonie de l'univers par la seule volonté de Dieu dans cette perfection des chiffres, n'est-elle pas pour moi le meilleur des modèles ? En Tycho Brahé, le seigneur danois, je salue la force de travail, la patiente accumulation de données expérimentales, son intérêt pour la fabrication de nouveaux instruments ; mais, à la fin, qu'a-t-il eu à tout gâcher à vouloir avancer à son tour une hypothèse gratuite, et fausse celle-là, sur l'organisation du système planétaire ? Galilée aussi a privilégié l'observation et l'expérience, mais il a commis l'erreur impie de vouloir séparer la Création de son Créateur. Kepler, lui, au moins, a accompli sa tâche honnêtement, il ne s'est appuyé que sur les faits, le calcul, l'observation, la démonstration, et cela a porté ses fruits. Pour démontrer que toutes les planètes tournent autour du Soleil selon des ellipses, il a déduit, calculé et érigé ces trois lois admirables qui ont fait voler en éclats les erreurs de Ptolémée. Si moi je suis le Christ, Kepler est mon Jean-Baptiste. Pourtant, même trente-six ans après sa mort, l'Église catholique continue de nier l'héliocentrisme. Sans doute, dans la hiérarchie qui compte nombre de religieux savants, cette réalité est acceptée, et même étudiée, mais il ne faut surtout pas qu'elle se diffuse. Comment, sinon, faire croire au peuple que Rome est au centre du monde, et l'Église au centre de l'univers ? Obscurantisme, obscurantisme, corruption de la Vérité divine par ceux-là mêmes qui prétendent la détenir… »

Est-ce à tout cela qu'il pense, en cette nuit de pleine lune, adossé au muret cernant le verger ? Isaac Newton continue de jeter ses cailloux contre l'arbre. Il en a déjà lancé six, qui ont tous raté leur cible. Il compte chacun de ces projectiles comme autant de mois qui le séparent de son retour à Cambridge. Cela fait trop, il décide de tricher. Il se lève, saisit une pierre plus grosse, s'approche d'un pas. La tenant ferme dans la main, il fait balancer son bras le long de sa hanche par un mouvement oscillatoire pour donner plus de force à son jet et, enfin, la lâche. La pierre fait un bel arc de parabole et va heurter la pomme, qui tombe.

Hourra ! Il dresse le poing en un petit geste de victoire. Il regarde la Lune, qui éclaire le toit de la maison de sa blancheur blafarde. Ses sourcils se froncent. Il devient grave et prononce cette évidence comme s'il s'en apercevait pour la première fois :

— La Lune, elle, ne tombe pas.

Il se penche, ramasse la pomme et la lâche.

— Pourquoi cette pomme tombe-t-elle toujours verticalement ? Pourquoi ne tombe-t-elle pas de côté ou bien vers le haut, mais constamment vers le centre de la Terre ?

Il ramasse cette fois la pierre et la pomme, et il lâche la pierre.

— La pierre tombe sur la Terre, mais pas la Terre sur le Soleil. Nous sommes bien d'accord, Isaac ?

Puis il lâche la pomme à son tour.

— La pomme tombe sur la pierre, mais la Lune ne tombe pas sur la Terre. Vous me suivez toujours, mon garçon ?

Il ramasse le gros caillou et le jette cette fois avec assez de force et assez de hauteur pour qu'il décrive, avant sa chute, le plus long segment de parabole possible. C'est assez réussi. Alors, Newton dit d'une voix forte :

— Bien sûr que la Lune tombe ! Sinon, elle aurait disparu depuis longtemps dans le firmament. Une éternité qu'elle tombe vers le centre de la Terre, comme la pomme, mais personne ne s'en est rendu compte ! Car le bras qui l'a lancée l'a fait avec une telle force que la Lune a acquis un trajet circulaire…

Non, il ne faut pas procéder ainsi. Il ne faut pas imaginer d'hypothèse. Isaac pose la main sur la poignée de la porte d'entrée. Il se fige et murmure :

« Ce Cartes… Qu'avait-il à vouloir bâtir un univers entièrement mécanique, avec sa matière du ciel liquide qui tourbillonnerait éternellement autour des astres, emportant les planètes avec eux comme des grains de sable entraînés par l'eau et qui se videraient sans fin dans un siphon ? Et tout cela se passerait, à l'en croire, de l'omnipotence du Seigneur de toutes choses, comme s'Il s'était endormi pour toujours après la Création, laissant Son œuvre fonctionner toute seule ? Non, cela ne se peut pas, monsieur Cartes, cela ne se peut pas ! Le monde ne peut sortir du chaos par ses propres lois. Le système planétaire est l'effet d'un choix, qui ne saurait s'expliquer par une mécanique aveugle. Dieu, par Son action continue, est le principe actif qui régit l'univers. Et je vous le démontrerai, monsieur Cartes, je vous le démontrerai. »

Par les mathématiques, lui, Isaac Newton, allait prouver tout cela. Par les mathématiques, mais aussi par un caillou, une pomme et la Lune.

Il se sent gonflé d'une force extraordinaire. Il ouvre enfin la porte. Dans le vestibule, au pied de l'escalier qui mène à sa chambre, sa mère est assise, à moitié endormie. Elle l'attendait.

— Que faites-vous ici ? lui demande-t-il doucement, Pourquoi n'êtes-vous pas couchée ?

— Je voulais te demander pardon, mon fils, pour…

Il la relève, la prend dans ses bras et lui chuchote à l'oreille :

— Pardon ? Mais quel pardon ? Vous êtes une enfant, ma mère. Allez dormir maintenant. Moi, j'ai encore beaucoup de travail, cette nuit…

— Mon fils, bien que cela me coûte, par les temps qui courent, votre pension annuelle… J'ai pensé… Onze livres au lieu de dix… Cela vous conviendrait-il ?

— C'est toujours ça, ma mère, c'est toujours ça ! Mais peut-être devriez-vous demander l'autorisation d'oncle Bill, qui gère mes affaires au mieux de ses intérêts.

D'un pas léger, il escalade l'escalier étroit, s'installe à sa table de travail, prend une plume et du papier. « Voyons, qu'est-ce qui peut faire tomber à la fois la pomme et la Lune vers le centre de la Terre ? Le pouvoir de la gravité, bien sûr. Celui-ci ne se limite pas à une certaine distance de la Terre, mais doit s'étendre beaucoup plus loin… Pourquoi pas aussi loin que l'orbite de la Lune ? S'il en est ainsi, cela doit influencer son mouvement, et la retenir sur son orbite. Maintenant, comment la gravité se manifeste-t-elle ? Par une force qui doit agir de la même façon sur la pomme et sur la Lune. Oui, mais les temps de chute sont bien différents... La force de gravité doit forcément dépendre de la distance qui sépare le centre de la Terre de la pomme, ou de la Lune... Calculons... La pomme tombe de quatre-cents pouces en une seconde, Galilée l'a écrit dans son *Dialogue*. De combien tombe la Lune dans le même intervalle de temps ? Voyons, elle met vingt-neuf jours pour faire un cercle complet autour de la Terre... J'applique maintenant la règle de Kepler sur la période de révolution, qui se trouve en proportion sesquilatère de la distance au centre de la Terre, ce qui fait... » Newton griffonne quelques calculs, biffe, se reprend, trouve enfin un chiffre. « Voilà, la Lune tombe à peu près de 0,1 pouce par seconde. Cela fait combien de fois moins que la pomme ? Quatre cents divisé par 0,1, cela donne quatre mille. Bien sûr, ceci n'est qu'approximatif, il faudra que je revérifie par la suite. Mais... » Soudain, le visage de Newton s'illumine. « Quatre mille, ce n'est pas loin de trois mille six cents. Et trois mille six cent, c'est soixante élevé au carré... Or, justement, la Lune est soixante fois plus éloignée du centre de la Terre que la pomme ! Cela veut donc dire que la force requise pour maintenir la Lune dans son orbite correspond de très près à la force de gravité à la surface de la Terre... Et comme la Terre tombe sur le Soleil, cette loi doit être vraie aussi pour les planètes qui tournent autour. Donc, les forces qui maintiennent les planètes dans leurs orbites sont réciproquement comme les carrés de leurs distances à partir du Soleil. Si je double la distance entre deux corps, je divise par quatre la force qui les attire l'un vers l'autre... Cette force est forcément proportionnelle à la masse des corps. Et puisqu'elle ne peut être que la manifestation de l'omniprésence divine, j'en déduis qu'elle s'applique partout, de la même façon, dans l'univers. La force d'attraction est *universelle...* »

Les heures avaient passé sans qu'il s'en fût aperçu, et Isaac Newton avait brûlé toute sa provision de chandelles. La dernière venait tout juste de s'éteindre. Le temps d'habituer ses yeux à l'obscurité et il constata, grâce au rai de lumière jaillissant du trou percé dans le volet, qu'il faisait grand jour. Il ouvrit la fenêtre. Un arc-en-ciel, comme planté dans les haies délimitant la propriété de sa mère, semblait soutenir un énorme nuage noir.

$$F = G \frac{mM}{d^2}$$

5.

Patients calculs d'un bachelier

Autant il s'était impatienté du retour au collège, durant tout ce temps d'exil dans sa maison natale, autant maintenant, alors que le coche traversait le sinistre village de Cambridge, il se sentait tenaillé par de terribles angoisses. Allait-il retrouver ses bourreaux, Wilford et ses complices ? À qui confier les découvertes de ces deux années loin de l'université ? Ne devrait-il pas aussi taire ses convictions religieuses ? Faudrait-il garder pour lui ses révélations en matière de philosophie naturelle ? Il devrait attendre de gravir les échelons qui lui permettraient d'être enfin maître de lui-même.

En attendant, il considérait ces deux années-là comme des années perdues. En y ajoutant les deux autres de tergiversations de sa mère à lui faire poursuivre ses études, il aurait dû franchir le portail de Trinity College, en cette fin avril 1667, vêtu de la toge de maître ès arts, et non celle de bachelier. Le suivrait, tirant sa malle, un domestique que lui aurait alloué le collège, lui épargnant ce gros effort, car elle était remplie d'outils qu'il s'était procurés dans la ferme intention de transformer sa chambre en un atelier où il fabriquerait sa lunette astronomique, dût-il pour cela assassiner Wilford.

Par bonheur pour lui, la fermeture prolongée du collège, et l'état de décrépitude dans lequel se trouvait l'université anglaise, lui permettraient d'obtenir dès la fin de cette année scolaire, en avril 1668, son diplôme de maître ès arts. Maîtrise qui, d'ailleurs, n'était jamais qu'un certificat de fin d'études, distribué à tout le monde, pour la forme.

Malgré la création, quatre ans auparavant, d'une chaire de mathématiques fondée grâce à la générosité du représentant du Parlement à Cambridge, Henry Lucas, l'enseignement au Trinity College restait sous la chape de la tradition scolastique. Le savoir comptait peu en ce temps où les professeurs ne professaient plus et où les étudiants n'étudiaient plus, mais dont les parents, par les prébendes et la concussion, soudoyaient leurs maîtres afin que leurs rejetons jouissent de cette sinécure.

Newton se devait, lui aussi, d'avoir de solides soutiens. Babington, qui était devenu cette année l'un des doyens du collège, était trop fier du prodige qu'il se flattait d'avoir découvert au fin fond de la campagne anglaise pour ne pas vanter ses mérites à l'ensemble de ses confrères. Durant son séjour forcé à Woolsthorpe, Isaac était venu lui rendre une visite de courtoisie, dans son rectorat de Boothby Pagnell, à une petite matinée de marche. Il y resta trois jours. Il fut déçu. Il n'avait plus en face de lui l'homme affable et subtil à qui il servait de secrétaire, mais un père de famille, un propriétaire terrien uniquement soucieux de ses biens et de ses enfants. Aussi, Isaac jugea-t-il inutile de lui faire partager son enthousiasme pour ses découvertes en philosophie naturelle. D'ailleurs, le seul sujet de conversation de Babington était de lui faire la liste des rectorats qu'il avait trouvés pour lui dans la région, quand Isaac aurait son diplôme. Le jeune homme finit par lui avouer qu'il n'avait aucune intention de devenir pasteur. Tout ce qu'il demandait, c'était que Babington le recommande, à la réouverture de Cambridge, auprès de son collègue Isaac Barrow.

Barrow était le premier professeur titulaire de la chaire Lucas de mathématiques. Newton avait suivi ses cours avec assiduité, même si, dans sa timidité maladive, il n'avait jamais osé le questionner sur tel ou tel point. Mais, quand le maître lui avait concédé machinalement son grade, il lui en avait terriblement voulu de ne pas avoir reconnu en lui l'un de ses très rares auditeurs, et de ne pas lui avoir donné l'occasion de montrer l'étendue de son savoir. De plus, il croulait encore de honte sous le poids d'une bourde qu'il avait commise lors de sa deuxième année. Barrow avait un jour insisté pour que ses étudiants reviennent aux sources et commencent par travailler sur la traduction commentée, en anglais, des *Éléments* d'Euclide. Étourdiment, Newton avait répliqué qu'il avait déjà lu cet ouvrage en grec, et qu'il ne voyait pas l'intérêt de passer par le miroir déformant d'une transcription moderne. À la sortie du cours, un de ses camarades lui avait fait remarquer que le traducteur en question n'était autre qu'Isaac Barrow. Dès lors, Newton n'avait plus osé se rendre à ses conférences. Heureusement, la peste était venue, et avec elle la fermeture du collège. Tout cela devait être oublié.

« Moi aussi, je dois être oublié », songe-t-il maintenant, à l'entrée du promenoir, assis sur sa malle, désemparé. Il est terrorisé à l'idée de monter à l'appartement pour y affronter les sarcasmes de Wilford. Ses vêtements sont usés, ses chaussures chantournées : il a consacré une bonne partie des dix livres versées par sa mère à l'achat d'un tour et de nombreux outils à la fameuse foire de Sturbridge.

— Quelque chose ne va pas, monsieur Newton, voulez-vous que je vous aide ?

Isaac lève les yeux et voit, penché sur lui, un grand et gros garçon aux joues rouges. L'autre se présente :

— Je m'appelle John Wickins... Vous m'avez déjà battu aux dames, par deux ou trois fois. Et je suis bien décidé à prendre ma revanche cette année.

Newton se redresse avec un pauvre sourire. Wickins poursuit :

— Pour ce faire, il serait bien plus pratique que nous partagions le même appartement. J'ai eu, disons, quelques heurts avec mon camarade de chambrée. Nous avons alors proposé au vôtre, M. Wilford, de pratiquer un échange. Excusez mon indélicatesse... Nous avons fait cet arrangement hier, alors que vous n'étiez pas encore arrivé. Mais si cela ne vous convient pas, il sera toujours temps de...

— Cela me convient parfaitement, réplique Newton.

Mais, tout de suite, son esprit méfiant reprend le dessus : et si ce pensionnaire d'apparence avenante complotait quelque chose avec l'infâme Wilford? Wickins saisit sans façon l'une des deux poignées de la malle qu'Isaac a traînée sur des roulettes de sa fabrication jusqu'au promenoir.

John Wickins respirait la gentillesse. Son appartement était vaste et parfaitement tenu, du moins jusqu'au moment où Newton y entassa ses piles de papiers et de livres, sans compter sa lunette, ses livres et ses outils. Wickins ne sourcilla pas en voyant son confortable logement transformé en atelier. Au contraire, il s'enthousiasma, affirmant qu'enfin il allait apprendre des choses au Trinity College. Cela attisa plus encore la méfiance de Newton, persuadé que son nouveau compagnon de chambrée allait l'espionner et lui voler ses découvertes.

Le malheureux Wickins en aurait été bien incapable. Il vouait à son condisciple une admiration sincère. Il était impressionné par cette puissance de travail, alors qu'il était de bon ton de poser au paresseux qui n'a nul besoin de travailler pour apprendre. Et puis, puisque charité bien ordonnée commence par soi-même, Wickins, qui se savait un tâcheron, comptait sur le brillant Newton pour l'aider dans son envie d'apprendre et de comprendre ce qu'était réellement la nouvelle pensée, très à la mode, dont on jasait de Londres à Paris : la philosophie naturelle.

Dès son retour au collège, Newton reprit ses expériences sur la lumière blanche. Il s'avisa de percer un trou dans une persienne, au risque de recevoir un blâme de la part de l'intendance, mais le responsable de cette administration n'était autre que son protecteur : Humphrey Babington. Par chance, l'une des fenêtres de leur appartement, dans la grande cour Nord, était orientée plein sud. De plus, en cette première semaine de mai, un joyeux soleil resplendissait au-dessus du collège. Le verre de ses prismes était remarquable, car il les avait polis lui-même avec son nouveau tour. Et, maintenant, il avait à sa disposition dans la bibliothèque du collège tous les ouvrages possibles et imaginables traitant de l'optique et de la lumière.

Il put ainsi consulter celui du professeur de géométrie à Gresham College, Robert Hooke, *Micrographia*. Une œuvre en tous points remarquable, jusque dans les dessins de la main de l'auteur. Au lieu de le reconnaître, Newton s'acharna à y déceler des erreurs. Il est vrai que Hooke affirmait que la lumière était faite de vibrations et provenait « d'impressions confuses », selon l'expression même de l'auteur; Newton, lui, grâce à ses expériences faites à Woolsthorpe, avait constaté qu'il s'agissait de rais de cinq couleurs, le rouge, le bleu, le vert, le jaune et le violet, qui composaient le blanc. Il est vrai aussi que Hooke avait suivi ses études à Oxford, raison supplémentaire, pour l'étudiant de Cambridge, de le mépriser...

Au grand désespoir de son camarade, chaque jour à midi, Isaac plongeait l'appartement dans l'obscurité, se refusant à manger autre chose qu'un bout de pain. Dévoué, docile, et tout en se demandant à quoi tout cela servait, John devint ainsi l'assistant de son camarade.

Ce travail intensif aurait pu durer fort longtemps si le bon Wickins n'avait rappelé Newton aux réalités : au début d'octobre aurait lieu l'élection solennelle des nouveaux membres du collège, et il n'y avait que neuf postes à pourvoir. Deux d'entre eux étaient le fait du prince, car mandatés par le roi lui-même. Pour les autres candidats, tout était affaire de bonnes relations avec le recteur et les huit doyens, de l'influence que la famille du postulant pouvait avoir à la cour, de sa fortune et de sa générosité vis-à-vis du collège...

Isaac Newton ne possédait rien de tout cela. Nul parmi ses condisciples n'aurait parié un penny sur son élection. Newton ne devait compter que sur lui-même, c'est-à-dire sur l'immense supériorité de son intelligence et de ses connaissances. Mais il était persuadé que nul, parmi les professeurs, ne l'avait remarqué. Il se croyait transparent, méprisé car sans fortune et mal vêtu, banni car supposé puritain dans ce collège de la Sainte-Trinité aux mœurs relâchées. Or, il se trompait. Depuis le début, certains professeurs avaient l'œil sur lui, grâce à la réclame que faisait sir Babington.

La date des élections approchait. Surmontant sa terrible timidité, ou son immense orgueil – les deux vont souvent de pair –, qui lui interdisaient de faire sa cour aux personnes qui auraient à le juger, Newton demanda audience à Isaac Barrow.

Celui-ci avait-il oublié la bourde sur la traduction d'Euclide? En désespoir de cause, et malgré la crainte que le professeur lui volât sa découverte, le bachelier emporta avec lui sa méthode de calcul des nombres infiniment petits, conçue naguère à Woolsthorpe, et celle où il développait le triangle arithmétique de Pascal jusqu'à cinquante-cinq chiffres. Ce n'était que virtuosité gratuite, faite pour séduire le titulaire de la chaire de Lucas, mais, en aucun cas, il ne lui aurait communiqué le binôme lui permettant d'arriver à ce résultat. Inutile que Barrow, que Newton savait travailler lui aussi sur les infiniment petits, lui volât cette découverte qu'il qualifiait lui-même « d'énorme ».

Barrow le reçut de façon fort affable. Le traducteur en anglais des *Éléments* posa un regard profond sur le boursier à la robe râpée et au bonnet carré dont la frange pendait lamentablement.

— Je ne vous attendais plus, monsieur Newton, dit-il de ses grosses lèvres sensuelles contrastant avec l'apparence austère du théologien.

Le visage blême et émacié de Newton s'empourpra. Barrow poursuivit :

— Je ne me formalise pas de votre discrétion, au contraire. Si vous saviez le nombre d'étudiants qui a défilé dans cette pièce pour s'assurer de ma voix lors des élections d'octobre... Si vous aviez entendu la teneur de leurs arguments ! Elle n'avait que peu de choses à voir avec l'étude et la connaissance. Il y était le plus souvent question de la fortune paternelle dont on me suggérait de profiter, ou de sa puissance, qui pourrait bien m'écraser. Vous verrez, monsieur Newton, vous verrez quand vous serez à ma place.

Isaac écarquilla tout grand les yeux. À sa place? Barrow plaisantait-il, ou bien...

— Je vous rassure tout de suite, monsieur Newton. Votre audition ne sera qu'une formalité. Une petite dissertation en latin sur saint Augustin, « oui car, non car, donc », et en grec, s'il vous plaît, pour Aristote, et le tour sera joué.

Newton ébaucha un sourire. Visiblement, Barrow tenait l'enseignement scolastique en aussi haute estime que lui.

— Vous serez également obligé de citer *Les Lois de la politique ecclésiastique*... Voyons, ne faites pas cette grimace. On m'a dit que vos sympathies n'allaient pas à l'œuvre théologique de Richard Hooker. N'oubliez pas que ce dogme est celui du royaume, et qu'il nous permet depuis quatre ans de vivre en paix. Vous devriez vous montrer plus discret dans vos pratiques et votre comportement. On vous soupçonne, parmi les jurés, de prêter un peu trop d'attention aux théories unitaristes de feu John Biddle. Contester la Sainte-Trinité au Trinity College, le paradoxe pourrait être savoureux, s'il n'était pas dangereux.

— Mais je...

— Non, non, je n'en disputerai pas avec vous. Nous ne sommes pas au concile de Nicée. Aussi, je vous en conjure, quand on vous questionnera, faites-vous le plus zélé dévot de l'Église d'Angleterre et du Livre des offices. N'avez-vous pas prêté serment dessus quand vous êtes entré ici ? Ne devrez-vous pas le renouveler une fois que vous serez élu membre ? Car vous le serez, je puis vous l'assurer... Si vous y mettez du vôtre. Mais le connaissez-vous, au moins, ce serment ?

Newton prit un air hypocrite qui se voulait rusé, et récita :

— « J'embrasserai la vraie religion du Christ, de toute mon âme... » Un point m'embarrasse toutefois quand il est dit que « je prendrai les saints ordres quand le temps prescrit par ces statuts sera arrivé, ou je quitterai le collège ». Cette alternative risque de m'interdire un certain nombre de projets...

Il y avait entre Barrow et lui douze ans de différence d'âge. Pourtant, c'était le professeur qui paraissait le plus jeune.

— Croyez-vous, dit le professeur lucasien en souriant, que ce serment, donné sous la contrainte, ait une quelconque valeur ? Il ne déshonore que ceux qui nous obligent à le prêter. Je n'ai eu quant à moi nul sentiment de me parjurer quand j'ai pris leurs prétendus saints ordres. Ma liberté de penser et d'agir était à ce prix. Sans cette concession, je n'aurais jamais pu publier ce que j'ai publié. Et savez-vous le plus drôle, mon ami ? On vient de me proposer en haut lieu de devenir le chapelain de Sa Majesté Charles II.

Ainsi, Barrow n'était anglican que d'apparence. Persuadé jusqu'alors que cet homme était un suppôt de l'évêque de Canterbury ou, pire, du pape, Newton s'était refusé à lire le moindre de ses écrits. De son côté, Barrow savait qu'il avait devant lui un calculateur hors du commun, et son possible successeur à la chaire de Lucas, dont il était las. De fait, il voulait quitter Cambridge. Ses amis de la nouvelle Royal Society of London for the Improvement of Natural Knowledge étaient aussi ses frères du Collège Invisible. Ils le réclamaient à Londres, capitale détruite mais chantier fabuleux, dont son ami Christopher Wren serait le maître d'œuvre. Quant à Robert Hooke, qui avait lui aussi ses entrées à la cour, il lui avait assuré qu'il pourrait lui décrocher la fonction de chapelain du roi. Si ce Newton faisait montre d'un peu plus de souplesse, Barrow pourrait vite se décharger sur lui des cours et des conférences, prestations qui lui devenaient de plus en plus odieuses. Il avait l'impression de parler dans le vide, ou plutôt de parler aux murs d'une salle déserte, à l'exception de Newton, bien sûr, auditeur farouche qui se tenait toujours au fond, agitant la plume sur le papier avec une sorte de frénésie.

Cependant, l'étudiant le laissait quelque peu perplexe. Il ne savait comment s'y prendre avec lui. Maintenant, il regardait Newton, qui, de l'autre côté du bureau, avait consenti à poser un coin de fesse sur sa chaise. Le bachelier tortillait entre ses doigts une petite serviette de cuir élimé, comme un naufragé s'accrochant à une planche. Le professeur songea qu'il avait sans doute apporté avec lui quelque travail destiné à prouver ses aptitudes. Barrow brûlait d'envie d'en prendre connaissance, mais c'était au postulant de le lui proposer. S'il ne le faisait pas, ils auraient tout le temps de s'y pencher une fois l'élection passée, quand les deux hommes travailleraient ensemble, maître et assistant. En attendant, il fallait essayer de polir un peu ce garçon aux allures rustiques, dont le puritanisme rigide et la vocation du martyre se lisaient dans le moindre de ses gestes. S'il se présentait ainsi devant le jury, ce serait la catastrophe.

— À Cambridge, cher monsieur Newton, tout n'est qu'affaire d'apparences et d'argent. Pour l'apparence, fiez-vous à votre ami Wickins. Il vous aidera à choisir des habits un peu plus décents, et vous apprendra comment se comporte un futur maître ès arts à la taverne de la Rose. Quant à l'argent… On m'a parlé de vos vertus d'économie, et je vous en félicite. Mais, dans les circonstances actuelles, il faudra vous dissiper un peu.

Newton se mordit les lèvres. Cet imbécile de Wickins était donc un traître, un espion ! Avait-il communiqué des papiers, des documents, des plans ? Comme s'il avait lu dans la pensée de son interlocuteur, Barrow poursuivit :

— Vous avez là un solide compagnon, qui vous voue une amitié allant jusqu'à la vénération. Certes, il est loin d'être un brillant géomètre, mais il est honnête, au moins, et appliqué dans les domaines exigés par le curriculum.

Soudain, Barrow fut pris d'un doute. N'était-il pas en train de se tromper ? Ce mutisme, ces rougissements, ces grimaces… N'avait-il pas affaire à un imbécile ? Quelque chose le mettait mal à l'aise, cet éclat étrange dans le regard… Barrow s'intéressait beaucoup à la physiognomonie, dans le cadre de sa recherche alchimique de l'âme, et il avait lu avec passion le *De Humana Physiognomia* de Jean-Baptiste de la Porte. Il décida d'appliquer son savoir à la figure de son étudiant. Mais il ne pouvait pas le dévisager comme cela, en silence. Il fallait que l'autre parle, ne serait-ce que pour observer les déformations de sa bouche. Il suffisait de l'interroger. Après tout, n'était-il pas le maître et Newton, l'élève ?

— Vous m'avez montré tout à l'heure que vous connaissiez parfaitement le serment, mais ils n'en resteront pas là. Parlez-moi des *Trente-neuf Articles de religion*.

Les lèvres étroites de Newton firent une moue ; la bouche remonta jusqu'à se dissimuler sous le nez long, bosselé, fin, mais aux larges narines.

— Je ne peux disserter dessus, répondit-il, mais, sachant qu'il faudrait en passer par-là, je les ai appris par cœur. Voulez-vous que je vous les récite ?

Il prononça ces mots avec un tel dédain que Barrow en frémit : le ton qu'il avait pris était pire qu'une injure à la face de la religion d'Angleterre. Était-il déjà trop tard pour assouplir cette rigidité? Lui-même avait été un puritain farouche, mais il est vrai que c'était au temps de Cromwell. Le retour de la monarchie lui avait appris la prudence. Jamais il n'aurait pu poursuivre sa tâche s'il n'avait avancé masqué. Et tandis que Newton récitait d'une voix monocorde, son interlocuteur continua d'observer ce visage carré aux joues creuses et au menton lourd. Somme toute, le jeune homme lui semblait, sinon beau, du moins intéressant. Sous les sourcils toujours froncés au point qu'entre les deux de petites barres verticales s'y étaient creusées malgré le jeune âge, le regard très noir était insaisissable et pourtant profond. En un éclair, Barrow crut comprendre pourquoi : l'œil gauche souffrait d'un léger strabisme divergent. Quant au grand front, à part les rides précoces… Cardan avait consacré tout un ouvrage de divination à partir de l'aspect du front, *La Métoposcopie*, mais Barrow ne lui avait prêté que peu de foi; le mathématicien padouan s'égarait souvent dans des chemins menant à la folie. Soudain, Barrow fut pris d'une certitude : Isaac Newton, ce bachelier aux allures besogneuses qu'il avait en face de lui, ânonnant ce texte prétendument théologique, était un génie venu de nulle part, germé sur le fumier de l'époque, et qui ne demandait qu'à éclore. Barrow sentit son cœur se pincer et une sorte de colère envahir sa cervelle. Mais en bon platonicien, il avait appris à se connaître : ce sentiment, c'était de la jalousie. Alors il interrompit la récitation ânonnée :

— Ça suffit, monsieur Newton, ça suffit! Vous tâcherez seulement de mieux jouer votre rôle et vous serez élu, soyez-en sûr.

Et il ne put s'empêcher d'ajouter :

— Au royaume des aveugles, les borgnes sont rois.

Newton sortit ravi de l'entretien. Il avait tout compris. Tout cela n'était donc qu'un jeu, une pauvre comédie, et Barrow venait de lui en donner les règles. Comme dans tout jeu, il lui faudrait ruser. Puisqu'il savait le faire aux dames, appâtant l'adversaire d'un seul pion pour lui en prendre plusieurs, pourquoi ne sacrifierait-il pas, l'espace d'un faux serment, d'une toge neuve et d'une intrusion au cabaret, sa foi et ses convictions pour atteindre la dernière ligne adverse ? De là, il n'aurait plus aucun mal à occuper tout le damier et à dévorer les derniers jetons noirs. Quand il jouait, Newton s'arrangeait toujours pour prendre les blancs.

Rentré dans son appartement, il ouvrit son secrétaire avec une clé enfouie sous son collet et accrochée à son cou par une chaînette – les vols étaient fréquents, au Trinity College. Il disposa sur la tablette plusieurs rouleaux de pièces enveloppés dans des chiffons, qu'il avait extraits d'un tiroir lui aussi soigneusement clos. Il y avait là sept des dix livres de pension annuelle qu'il avait arrachées à sa mère avant de quitter le manoir, et un trimestre du loyer de l'autre appartement dont il partageait le montant avec Wickins. Cela devrait lui suffire largement pour se vêtir de neuf et faire montre d'un peu de faste.

Newton était loin d'être le meilleur client du tailleur qui prospérait dans son échoppe proche du collège. Mais le marchand avait une vieille habitude de ces étudiants aux habits élimés qui, à l'approche de leurs examens, s'avisaient soudain de se faire faire en urgence des habits neufs afin de se présenter à leur avantage devant les jurés. En général, dans la panique, ces jeunes gens ne regardaient pas à la dépense. Cette fois, le tailleur dut déchanter. Son nouveau client était parfaitement au fait des prix. De plus, Newton avait mesuré la longueur du tissu et de la doublure, le coût des boucles et de l'écharpe ; il avait calculé les délais de façonnage et avait fait le dessin d'une toge de bachelier qui pourrait être convertie, une fois le concours obtenu, en habit de maître ès arts. De plus, il exigeait un crédit des deux tiers, comme c'était l'usage, dont l'échéance ne viendrait qu'après l'examen. En cas d'échec, le client restituerait la robe et serait quitte de sa dette.

— Vous y gagnerez. D'ailleurs, je serai élu, à coup sûr.

Le bachelier dit cela sans la moindre forfanterie dans la voix. Il eût dit « il fait beau aujourd'hui », c'eût été la même chose. Le tailleur n'en sembla pas aussi convaincu que lui :

— Si vous en êtes aussi persuadé, pourquoi demandez-vous un crédit, alors ?

— Parce que j'y ai droit.

Newton obtint donc ce qu'il voulait. Il arracha même un rabais sur un habit de ville qu'il commanda également, pour le changer de ses vêtements noirs à collerette blanche qu'il portait les rares fois où il sortait du collège, et qui sentaient son puritain à cent pas.

Il revint à son appartement, plutôt fiérot de l'issue de ces négociations. « Finalement, pensa-t-il, mère avait peut-être raison : j'aurais fait un excellent maquignon. » Et il se réjouit à l'avance du récit qu'il ferait de cette aventure à Wickins.

Son camarade, justement, revint en coup de vent quelques semaines après, au début de juillet, pour faire acte de présence. L'appartement était méconnaissable : instruments, papiers et outils avaient été dissimulés derrière une tenture, des tapis couvraient le sol, et un joli canapé, face à la fenêtre ouverte, avait remplacé le long ruban de tissu d'un blanc sale où jaunissait une petite tache ronde, fruit des expériences d'optique. Les murs étaient repeints en rouge.

— C'est un palais ! s'exclama Wickins. Et vous-même…

Newton se campait devant lui, dans une veste cramoisie d'où jaillissaient des dentelles, et dans une culotte serrée au-dessous des genoux par des rubans flottant sur des bas immaculés serrés dans des chaussures à boucles dorées.

— Il faudra bien que nous recevions du monde, dit-il d'un ton enjoué en balayant la pièce d'un geste large.

Non sans fatuité, il fit bouffer du doigt son jabot à motifs de lierre, tout en ajoutant :

— Et il faudra aussi que nous nous montrions en ville, mon vieux John. Vous avez, je crois, quelques bons amis à la conversation plaisante.

— Je ne les fréquente pas trop, bougonna Wickins, ce sont surtout les enfants des connaissances de mon père.

— Précisément, mon vieux John, précisément, répliqua Newton. Allez vous débarbouiller maintenant de la poussière du voyage, et invitez ces gens à nous rejoindre à la taverne de la Rose. C'est moi qui régale.

Au début de septembre, il demanda une nouvelle audience à Barrow. Celui-ci fut estomaqué de la métamorphose de son élève. Débarrassé de son allure renfrognée, Newton affichait sa toge et son bonnet carré avec la même coquetterie que les plus libertins des étudiants de Cambridge, l'écharpe de fourrure ondulante, la coiffure imperceptiblement penchée sur la droite. Il s'assit avec aisance quand son professeur l'y invita et, tout sourire, lui demanda d'un ton léger de lui faire répéter l'examen qui aurait lieu dans trois semaines. Barrow s'exécuta. La prestation de Newton fut parfaite : il fut ennuyeux, mais avec assez de lyrisme pour ne pas endormir l'auditoire ; docte, mais sans pédantisme affiché ni cuistrerie ; il fut même original, du moins sur un ou deux points de rhétorique, juste assez pour que cela ne passe pas pour de l'extravagance. Surtout, il fut humble sans que jamais l'hypocrisie transparût. Barrow se retint d'applaudir, comme après la prestation d'un escamoteur de coin de rue.

— Eh bien, monsieur Newton, je n'ai plus aucun souci à me faire. Vous serez élu. Évitez toutefois, en parlant, d'agiter vos mains comme si vous jouiez de l'orgue à Saint-Pierre de Rome. Cela m'a bien amusé, mais je ne suis pas sûr qu'il en soit de même pour certains de mes confrères, le jour dit, si par malheur ils comprenaient votre malice.

Newton s'inclina profondément. À cette dernière remarque, il avait eu envie de se jeter aux pieds de son interlocuteur et de lui baiser les mains pour les inonder de pleurs de reconnaissance. C'était son père ! C'était son père ! Il fallait le lui dire…

— Maître, murmura-t-il, je me suis amusé naguère à travailler sur le triangle arithmétique de Pascal. Et j'en suis arrivé à trouver une clé pour le calcul des infiniment petits…

— Nous aurons tout le temps de travailler là-dessus, monsieur Newton, quand vous serez maître ès arts. Dans une vingtaine de jours.

Isaac s'en fut, ivre de bonheur, et s'y prit à trois fois pour ouvrir la porte en bredouillant des « merci, maître, pardon, maître… ».

Le 1er octobre, les cloches de la chapelle du Trinity College sonnèrent pour convoquer les postulants bacheliers à paraître devant les huit doyens et le recteur. L'audition se passa sans encombre et le lendemain, le nouveau maître ès arts Isaac Newton prêta serment.

Vers la fin du même mois d'octobre, il prit le coche qui le mena à Grantham. L'arrivée de ce professeur en toge noire et à l'écharpe d'hermine ne passa pas inaperçue dans la cité somnolente. Écartant les curieux, Newton se rendit directement dans l'officine de l'apothicaire Clark. Il n'y resta que le temps de prendre son ancien logeur par le bras et de l'entraîner jusqu'à la *Grammar School* où son autre logeur, le directeur Stokes, l'attendait devant la grille de son établissement. Ils y passèrent la nuit. Tôt le matin, dans la calèche du directeur, les trois hommes prirent la calèche de leur hôte qui escalada bientôt les collines pour s'arrêter devant le lourd manoir de Woolsthorpe. Sur le perron, toute la famille les attendait. Il n'y eut pas d'effusions. Sèchement, Isaac demanda à son demi-frère et à ses deux demi-sœurs d'aller vaquer à leurs jeux. Benjamin, qui venait de se colleter avec deux charrettes de fourrage, ravala sa colère et son humiliation. Quant aux deux jeunes filles, elles s'inclinèrent très bas dans leur révérence, mais, quand la mère et la grand-mère de Newton s'isolèrent dans la grande salle avec leurs trois visiteurs, elles n'eurent aucun scrupule à coller leur oreille contre la porte. Elles furent déçues : hormis les sanglots de leur mère, elles ne perçurent à travers la cloison que le jargon complexe de ce qui était un conseil de famille. En substance, Isaac Newton imposait à sa mère de lui verser la totalité annuelle des revenus de la ferme du défunt Isaac Newton, père du solliciteur, décédé en l'an 1642 et signant son nom d'un X, faute de quoi la propriété et les dépendances seraient vendues. Le maître ès arts de l'université de Cambridge exigeait également d'avoir le tutorat sur toutes les autres parcelles, qu'elles aient appartenu au révérend Barnabas Smith ou au père du demandeur.

Hanna Newton-Smith pleura beaucoup, mais finit par signer. Son fils Isaac fit de même et promit solennellement à sa mère, devant ses deux témoins, de lui trouver un troisième époux. Puis on fêta Noël. Et l'anniversaire de ses vingt-cinq ans, c'est-à-dire sa majorité. L'oncle Bob n'avait pas été invité.

Isaac Newton revint à Cambridge en février de l'année suivante, riche et tranquille. Il abandonna sans regret ses amis de taverne et de cartes, pour se consacrer exclusivement à l'étude.

II.

Les Noces chymiques

6.

L'élu

« De quel côté habite la lumière ? Et les ténèbres, où résident-elles ? Connais-tu les lois des cieux, appliques-tu leur charte sur terre ? »

Ces questions que Jéhovah avait posées à Job, Newton se les était posées à lui-même, et il avait répondu à certaines d'entre elles. D'ailleurs, toutes les réponses étaient là, chez Pythagore et Isaïe, dans les livres de Job et de Daniel, mais surtout dans le Pentateuque, le livre de Moïse. Ils savaient tout, ces géants. Dieu le leur avait révélé. Derrière l'apparente incohérence de leur pensée, ils détenaient la Vérité, mais ils l'avaient dissimulée sous un langage ésotérique, fait de symboles ne pouvant être compris que par les initiés. Et lui, Isaac Newton, avait redécouvert quelques miettes de leur savoir. Il était à son tour un élu, ou il tâcherait de le devenir. Car Dieu l'avait choisi pour révéler les mystères de la création du monde et succéder, par-dessus les siècles, aux prophètes des temps bibliques. Il obéirait. Et avec quelle jubilation ! Il était libre désormais : il avait un vaste appartement à sa disposition, l'argent et les loisirs suffisants pour se consacrer exclusivement à ses recherches.

Barrow, qui prenait très à cœur son rôle de mentor, lui conseilla de bloquer tous ses cours sur un seul trimestre, et de ne les consacrer qu'à l'enseignement de l'optique. Par l'étude de la lumière, expliqua-t-il, Newton pénétrerait dans le cercle des philosophes de la nature et pourrait accéder un jour à la Royal Society, c'est-à-dire à l'entourage du roi, qui, seul, pourrait le dispenser de servir la messe de l'Église anglicane.

Barrow, pour sa part, postulait à la plus haute fonction de Trinity College, celle de Master. Comme la charge de chapelain ordinaire du roi lui était aussi promise, il devrait passer une bonne partie de son temps dans la capitale, à deux journées de coche du collège. Il faudrait donc abandonner sa chaire Lucas de mathématiques, malgré les cent livres annuelles que lui versaient les ayants droit du fondateur.

Pour le moment, Newton le remplaçait de façon bénévole, mais cette situation ne pourrait pas durer. Un jour, au réfectoire, à la table haute sur l'estrade des maîtres, Barrow lança sa première attaque.

— Savez-vous, dit-il à la cantonade, que la reconstruction de Londres est pratiquement achevée ? Il ne reste plus qu'à finir la nouvelle cathédrale Saint-Paul, prodige architectural de notre ami Christopher Wren. Comme quoi les mathématiques peuvent être bâtisseuses, quoi qu'en pensent les sots qui se bâfrent à nos pieds.

— Des sots qui nous nourrissent, faute de nous écouter, répliqua un professeur de grec réputé le plus grand « éleveur d'étudiants » de tout le collège, après Pulleyn. Hier encore, Sophocle et moi avons joué dans un théâtre vide.

— Et vous, monsieur Newton, connaissez-vous Londres ? poursuivit Barrow sans relever que son collègue lui volait une de ses formules favorites, quand lui-même enseignait le grec devant une classe déserte.

— Si je connais Londres ? De réputation, répliqua Newton en plaisantant. Et ça me suffit bien. D'ailleurs, qu'irait faire là-bas un campagnard dans mon genre ?

Puis il replongea dans son assiette. Barrow insista :

— Je ne pensais pas aux quartiers de plaisir, ç'aurait été vous faire offense. Je pensais plutôt à celui de Little Britain, où sont enfin rouvertes les meilleures librairies, en particulier celle de William Cooper, qui vient de publier *Entrée ouverte au palais fermé du roi.*

Interloqué, Newton releva les yeux. Barrow pratiquait-il l'art chimique ? Celui-ci fit une mimique pour lui signifier de ne rien laisser paraître et poursuivit :

— Rendez-vous à la capitale, cher ami, ne serait-ce que pour remercier ces gens qui vous ont appuyé pour votre élection, et qui feront beaucoup pour une certaine dispense.

Ce conseil ressemblait à un ordre. Newton quitta la table haute dans un grand désarroi. Ce voyage en terre inconnue, cette ville gigantesque, cela l'effrayait au-delà de tout. Pris de panique, il se rendit l'après-midi même chez Barrow, sans s'apercevoir qu'il le tirait de sa sieste. Ce qui n'altéra en rien le caractère affable du professeur lucasien. Ce dernier entreprit de rassurer son ancien étudiant, en lui rappelant d'abord qu'il y avait à peu près la même distance entre Cambridge et Londres que jusqu'à son Grantham natal, et par des routes plus sûres. Cela n'eut guère d'effet apaisant sur un Newton au comble de l'angoisse. Barrow lui fit alors un plan pour se rendre à l'auberge londonienne où lui-même avait eu ses habitudes, avant d'acquérir un appartement. Il poussa même la sollicitude jusqu'à lui rédiger un mot de recommandation auprès du tenancier, alors qu'il savait pertinemment que ce dernier ne pouvait qu'à peine lire son nom.

Newton se rasséréna enfin, ou plus exactement reprit la voix et les gestes posés d'un adulte. En effet, son interlocuteur lui établit la liste des livres qu'il devrait se procurer auprès du fameux libraire William Cooper. Ce n'étaient qu'ouvrages d'alchimie. Alors, pour la première et sans doute dernière fois de sa vie, Newton osa avouer à demi-mot son ignorance :

— À mon retour, maître, ne pourriez-vous pas m'initier…

Barrow l'interrompit :

— Cela, je ne le peux pas, et personne ne le peut. Le Grand Art ne s'apprend que seul, dans une longue et patiente quête. Je ne suis d'ailleurs qu'un éternel novice qui ne le pratique qu'à ses moments perdus. Par ailleurs, faites en sorte de vous y intéresser dans la plus totale discrétion. Ce que les profanes appellent sorcellerie est encore puni de mort, de nos jours. Évitez de parler de cela aux gens que vous visiterez, à Londres. J'ignore si le président de la Royal Society, Henry Oldenburg, pratique. On le dit. J'en suis moins convaincu pour l'ordonnateur des inventions, Robert Hooke. Mais, de toute manière, alchimistes ou pas, ils peuvent prendre pour une grave offense la moindre allusion de votre part.

— Je devrais visiter ces gens ? Qu'ai-je à voir avec d'aussi grands savants, moi, petit bachelier de Cambridge ?

Barrow réprima un sourire. Il connaissait désormais assez son ancien étudiant pour comprendre que sous cet accès d'humilité se cachait un orgueil démesuré. Newton portait en particulier une sorte de mépris condescendant envers Robert Hooke, ce croqueur de poux qui examinait les insectes avec un microscope de son invention. Barrow n'avait pas réussi à savoir les raisons de ce mépris. Newton avait-il lu, au moins, son remarquable traité d'optique ? Certes, Hooke était plus un philosophe « mécaniste », à l'imitation de Descartes, qu'un philosophe « naturel » disciple de Francis Bacon, et il ne laissait pas beaucoup de place à Dieu dans sa recherche de l'explication du monde, mais enfin ses travaux étaient en tout point admirables.

— Vous devriez emporter avec vous votre splendide lunette à réflexion que vous m'avez laissé examiner quand vous avez enfin compris que je n'essaierais pas de vous voler votre invention.

Newton rougit à cette gentille taquinerie. Il y avait des moments où il se serait flagellé en songeant à cette suspicion qui le prenait souvent, quand il se persuadait que le monde entier concourait à sa perte. De son côté, Barrow se méfiait de Newton, et il ne l'aimait pas. Qui aurait pu aimer cet être inquiétant, replié sur lui-même, inattendu, inexplicable ? Et le titulaire de la chaire Lucas se reprochait déjà de l'avoir convaincu de partir à Londres. Comment se comporterait-il devant les frères maçons de la Royal Society, et surtout face à l'ami Hooke et son fichu caractère ? Mais tant pis, les dés étaient jetés. Il leur avait d'ailleurs déjà décrit quel genre d'hurluberlu de génie il leur envoyait, si toutefois Newton consentait à ce déplacement.

Non seulement Newton y consentit, mais il revint dans son appartement préparer son bagage à la hâte, afin de prendre la malle-poste du lendemain matin. Il connaissait assez ses sautes d'humeur, passant brutalement de l'énergie la plus frénétique à la plus sombre des mélancolies, pour savoir que s'il sursoyait à son départ, il risquait de changer d'avis au dernier moment. Il oublia de mettre son télescope dans sa malle, prétextant pour lui-même qu'il risquerait de se détériorer durant le voyage.

Par bonheur, Wickins était absent et ne l'accabla donc pas de ses conseils paternels, qui l'agaçaient souverainement. L'autre le prenait-il pour un enfant ? Oubliait-il que c'était lui, Isaac, qui gérait leur budget commun, lui qui avait surveillé les travaux d'aménagement de leur appartement et avait donné à son camarade, fraîchement élu à son tour, deux de ses étudiants rapportant de substantiels dividendes ? Il lui avait même fait remarquer un jour, assez sèchement, qu'on pouvait avoir tout à la fois le nez dans les étoiles et la tête près du bonnet.

Isaac Newton partit donc à l'aurore du 20 juillet 1668. Craignant sa propension à oublier le futile des contingences matérielles quand l'essentiel jaillissait dans sa pensée, il s'était levé et habillé en toute hâte, avait secoué le jeune domestique que lui avait alloué le collège. Celui-ci avait grommelé qu'on avait encore largement le temps, mais ils s'étaient retrouvés au relais une bonne heure avant le départ. Le domestique hissa le gros coffre à moitié vide sur le toit de la malle-poste, puis alla bavarder avec le postillon qui harnachait ses chevaux. Isaac s'installa dans le véhicule encore vide. Il sortit de son cartable un gros *in-quarto*. C'était *L'Histoire de la Royal Society*, de Thomas Sprat, parue deux ans auparavant, qu'il s'était procurée dès que l'ouvrage était parvenu à la librairie de Cambridge, mais qu'il n'avait jamais ouverte. Comme à son habitude, il lui fallait annoter en marge ou recopier des passages entiers. Il ouvrit donc son écritoire à côté de lui, sur la banquette, et se livra à mille et une contorsions pour passer de la lecture à la rédaction, tandis que sa toge, noire par bonheur, se maculait de taches d'encre.

Autre coup de chance, en ce jour d'été, la plupart des étudiants avaient déserté Cambridge depuis belle lurette. Seuls trois montèrent dans la grosse voiture et se présentèrent respectueusement au professeur. Puis ils restèrent longtemps silencieux, non sans échanger quelques clins d'œil amusés, pouffant même parfois derrière leur main, quand une goutte d'encre allait éclabousser la banquette en bois vernis.

Quand le postillon cria l'ordre de départ, Newton ferma à la hâte son écritoire, ne gardant qu'un crayon pour annoter les marges du livre. Tout à sa tâche, il ne vit pas monter précipitamment dans le véhicule un retardataire. C'était un homme d'une quarantaine d'années, vêtu en bourgeois, d'une élégance discrète. En se levant pour le saluer, Isaac espérait secrètement que cet homme, qui avait tout l'air d'un marchand, ne fût pas trop bavard. Espoir vite déçu, car tandis que la malle-poste s'ébranlait, le dernier passager se présenta sous le nom d'Ezekiel Foxcroft, professeur de langues anciennes au King's College. Ce ne seraient pas quelques propos sur la pluie et le beau temps qu'il faudrait tenir, mais une conversation soutenue. Car si, à Trinity, pour avoir la paix, Newton pouvait jouer à l'ours ou à l'astrologue distrait sans offusquer ses collègues, il n'en était pas de même avec le représentant d'un établissement voisin et concurrent. Peut-être le dénommé Foxcroft trancherait-il sur la médiocrité des enseignants qu'il côtoyait d'ordinaire, au réfectoire ou dans les couloirs ? D'ailleurs, il aurait pu plus mal tomber ; sur un professeur de théologie, par exemple.

Alors que la malle-poste suivait lentement la fondrière qui servait de grand-rue au village de Cambridge, le plus effronté des trois étudiants demanda la permission d'aller s'installer sur le toit pour ne pas, prétexta-t-il, importuner de leur agitation les deux vénérables maîtres. Plus âgé que Newton, Foxcroft se devait de répondre le premier. Il le fit avec ironie :

— Allez donc respirer le bon air, jeunes gens, encore que nos propos auraient pu être profitables à votre enseignement.

— Sans doute, renchérit Newton, et puisque, quand un seul professeur tente de vous enseigner quelque chose, vous désertez ses cours, vous avez deux fois plus de raisons de nous fuir quand nous sommes deux.

— Belle équation, sir Newton, qui vous vaudra à coup sûr la succession de mon ami Barrow à la chaire de Lucas.

Visiblement, les trois étudiants piaffaient de pouvoir se retrouver dehors, pour lancer leurs quolibets aux paysans les regardant passer sur le bord de la route, et interpeller les fermières sur la rondeur de leurs formes. Raison de plus, pour les deux professeurs, pour les faire mariner dans leur jus.

— Ce qu'Euclide peut, seul Dieu le veut. Connaissez-vous Euclide, mon ami ? demanda Newton à celui des étudiants qui semblait le plus effacé du trio.

— Pas personnellement, bredouilla l'autre, mais ma sainte femme de mère me répète sans cesse que « lord Howclyde » œuvre beaucoup à la vraie foi et à l'Église d'Angleterre.

— Miam, miam, susurra Foxcroft à Newton, en se pourléchant les babines comme un chat devant une écuelle de lait. Je crois que nous sommes tombés là sur un sujet de choix. Sans doute, jeune homme, sans doute, et je ne vous apprendrai rien en vous disant que lord Euclide et son ami Bacon distribuent généreusement le produit de leur élevage de cochons aux pauvres et aux miséreux.

Soudain, Newton en eut assez. Ces plaisanteries ineptes, il les entendait chaque jour à la table haute. Il lui fallait rompre. Aussi dit-il d'un ton las :

— C'est bien, c'est bien ! Maintenant, filez, jeunesse, allez donc contempler les beautés de la campagne anglaise.

Les trois étudiants ne se le firent pas dire deux fois. Ils ouvrirent la porte de la malle-poste, et, par la traction des bras, d'un mouvement agile, se retrouvèrent sur le toit, au milieu des malles et des colis. Les deux professeurs poussèrent simultanément un soupir de soulagement, ce qui les fit rire.

— Je vois que vous lisez *L'Histoire de la Royal Society*, dit alors Foxcroft. Postuleriez-vous donc à entrer dans cette savante assemblée ?

— Ce serait bien prétentieux de ma part, rétorqua Newton. Et puis, il faudrait que ses membres m'y appellent. Or je n'ai publié ni communiqué quoi que ce soit, et je n'ai pas l'intention de le faire. L'étude est mon seul plaisir, je ne me soucie pas de la reconnaissance publique.

Il y avait à la fois tant d'orgueil et tant d'humilité dans ces propos que Foxcroft eut un mouvement de surprise.

— Le révérend Barrow n'a donc nullement exagéré en me faisant cent fois votre louange, dit-il en insistant avec une certaine ironie sur le mot « révérend ». Et je partage tout à fait votre opinion. Pour ma part, je n'ai jamais publié qu'une chose, et il y a dix ans de cela : la traduction en anglais des *Noces chymiques* de Valentin Andreae.

Ce fut au tour de Newton d'être stupéfait. Valentin Andreae, alias Christian Rose-Croix, l'auteur d'un des plus importants textes alchimiques ! Ainsi, Foxcroft s'intéressait aussi au Grand Art... Et il avait l'imprudence de le révéler à un inconnu... Mais Newton était-il vraiment un inconnu pour Foxcroft? Apparemment, Barrow avait beaucoup parlé de lui à son collègue du King's College, ce qu'il trouvait plutôt indiscret et désagréable. Il se jura de lui en faire le reproche, à son retour.

— Veuillez me pardonner, répondit-il enfin, de n'avoir pas encore lu *Les Noces chymiques*, mais je comptais bien me les procurer à Londres, dans une librairie que m'a recommandée le révérend Barrow.

— Vous allez donc vous rendre à la librairie du Pélican, répliqua Foxcroft. Nous nous y croiserons peut-être. Vous verrez, le libraire Cooper est un homme érudit et charmant, qui n'arbore ni la barbe ni le chapeau pointu, ni la robe constellée d'étoiles de l'enchanteur Merlin.

Foxcroft eut un petit rire malicieux, puis suggéra à Newton de reprendre sa lecture. Lui-même sortit de sa mallette un volume à la couverture écornée.

Il faisait très beau, le bocage anglais verdoyait, gras et paisible, ne laissant plus paraître la moindre trace de toutes ces décennies de guerres, de révolutions et de calamités. Mais Isaac ne leva plus les yeux de son livre durant tout le voyage. Aux deux relais de la matinée montèrent d'autres passagers, qu'il fallut saluer. D'un accord tacite, Newton et Foxcroft se présentèrent en donnant leurs titres les plus ronflants, puis, après un sourire de sèche politesse, se replongèrent dans leur lecture, de sorte que les autres n'osèrent pas échanger le moindre propos durant tout le voyage. S'il n'y avait eu les éclats de rires des étudiants, sur le toit, on aurait cru voir passer un cortège funèbre. À la pause du midi, malgré l'invite de

Foxcroft, Newton refusa de descendre du véhicule pour se restaurer à l'auberge de Bishops Stortford. Il s'était juré de finir son ouvrage avant l'arrivée à Londres. Il mangea machinalement le morceau de pain et le jambon que Foxcroft, avec une grande sollicitude, lui avait rapportés de l'auberge. C'est tout juste s'il l'en remercia.

Ils arrivent devant Londres en fin d'après-midi, mais Newton ne jette pas un œil à l'immense cité en chantier, rosissant sous le soleil couchant. En le saluant de façon extrêmement chaleureuse, Foxcroft lui affirme qu'ils sont appelés à se revoir très bientôt. Tout à ses pensées, Newton ne remarque pas l'insistance avec laquelle l'autre a prononcé ces mots. Et, tandis que son domestique, après s'être renseigné auprès du cocher, traîne sa malle vers leur hôtel, il le suit d'un pas machinal. Une question le hante : tout au long de son ouvrage, Sprat laissait entendre à mots couverts, avec des références étranges à la mythologie grecque et à l'Ancienne Égypte, que quelque chose de plus fort encore que la philosophie naturelle liait entre eux les fondateurs de la Royal Society, jadis Collège Invisible. Cela l'intrigue et l'agace. Il n'aime pas ne pas comprendre. Il se sent exclu de ce cercle de savants remarquables, mais qu'il est sûr de surpasser tous, un jour prochain.

D'ailleurs, il n'a aucune envie de prouver quoi que ce soit à quiconque, sinon à lui-même. Il a découvert les raisons de la course des astres, et donc la vérité du mouvement, la vérité de l'air ; celle de la multiplicité des couleurs, et donc la vérité de la lumière, du feu ; ne lui reste plus qu'à se plonger au fond de la matière, la terre et l'eau.

Il passe une très mauvaise nuit. Pourtant, l'auberge que lui a recommandée Barrow est propre, et Little Britain, un quartier calme. Il sort dès l'aube, sans même prendre le temps de se restaurer. La librairie à l'enseigne du Pélican, juste de l'autre côté de la rue, n'est pas encore ouverte. Il arpente la chaussée près d'une heure durant, mains derrière le dos, regard rivé sur le pavé. Et, quand enfin les volets de l'échoppe s'ouvrent en grinçant, il ne le remarque pas et fait encore deux allers-retours avant de se souvenir où il se trouve et pourquoi.

Le libraire est un homme d'une extrême courtoisie qui, quand Newton se recommande du nom d'Isaac Barrow, l'entraîne au travers des rayonnages. Visiblement, il est à son affaire et, sans que son client lui en fasse la demande, il lui présente les deux ouvrages évoqués trois jours avant au réfectoire. Newton s'assied aussitôt derrière une petite table et ouvre le volume dont le titre l'intrigue : *Entrée ouverte au palais fermé du roi*. Le pseudonyme de l'auteur, Philalèthe, « l'amateur de vérité », l'enchante. Il commence à lire, mais rapidement le langage, pourtant d'apparence claire, lui échappe totalement : « Prends quatre parties de notre Dragon igné, qui cache dans son ventre l'Acier magique, et neuf parties de notre Aimant; mêle-les ensemble avec l'aide du torride Vulcain, de façon qu'ils forment une eau minérale où surnagera une écume qu'il faut rejeter. Laisse la coquille et prends le noyau, purge-le à trois reprises par le feu et le sel, ce qui se fera aisément si Saturne a regardé sa propre beauté dans le Miroir de Mars. De là naîtra le Caméléon, c'est-à-dire notre Chaos, où sont cachés tous les secrets, non pas en acte, mais en puissance. » C'est un code, et il n'en a pas les clés. C'est d'une initiation au vocabulaire qu'il a besoin. Il doit procéder pas à pas, croiser les textes, s'élaborer un lexique de ces termes apparemment simples. Il ouvre alors l'autre ouvrage, *Avertissement aux alchymistes,* de Gabriel Plattes, qui, dans son préambule, affirme s'adresser aux novices.

Non, l'alchimie ne peut pas être la recherche bassement intéressée du secret de la fabrication de l'or. C'est bien plus que cela, c'est une autre manière de pénétrer les mystères de la Création. Et Isaac Newton a été appelé pour cela par la Divinité. Il est pris de l'envie soudaine de repartir à Cambridge, d'y retrouver le calme studieux de son cabinet pour se plonger dans la lecture des Anciens. Eux seuls détiennent les clés. Il lui faudra aussi pratiquer l'art chimique, manier le soufre et le mercure. Ce n'est pas sur le papier qu'il a découvert la réfraction de la lumière, mais par l'expérience. Seulement voilà, il ne sait pas quels devront être ses instruments de travail. Et il lui faudra la meilleure qualité possible. Où les trouver, auprès de qui se renseigner ?

— Je vous trouve bien songeur, monsieur Newton. Philalèthe vous ennuie-t-il à ce point ?

Newton lève la tête et rougit de plaisir. La Providence, à nouveau, lui fait un signe : c'est Ezekiel Foxcroft, son compagnon de voyage. Lui seul pourra le guider dans ses choix. Il commence à exposer son problème, mais Foxcroft lui fait signe de baisser la voix, deux clients inconnus venant d'entrer dans la librairie. Il chuchote :

— Ce soir, à la fermeture du Pélican, je vous présenterai quelques amis... Mais, avant, je me propose de vous servir de mentor et de vous faire visiter Londres. Il serait dommage de rester enfermé par une aussi belle journée. Nous déjeunerons dans le meilleur restaurant de la ville, tenu par un émigré français. Que notre hôte soit disciple de Calvin ne vous fâche pas, j'espère ?

Ils marchent longtemps dans la ville en pleine reconstruction, mais Newton, entièrement pris par la conversation où chaque mot pèse son poids, regarde sans les voir les nouveaux bâtiments en chantier, essentiellement des églises. Seul le monument de Pudding Lane commémorant l'incendie, une immense colonne solitaire au milieu d'une grande place, retient un instant son attention. Au restaurant, il ne remarque pas si le cuisinier français est, comme l'a affirmé Foxcroft, le meilleur de la ville, tant le propos de son hôte l'intrigue. Mis en confiance, le professeur du King's College commence à évoquer, à mots feutrés, la réunion du soir dans la librairie du Pélican. Les participants seront tous des « platoniciens », tenants de la philosophie naturelle, mais dont il ne peut dévoiler l'identité.

— Même pas la vôtre ? ironise Newton.

— Je sens votre réticence, cher ami, et je la comprends. Vous vous imaginez que je cherche à vous embarquer dans une sorte de société secrète pleine de sorciers et de charlatans, et pratiquant des messes noires. Nous ne sommes rien de tout cela, mais une réunion de savants qui cherchent à travailler ensemble et à échanger leurs savoirs sur des sujets comme l'art chimique, précisément, et qui pourrait bien nous valoir la corde, si nous nous montrons indiscrets.

— Mais pour cela existe la Royal Society, qui œuvre au grand jour, sans besoin de simulacre !

— Bien entendu, et nombre de ses membres sont des nôtres, qui pèsent avec assez de poids sur le gouvernement de ce pays. Nous ne restons pas dans l'ombre pour le plaisir, mais par prudence. D'ailleurs, cette clandestinité même génère de grandes choses et stimule nos esprits. Isaac Barrow aurait dû lui-même vous initier, mais comme vous le savez, ses affaires l'ont retenu à Cambridge. Aussi m'a-t-il confié le soin de vous guider, si vous le désirez.

Avec son caractère soupçonneux, Newton songe que les deux hommes ont tramé quelque chose derrière son dos, que cette rencontre dans la malle-poste, par exemple, n'a pas été fortuite. Ce sentiment d'être manipulé comme un pion lui est très désagréable. Et puis, l'idée d'échanger avec d'autres le fruit de ses recherches lui déplaît, non pas tant par peur qu'on les lui vole, mais parce qu'il aime par-dessus tout la quiétude et la solitude de son cabinet de travail, cette indépendance absolue qu'il croit avoir enfin acquise. Le monde l'ennuie. Foxcroft est certes un homme charmant, mais, comme avec tout autre interlocuteur, Newton n'a besoin que d'entendre deux ou trois mots pour deviner la totalité de son discours. Et lui-même, quand il parle, ses pensées courent si vite qu'il va directement à la conclusion, alors que son auditeur n'a pas encore saisi l'introduction. Si ces rencontres, comme il le soupçonne, se compliquent en plus de simagrées plus ou moins symboliques et peut-être puériles, non, décidément, il n'ira pas à la réunion chez le libraire. Il faut se dérober, en évitant de froisser son convive :

— Ne trouvez-vous pas, dit-il, jouant un peu sur sa timidité naturelle, ne trouvez-vous pas que mon, euh… intronisation à votre… cénacle soit un peu prématurée ? À l'exception du révérend Barrow, vous ne me connaissez pas. Peut-être ai-je masqué mes opinions, et je m'empresserai de vous dénoncer aux plus hautes autorités ecclésiastiques ou au Parlement…

— Vous vous méjugez, réplique un Foxcroft quelque peu désarçonné par cet argument. D'ailleurs, outre Isaac Barrow, le grand Henry More ne tarit pas d'éloges sur votre droiture et votre grande moralité.

Henry More, celui qu'on appelle l'Ange de Cambridge, ce théosophe dont Newton a lu bien des années auparavant l'œuvre avec passion, puis suivi assidûment ses cours ! Comment More l'a-t-il remarqué, lors de ses conférences où il n'était jamais qu'un étudiant comme les autres, juste un peu plus appliqué à prendre des notes ? Ce ne peut être que Barrow, encore une fois, qui a battu la campagne en vantant les mérites de son ancien élève, sans doute pour s'en servir dans ses propres ambitions politiques. Et, tout cela, sans le consulter. Cette indiscrétion, qui a d'abord agacé Newton, commence à le mettre sérieusement en colère.

— Ainsi, dit-il avec une froide causticité, après vous-même et Isaac Barrow, voilà que je connais un troisième membre de votre confrérie : Henry More. Et vous m'apprenez cela à la table d'un établissement public fort bien achalandé, de surcroît. Si quelque oreille d'espion rôdait dans nos parages, j'aurais quelque raison de craindre pour ma sécurité.

Foxcroft se mord les lèvres. Le confrère timide et posé avec qui il a plaisamment conversé toute la matinée, et dont il a pu constater l'étendue du savoir, a pris un ton grondant. Ses lourdes mâchoires et son regard fuyant lui donnent maintenant l'allure d'un chien prêt à bondir et à mordre. Foxcroft se souvient alors de la phrase de Barrow : « Cette personne pourra parfois vous paraître odieuse. Passez au-dessus de cela. Après tout, le prophète Isaïe ne devait pas être de la plus charmante compagnie, dans les salons du roi Ezéchias. » Il préfère donc rompre en douceur :

— Décidément, ce vin de Bordeaux ne me réussit pas. J'aurais dû me contenter d'une bière, comme vous avez sagement su le faire. Et j'ai trop parlé. Ma proposition d'assister à cette réunion, qui n'aura rien de solennel, tient toujours. Vous aurez toute l'après-midi pour y réfléchir. Quelle que soit votre décision, je vous promets de guider vos premiers pas dans le domaine de l'expérience chimique. Je vous raccompagne à votre auberge, qui est à deux pas, et je vais me reposer un moment. J'ai la digestion difficile en ce moment. Mon logement non plus n'est pas très loin. Je viendrai vous chercher sur le coup de 7 heures.

Sur le chemin du retour, les deux hommes n'échangent que des propos anodins et compassés. Une fois enfermé dans sa chambre, Newton s'allonge sur son lit. Il ne sait quelle décision prendre, et l'oisiveté lui pèse. Il doit attendre, et, lui qui a acquis si chèrement sa liberté en prêtant serment d'allégeance à l'Église anglicane, dépend à nouveau des autres.

« C'est bien là la question, murmure-t-il. D'une certaine manière, Barrow m'a mis le marché en main. En m'incitant à me rendre à Londres, il me suggérait qu'ainsi, en rencontrant ces importants personnages de la Royal Society, j'obtiendrais sans peine ma dispense et que je n'aurais pas, d'ici à sept ans, à prêcher l'infamie dans leurs temples trinitaires. En revanche, ce qu'il ne m'avait pas dit, le fourbe, c'est que je devrais entrer dans une autre chapelle, bien plus sacrilège encore, celle de ces Rose-Croix. Ce sot de Foxcroft croit-il donc que je n'ai pas compris de quoi il s'agissait? Ainsi, même Henry More, même Isaac Barrow se livreraient à toutes ces simagrées, portant cagoules et marmonnant leurs abracadabras? J'ai quand même du mal à le croire… »

Il se jette au pied de son lit, s'agenouille, et, les yeux tournés vers le plafond, dit à voix plus forte :

« Seigneur de toutes choses, si Tu m'as élu pour être le découvreur de Tes secrets, délivre-moi du grand pouvoir des petits imbéciles. »

Il se redresse, ragaillardi d'avoir trouvé une aussi jolie formule, répète « le grand pouvoir des petits imbéciles », puis trouve qu'il est injuste, tant avec Barrow que More ou Foxcroft. Non, ce ne sont pas des sots. Ils manquent simplement de lucidité. Cette lucidité qui, lui, le torture depuis l'enfance au point que, parfois, il lui prend l'envie de s'arracher la cervelle, tant la douleur est forte. Et cette lucidité, maintenant, lui dit d'accepter ce cérémonial d'intronisation qui lui éviterait de porter le collet du *clergyman*. Par ailleurs, les membres de cette société secrète semblent tous férus d'alchimie. S'il faut en passer par cette mascarade pour accéder à leur savoir, se l'approprier et brûler les étapes qui le mèneront, seul enfin, vers la vérité du Grand Art, eh bien, il se prêtera à cette farce. Il fera l'acteur.

Quel risque court-il, sinon de faire saigner ses lèvres à force de les mordre pour ne pas éclater de rire ?

Cependant, Foxcroft a sacrifié sa sieste rituelle pour se rendre du logement d'un de ses frères à l'autre. Il se montre très convaincant : selon lui, Newton ferait un adepte de choix, mais il est pour le moment incontrôlable, et Barrow a voulu trop précipiter les choses. Il faudrait le faire venir avec plus de prudence, par le biais de l'initiation à l'art chimique, et vue exclusivement sous son aspect vulgaire, expérimental.

Seul George Starkey, qui aurait dû présider la séance, s'offusque de ces réticences :

— S'il est aussi brillant que vous le dites, il peut apprendre seul le Grand Art. Il lui suffira de lire les œuvres de Philalèthe.

Foxcroft a du mal à réprimer un sourire : cela fait longtemps qu'il a deviné que Philalèthe n'est autre que George Starkey !

Vers 7 heures du soir, Foxcroft revient à l'auberge de Newton pour lui annoncer que la réunion est annulée pour des raisons de sécurité. Celui-ci ne peut cacher son soulagement. Mais Foxcroft se méprend et, comme pour s'excuser, lui propose de l'héberger dans sa maison londonienne, où il sera plus à l'aise que dans une chambre d'hôtel. L'autre accepte volontiers.

C'est ainsi que, durant un mois, devant les fourneaux du laboratoire de maître Ezekiel Foxcroft, Newton s'initia au maniement de l'eau-forte, du sublimé, de l'huile de perle, de l'argent fin, de l'antimoine, du vinaigre, de l'esprit-de-vin, du salpêtre et du sel de tartre. Lui qui n'adorait rien tant que de travailler de ses mains était comblé. Il imaginait déjà les fours plus pratiques, débarrassés de tout ce fatras symbolique, qu'il construirait à Cambridge. Foxcroft le guidait également dans ses lectures, et Newton ne fut pas long à comprendre que le prétendu narrateur des *Noces chymiques*, l'Allemand Rose-Croix, n'avait jamais existé que dans l'imagination fertile de Valentin Andreae. Ces gens, qui croyaient œuvrer dans la plus grande clandestinité, lui semblèrent bien naïfs : n'importe quel mouchard de l'archevêque de Canterbury n'aurait eu aucun mal à dénoncer leurs activités sulfureuses. Il faut dire qu'ils jouissaient des plus hautes protections, comme ce George Starkey, à la démarche d'insecte rampant et aux doigts chargés de bagues clinquantes, médecin ordinaire du roi, et qui se flattait avec tant de suffisance d'être un intime du mystérieux Philalèthe que la farce en devenait puérile. Un seul des visiteurs de son hôte aurait pu trouver grâce à ses yeux : Robert Boyle, qui, comme lui, privilégiait le raisonnement et l'expérience, sans le secours d'hypothèses imaginaires. Mais Boyle, membre important de la Royal Society et quatorzième enfant du comte de Cork, avait aux yeux de Newton un grave défaut : il travaillait en association avec Hooke, ce détestable émule de Descartes, un mécaniste, un athée. Isaac ne fit pas l'affront à Boyle de lui montrer ses réticences, mais il omit volontairement de lui parler de son télescope, comme le lui avait demandé Barrow.

Plus le temps passait, plus il s'impatientait de rentrer à Cambridge. Il avait tiré de Foxcroft et de ses amis tout le suc qu'il désirait. Ils n'avaient plus rien à lui apprendre. Ce n'était pas par vanité qu'il s'était convaincu de cela. Il l'avait simplement constaté. Mais ce qu'il ne savait pas, en revanche, c'était comment prendre congé sans blesser son hôte. Une lettre de sa mère vint à point. Dans son orthographe fantaisiste, elle lui demandait de la conseiller dans des problèmes de succession et des querelles de bornage. Il prétexta alors qu'il devait se rendre de toute urgence à son chevet et plia son bagage, bien plus chargé qu'à l'aller.

Il s'était en effet rendu dans une discrète échoppe d'apothicaire du quartier Saint-Paul, où il avait acheté une quantité invraisemblable de bocaux et de flacons, sans oublier un splendide fourneau en fer-blanc. Mais il dut à regret ne pas emporter avec lui les six tomes épais du *Théâtre chymique*, introuvable au Pélican. Le coche n'aurait jamais accepté de charger un bagage aussi volumineux. L'apothicaire refusa quant à lui de les expédier par la poste : trop dangereux, argua-t-il, son courrier étant systématiquement ouvert par les argousins. D'ailleurs, la bourse de Newton s'était singulièrement aplatie : il avait dépensé durant son séjour ce qu'il dépensait en un an au Trinity College. Outre tout le matériel et la véritable bibliothèque alchimique qu'il avait acquis, il avait dû céder à cette absurde coutume londonienne de rendre sans fin les invitations au restaurant, où ses convives se bâfraient des mets les plus chers. Ces gens-là avaient pourtant les moyens de se payer une cuisinière. Il lui faudrait donc se rendre à Woolsthorpe soutirer de l'argent à Hannah Newton-Smith. Cela le soulageait d'ailleurs, car ce serait une manière d'atténuer le mensonge qu'il avait proféré devant Foxcroft d'une mère à l'agonie.

Le voilà donc, en cette fin de mois d'août, dans une malle-poste bondée se dirigeant vers Leeds. Deux jours de route, et une nuit épouvantable à la sordide auberge de Huntingdon, dans les odeurs de crottin et de graillon, sans oublier les chants d'ivrognes. Entre deux politesses échangées avec un gros marchand de vins qui l'écrase contre la portière, il se dit que cette épreuve est imposée par le Seigneur, un chemin de croix en quelque sorte.

À l'étape, il s'est vêtu de ses plus beaux atours de maître ès arts, *fellow* du Trinity College de Cambridge, robe noire brodée de rouge, à l'écharpe d'hermine et au bonnet carré d'où pendent deux rubans, l'un rouge et l'autre noir, montrant son grade. La malle-poste ne s'arrête à Grantham que le temps de décharger les nombreux bagages du seul passager. On est au creux de l'après-midi, une pluie fine mouille la grand-place déserte. Seul le vieux valet de ferme de Woolsthorpe attend, tenant son cheval par la bride, un cheval auquel il a fini par ressembler.

En chargeant les caisses et les malles dans la carriole bâchée d'une toile goudronnée, le domestique alloué par Trinity College à la personne de Newton prend les mines dégoûtées d'un grand seigneur entré par mégarde dans un bouge. Jusqu'à présent, pourtant, il n'a pas eu à se plaindre de son service, et il a bien profité des nombreux loisirs que son maître lui a laissés durant le séjour londonien. Comme il s'apprête à monter dans le véhicule branlant, Newton lui dit d'une voix coupante qui se croit autoritaire :

— James, vous marcherez à nos côtés. Vous voulez donc achever de tuer ce pauvre vieux Comète ?

En plus, cette rosse agonisante s'appelle Comète ! Pourquoi pas Pégase, tant qu'il y est ? James hait la campagne, dont il est pourtant issu, mais son emploi de domestique à Cambridge lui a donné un vernis d'éducation, dont il abuse jusqu'à devenir cuistre. Une heure durant, donc, il marche sous la pluie, protégé par sa cape, au grand désespoir de voir ses coquettes chaussures achetées à Londres se gâter dans la boue du chemin. Dans la dernière côte, Newton descend à son tour pour soulager la vieille bête, et marche à son côté du pas assuré d'un paysan. En voyant la grosse maison perchée sur sa butte, James se persuade qu'en un tel lieu, il va mourir d'ennui, et prie Dieu pour que son séjour ici ne dure que peu de temps.

Il dure tout le mois de septembre. James loge dans les dépendances, dans la même chambre que le vieux valet de ferme qui non seulement pue, mais en plus ronfle la nuit. Si au moins il y avait dans les parages une jolie bergère à lutiner. Hélas, la cuisinière est aussi grosse que le valet de ferme est maigre, mais comme lui très laide et très vieille. Ils mangent le même repas que les maîtres, et cela n'a rien de réjouissant : un bouillon, des fèves, parfois du mouton filandreux et bouilli. Et de l'eau. Pas une goutte de vin ni de bière dans cette sinistre demeure de puritains. Newton a demandé à James de servir à table, afin d'en dispenser l'une de ses deux jeunes sœurs. La grande salle commune est presque nue de tout ornement. On n'y parle pas, ou alors d'argent. Il y est question de métayage, de vente de laine, de parcelles mal exploitées ou de pâturages à l'abandon. Les chiffres que Newton et sa mère se lancent comme des flèches semblent considérables. Ces gens sont loin d'être pauvres et pourtant ils vivent comme des miséreux. Un soir, à la fin de la première semaine, alors qu'il verse une louchée de potage dans l'écuelle en étain de son maître, celui-ci lui lance :

— Dites-moi, James, si j'ai bonne mémoire, vous m'avez dit un jour que votre père était charron, je crois ?

— Votre mémoire est excellente, monsieur. Au risque de paraître immodeste, on disait de lui que c'était le meilleur carrossier de tout le comté du West Suffolk. Ce fut même parce qu'un ancien doyen de Trinity College avait apprécié la qualité d'une voiture que mon père lui avait construite que, pour le remercier, on me plaça comme domestique à Cambridge, et que je suis ainsi entré un jour à votre service.

— Ah, que vous êtes bavard, mon pauvre garçon ! Ne pourrez-vous pas un jour répondre à des questions aussi simples par oui ou par non ? Et vous-même, avez-vous gardé quelque chose de l'art de votre géniteur ?

James a un ricanement stupide : il n'a pas compris la question. À tout hasard, et puisqu'on lui a demandé de faire bref, il répond :

— Oui, monsieur.

— Et vous savez mener un véhicule ne comportant qu'une seule bête ?

— Ça oui, monsieur, ça oui, je sais faire !

— Ah bon ? Parce que le reste, vous ne savez pas ?

— Le reste, quel reste, monsieur ?

Newton jubile. Il adore mettre ses interlocuteurs sur le gril.

— Le reste, oui. Vous venez de m'affirmer que vous saviez fabriquer une voiture.

— Moi ? Mais je n'ai jamais dit ça !

— Isaac, voyons, intervient Mme Newton-Smith, cessez donc de torturer ce pauvre jeune homme, ce n'est pas charitable de votre part.

— Votre père ne vous a donc rien appris en matière de carrosserie ? poursuit-il sans relever l'interruption.

— Bien sûr, monsieur, bien sûr, mais…

— Eh bien nous irons demain chez le charron de Grantham. J'ai l'intention de lui faire construire une voiture à ma façon.

— Isaac, vous allez nous ruiner.

— Ma mère, je vous prie, ne reprenons pas cette discussion sordide, surtout devant un domestique.

Il a presque crié, de cette voix suraiguë qu'il prend quand il se met en colère. Un lourd silence tombe sur la salle à manger et toute la famille plonge le nez dans son assiette. James préfère alors s'esquiver en cuisine, où pourtant l'ambiance n'est guère plus chaleureuse.

C'est la grande affaire de Newton, durant ce séjour, que de se faire construire, selon ses plans, une petite voiture légère mais fermée, ne pouvant contenir que trois personnes au maximum et avec un volumineux coffre à bagages. Dans la petite forge qu'il a fabriquée jadis à la ferme, il s'occupe lui-même de la ferronnerie, et surtout de la suspension, inspirée de Jérôme Cardan mais très améliorée. Car il a constaté que durant les trois jours de voyage, il n'a pas pu travailler. Et encore, on est en été ; il n'y a eu aucun incident durant le parcours, tandis qu'à la mauvaise saison un tel périple aurait pu durer une semaine. Une semaine de perdue ! Il finit par se persuader que c'est pour cela qu'il a autant dépensé, mais, au fond de lui-même, ce qu'il fuit, c'est la dépendance des autres, la présence à son côté d'inconnus. Cette voiture, c'est le gage de sa solitude, de sa liberté.

Une fois fini son travail de forgeron, il se rend à Grantham. Dans l'atelier du charron, la caisse et l'intérieur de sa future voiture sont prêts et ne demandent plus qu'à être posés sur le châssis. L'ensemble est noir, à l'exception d'un liseré cramoisi, la couleur préférée de Newton. James et le charron se tiennent devant, très fiers de leur ouvrage. Puis ils s'écartent de chaque côté, et, en s'inclinant, laissent apparaître, peints sur la portière, un I et un N entrelacés au-dessous desquels est dessiné une sorte de blason où est inscrit, en rouge vif également : Grantham.

Newton se fâche très fort et ordonne au charron, si fier de la gloire de son concitoyen, d'effacer immédiatement ces « barbouillages ». C'est pourtant chose commune que les propriétaires de ce genre de véhicule affichent leur nom et leurs armes, même s'ils sont roturiers, ne serait-ce que pour ne pas trop se faire importuner par la maréchaussée. Mais Newton veut avant tout être le plus discret possible. Nul ne doit savoir quand et où il voyagerait. D'ailleurs, il a la ferme intention de se déplacer le moins possible, seulement en cas d'absolue nécessité.

Le 28 septembre 1668, avant l'aube, la voiture flambant neuve quitte Woolsthorpe, alors que toute la maisonnée est encore endormie. Sur le siège du cocher, James devrait être gonflé d'orgueil et de joie, mais la pluie tambourinant sur sa capuche autant que l'heure à laquelle son maître l'a tiré de son sommeil le rendent morose. À l'intérieur, rideaux tirés, à la lumière de deux lampes à huile oscillant au plafond, Newton est au contraire ravi : il remercie Dieu de l'avoir fait insomniaque, car il a passé la nuit à peaufiner les derniers aménagements intérieurs, comme cet encrier creusé dans la tablette rabattante. Le lutrin où il a ouvert son livre est lui-même suspendu « à la Cardan », oscillant ainsi à la même cadence que le regard du lecteur. Les roues du véhicule, qu'il a faites très larges, glissent doucement sur la boue du chemin descendant à Grantham. Il sourit, déroule une feuille de papier blanc et prononce à voix très haute :

« C'est bien cela, la liberté, c'est bien cela. »

Dehors, tout recroquevillé sur le banc du cocher, laissant aller la bête à son train, James se demande ce qui vaut le mieux pour lui : les rossées que lui administrait cette brute de Wickins, ou les inquiétantes extravagances de ce fou de Newton…

7.

Professeur lucasien

Barrow s'en est douté depuis qu'il a posé sa candidature : le professeur de la chaire de mathématiques, fût-il le chapelain de Sa Majesté Charles II, ne serait jamais directeur du Trinity College : la charge revient, selon une coutume datant de la création de l'université sous Henri VIII, à l'un des deux professeurs de théologie. Il lui faut donc devenir professeur de théologie, c'est-à-dire renier ses croyances profondes. Et pour prendre cette chaire laissée vacante, il doit d'abord quitter celle de Lucas, vouée aux mathématiques.

Une seule personne est apte à le remplacer avantageusement : Isaac Newton. Mais ce diable d'homme ne fait rien comme on le souhaite. Il n'a rien publié, s'y refusant avec une sorte de terreur furieuse. Barrow a bien tenté de lui en parler très franchement, sans prendre les détours habituels qu'il prend avec son ancien élève. Mais celui-ci a été catégorique : non, il ne publierait pas, non, il ne communiquerait pas le fruit de ses recherches à quiconque, sauf à lui.

Pourtant, cette fois, en cette fin d'année 1668, Barrow a sous les yeux ce qui pourrait enfin faire plier l'intransigeant maître ès arts. Après en avoir humé avec volupté l'odeur de papier et d'encre fraîche, il referme le mince livre de Nicolas Mercator, *Logarithmotechnia*. La méthode de ce Danois pour calculer l'aire sous l'hyperbole à l'aide d'une série d'infiniment petits est parfaitement claire. Or, trois ans auparavant, Newton avait montré à Barrow un travail similaire, mais aux applications bien plus variées.

Depuis le retour de Londres de Newton, toutes les semaines, lui et Barrow se retrouvent chez Henry More où ils soupent, loin de la médiocrité des propos de la table haute. Les débats entre les trois hommes, qui tournent souvent autour de Descartes et de Bacon, sont en général menés par l'Ange de Cambridge, mais la fougue juvénile de Newton finit par dominer les propos plus rassis de ses aînés. Ce n'est pas le cas ce soir-là, Newton est resté morose et silencieux. Après le repas, Barrow sort des grandes poches de sa soutane le livre de Mercator et le tend à Newton, en lui suggérant de le feuilleter pour y trouver quelques petites choses qui l'amuseront.

Tandis que More disserte comme il aime le faire sur l'antique concile de Nicée, qui vit l'anathème lancé contre Arius et la mise en place de l'hérésie trinitaire, Newton ne s'amuse pas du tout en tournant frénétiquement les pages de *Logarithmotechnia*, au risque de les arracher. Ses joues blêmissent et rougissent tour à tour, tandis que ses fortes mâchoires se gonflent de muscles. Barrow l'observe du coin de l'œil : le poisson est en train de mordre… Un poisson qui se lève en refermant brutalement l'ouvrage, puis s'excuse de prendre congé aussi prématurément avant de s'en aller, en emportant le livre sans même avoir demandé à son propriétaire l'autorisation de le lui emprunter.

Tôt le lendemain matin, apparemment calmé, il vient voir Barrow et, sans s'encombrer de politesses, demande, comme s'il poursuivait une conversation :

— Ce Mercator, le connaissez-vous ?

— Pas personnellement, mais je sais que ce Danois, un des deux assistants de John Wallis, avec James Gregory, est un de nos meilleurs mathématiciens.

— Un Oxfordien, alors ?

— Sans doute, mon cher, mais un anticartésien encore plus farouche que vous. Les similitudes avec vos propres travaux sont d'ailleurs étonnantes.

— Justement, justement… bredouille Newton, les yeux baissés.

Cette fois, le poisson est bien ferré, il ne suffit plus que de tirer la ligne. Barrow fronce les sourcils et prend un air offusqué :

— Me soupçonneriez-vous par hasard d'avoir communiqué à d'autres, sans votre accord, ce que vous avez bien voulu me confier sous le sceau du secret ?

— Je ne me permettrais jamais de penser une chose pareille, ment Newton, la mine sournoise. Mais quand même, comme je vous l'avais raconté, lors de la grande Peste, j'avais porté le calcul des fluxions infiniment plus loin, et...

Cet homme-là est un monstre. Un monstre génial, sans doute, mais un monstre d'égoïsme, sans la moindre humanité ni écoute de l'autre.

— Je sais tout cela, cher ami, l'interrompt Barrow, et je vous en admire d'autant plus. Mais ignorez-vous que tous les mathématiciens du royaume, sans oublier ceux d'Italie, de Hollande et de France, se penchent sur le problème depuis des décennies ? Il était inéluctable qu'un jour ou l'autre cela paraisse. Rien d'étonnant à ce que ce soit l'école de John Wallis qui y soit arrivée la première. Si vous m'aviez écouté...

— Publier, n'est-ce pas ? Livrer ces perles aux pourceaux et ces roses aux ânes, avant même d'en composer un diadème à la gloire du Créateur et à l'harmonie de l'univers tel qu'Il l'a conçu ? Ma méthode de calcul des séries infinies et celle des fluxions ne sont pour moi que des outils qui me permettront d'arriver à la Vérité universelle. Que m'importe à moi, que mon nom paraisse et que j'en touche les dividendes ? Je ne suis pas un Mercator, moi ! Mercator, le marchand, ah que ce nom lui va bien !

Cette fois, le paisible Barrow sort de ses gonds. Il se frappe le poing droit dans la paume gauche et jure :

— Que Dieu me damne, monsieur Newton, mais vous êtes la plus sacrée tête de mule que j'aie jamais rencontrée dans ma vie. Par le sang du Christ, quand comprendrez-vous enfin que communiquer vos résultats aux personnes que je vous indiquerai vous permettra de me remplacer à la chaire Lucas, et d'y faire ce que vous voudrez en toute tranquillité, sans avoir de comptes à rendre à personne ? Vous affirmez, monsieur Newton, que ce ne sont que des outils ? Eh bien, prêtez-les, vos fichus outils, au lieu de crier sans preuve qu'on vous les a volés ! Que je vous les ai volés, moi que vous voyez comme un intrigant en quête de places et d'honneurs ! Croyez-vous que ce soit de gaieté de cœur que je vais écouter en confession les turpitudes du Stuart ? Croyez-vous que c'est pour la vanité de recevoir je ne sais quel prince Médicis ou d'Orange visitant Cambridge que j'ai postulé à la charge de directeur de Trinity ? Ou pour les émoluments que cela me rapportera ? N'avez-vous jamais supposé que ces reniements qui me déchirent l'âme ne sont que pour défendre notre cause, pour que triomphe la philosophie naturelle ? Pour que vous, Isaac Newton, puissiez œuvrer sans vous renier ?

Il respire un grand coup pour reprendre son sang-froid. Et il s'aperçoit qu'en face de lui, paupières baissées, Newton pleure. « Ma parole, c'est épouvantable, songe-t-il. Cet homme-là m'aime. Il m'aime comme un fils aime son père. Ou comme une fille son souteneur. Il ne souhaite que cela : une réprimande. Pour un peu, si je sortais mon ceinturon, il baisserait culotte et tendrait ses fesses à la correction. » Après un long silence, il poursuit, d'un ton redevenu affectueux :

— Pour une fois, Isaac, mon ami, écoutez-moi, faites-moi confiance ! Laissez-moi communiquer votre travail sur les séries infinies à un ami sûr et de grande influence. Je vous promets que dans un premier temps, je ne lui donnerai pas votre nom, et que je prendrai sur moi toutes les critiques, s'il y en a.

Newton renifle et dit :

— Qui est cet ami sûr ?

Enfin, ça y est ! La partie est presque gagnée…

— Il s'agit de John Collins. Un homme plutôt étonnant. Sa fortune lui donne le loisir de se passionner pour les mathématiques, dans lesquelles, il le reconnaît lui-même, il est loin d'être un virtuose. Il sert ainsi de messager entre tous les géomètres du royaume et de l'étranger, les aide à publier leurs travaux, et surtout les informe des dernières découvertes et nouveautés. C'est lui qui m'a envoyé le livre de Mercator. C'est par lui que vous pourrez prouver votre antériorité.

— Eh bien, puisqu'il le faut, soupire Newton, communiquez donc à ce monsieur ce que je vous ai confié. Ou plutôt non, il faut d'abord que je reprenne et corrige mon traité. Donnez-moi une semaine.

Cette fois, c'est gagné ! Dès que Newton, résigné, le dos rond, est sorti, Barrow rédige une lettre pour Collins : « Un de mes jeunes collègues, qui a un excellent génie de ces choses, m'a apporté l'autre jour quelques papiers sur lesquels il a inscrit des méthodes pour le calcul des dimensions de magnitude comme celles de M. Mercator sur l'hyperbole, mais en plus général… » Avec ça, Collins, cet amateur passionné de mathématiques dont Barrow connaît les emballements, va être appâté.

Une semaine plus tard, comme promis, Newton rapporte un article intitulé en latin *De l'analyse par les séries infinies*. C'est époustouflant. Non seulement il avait trouvé la série de Mercator bien avant lui, mais il invente maintenant une méthode générale pour faire sur toutes les courbes ce qu'on vient d'essayer sur l'hyperbole. Et grâce au cercle, il peut écrire les développements en séries infinies de toutes les fonctions trigonométriques !

— Je ne veux pas qu'il soit publié, dit-il, mi-suppliant, mi-péremptoire. Mais cela suffira à prouver à votre ami Collins que le « marchand » n'a nulle antériorité. Précisez-lui bien que ce travail a quatre ans d'âge. Et demandez-lui de me le renvoyer une fois qu'il en aura pris connaissance.

C'est stupide. Seule une publication pourrait démontrer cela. Mais enfin, pour Barrow, la chose n'a plus d'importance. Il pourra sans problème démissionner de la chaire Lucas et proposer son successeur. Pour le reste, que Newton se débrouille tout seul. Il n'est pas son père, après tout.

C'est alors que son interlocuteur sort de sa poche une enveloppe décachetée :

— Lisez cela, mon cher maître. Vos amis sont décidément pleins de sollicitude pour moi.

C'est une lettre de Henry Oldenburg. Comme Barrow le lui a demandé, le président de la Royal Society s'y montre extrêmement subtil et prudent. Il laisse entendre à Newton que d'autres personnes, en particulier Huygens, ce cartésien notoire, est en passe lui aussi de construire un télescope à réflexion, et que seule la Royal Society pourrait protéger l'invention du natif de Grantham. En l'en informant sans consulter Newton, Barrow a commis, de façon délibérée, une grave indiscrétion. Comment l'autre fou va-t-il réagir ?

— Pardonnez ma légèreté, cher Isaac, dit-il enfin, mais tant de bruits courent : on dit que d'autres personnes, dont Robert Hooke, finiraient par trouver eux aussi une lunette ne subissant pas d'aberrations chromatiques. Alors, je me suis permis d'informer sir Oldenburg en toute urgence.

Newton a un drôle de sourire et, se frottant les mains comme un fripier venant de faire une bonne affaire :

— Ah, mon cher Isaac, mon cher Isaac…

Barrow sursaute. C'est la première fois qu'il est ainsi appelé par son prénom.

— Ah, mon cher Isaac, ma piètre intelligence ne peut saisir tous les arcanes qui commandent à ces respectables assemblées de savants. Et je n'ai aucune envie d'essayer de les comprendre. Il me serait de fait désagréable qu'un autre s'approprie le fruit de mes travaux, mais je n'ai aucun goût pour la course aux honneurs. Je viens donc d'envoyer la description de mon télescope à sir Oldenburg ; je vous donne mon accord pour que vous communiquiez mon *De Analysi* à votre ami Collins, mais, par pitié, que l'on ne fasse pas de tapage autour de mon nom ! J'ai fait ce qu'il fallait faire. Maintenant, qu'on me laisse en paix. Les recherches que je poursuis actuellement occupent tout mon temps. Vous remplacer à la chaire lucasienne sera pour moi le plus grand des honneurs, mais aussi le garant de la tranquillité à laquelle j'aspire. Vous qui connaissez le monde, cher Isaac, pouvez-vous régler ces affaires ?

Ces paroles ont au moins le mérite de la clarté : Newton annonce que, dorénavant, il ne s'occuperait plus de mathématiques ni d'astronomie, et se consacrerait exclusivement à l'alchimie. Mais, surtout, avec ces paroles qui veulent montrer son désintérêt de toute notoriété, il vient de prendre l'ascendant sur Barrow. Ce dernier n'a fait que dévoiler ses ambitions terrestres, tandis que Newton s'est posé comme un esprit pur, n'œuvrant que pour la Vérité. En acceptant d'offrir au monde sa méthode des fluxions et des suites infinies, d'exhiber son télescope à réflexion sur la place publique, Isaac Newton a déchiré sa chrysalide. Et il a réduit les autres, les More, les Wallis, les Descartes, les Huygens et *a fortiori* les Barrow ou les Mercator au simple rôle de comparses. C'est comme si ces gens n'avaient été que les échafaudages masquant un temple, le temps de sa construction. Ces échafaudages viennent d'être démontés, et le temple apparaît dans toute sa splendeur.

Après ces deux corvées, la rédaction de *De analysi* et la description de son télescope, Newton n'a plus qu'un seul souci : retourner à ses chaudrons pour découvrir le secret de la matière. Barrow est ébloui, et en même temps un peu amer. La formule consacrée, « l'élève a dépassé le maître », est bien pâle par rapport à la métamorphose qui se passe sous ses yeux. Il n'y a plus qu'un maître, Isaac Newton, un maître sans élève. Quant à Barrow et ses amis, ils sont désormais destinés à sombrer dans les oubliettes de la science.

Une dizaine de jours plus tard, Barrow reçut de Collins une lettre débordant d'enthousiasme. Puisque l'auteur de *De analysi* refusait d'être publié, le correspondant londonien avouait avoir usé d'un procédé un peu cavalier : recopier le texte en question et le diffuser. Bertet et Vernon, en France, le reçurent, mais aussi Gregory, l'autre disciple de Wallis, en Écosse, mais encore Borelli en Italie, René de Sluse en Hollande... Pas du tout rancunier, Mercator cria partout à Oxford qu'il avait trouvé son maître, et que ce Newton était le plus grand mathématicien du siècle.

La renommée mondiale du natif de Grantham se faisait, mais elle se faisait sans lui. Il en ignorait tout. Alors, comme par inadvertance, il fut élu le 29 octobre 1669 professeur de la chaire Lucas de mathématiques du Trinity College de Cambridge. Il revêtit la toge écarlate de sa nouvelle fonction et prêta une nouvelle fois serment d'allégeance à l'Église d'Angleterre.

Immédiatement après, il se rendit à Londres, en coup de vent, dans sa petite voiture qui n'était plus sortie de l'écurie depuis son retour à Cambridge, quinze mois auparavant. John Collins vint le visiter à son auberge. L'homme lui plut, par son admiration sincère et sans flagornerie. Il accepta d'entrer en correspondance avec lui, sur la question des séries harmoniques, qui passionnait Collins bien qu'il n'y comprît pas grand-chose. Pourtant, Newton aurait voulu abandonner l'étude des mathématiques ; pour lui, son *De Analysi* avait mis un point final à la question du calcul différentiel et intégral. D'ailleurs, à Londres, il avait d'autres choses plus importantes à faire, comme de se procurer livres et instruments d'alchimie qu'il n'aurait pu trouver à Cambridge. Mais il se dispensa de visiter le président de la Royal Society, Henry Oldenburg, comme le lui avait recommandé Barrow. Ce dernier avait exhibé, devant la société savante, un modèle du télescope à réflexion que son ancien disciple Newton avait consenti à lui prêter. Oldenburg, en échange, garantit de communiquer cette démonstration à divers astronomes européens, dont Cassini et surtout Huygens, afin de certifier l'antériorité de Newton sur cette invention. Robert Hooke, qui avait développé ses propres travaux sur l'optique, s'était montré le plus intéressé.

Newton repartit de Londres très satisfait. Il avait fait ce que Barrow lui avait demandé, rencontrer Collins. À son tour maintenant de tenir ses promesses : Barrow était devenu un personnage très puissant, qui seul pourrait le défaire de son serment de servir l'Église d'Angleterre.

Sitôt de retour à Cambridge, bien décidé désormais à vivre en reclus, loin du tumulte de la capitale et des basses ambitions de ses collègues, le nouveau professeur de la chaire Lucas organisa son temps à l'heure près. Suivant les conseils de Barrow, il bloqua ses cours sur le premier trimestre et y enseigna l'optique à une poignée d'étudiants.

Mais il était dit que les mathématiques ne le laisseraient jamais en paix. Barrow et Collins le harcelaient, comme pour l'empêcher de s'immerger enfin dans l'art chimique. Le premier avait décidé de publier ses cours, pour partir en beauté de sa chaire lucasienne. Et, naturellement, il avait demandé à son successeur de corriger ses manuscrits. Newton ne pouvait lui refuser cela. Le second lui envoya la *Mécanique* de

Wallis et entreprit une correspondance assidue. Pour Collins, les mathématiques n'étaient qu'un jeu mondain. Il s'amusait à poser à Newton des problèmes de plus en plus ardus. Problèmes que Newton résolvait en un tournemain. Mais cette correspondance lui prenait une bonne partie de son temps. Un jour de février 1670, Collins écrivit à Newton pour le presser de communiquer ses travaux à la Royal Society. En réponse, Newton fut grossier, demandant « qu'on » ne lui envoie plus de livres, mais « qu'on » se contente de l'informer simplement de ce qui se publiait, et « qu'on » ne le dérange plus dans ses propres travaux. Collins comprit la leçon. Plusieurs mois durant, leur correspondance cessa.

Toute l'année 1670 fut ainsi dévorée par ce calcul des séries infinitésimales, qui ne l'intéressaient plus depuis qu'il estimait les avoir résolues. Enfin, quand, le 25 décembre de cette année-là, il fêta à Woolsthorpe en famille Noël et ses vingt-huit ans, il se fit le serment de ne plus se consacrer désormais, dans le secret de son laboratoire, qu'à la transmutation des métaux, au Grand Art.

Mais quelque chose pouvait contrecarrer cette décision, bien plus lourdement que l'envahissante vénération de Collins à son endroit, les ambitions de Barrow ou la préparation de ses cours ; une babiole bricolée par lui lors de ses loisirs forcés et bucoliques durant la grande peste : la lunette astronomique à réflexion. Il pensa à cela, lors de sa dernière nuit au manoir, dans sa chambre d'enfant où il s'obstinait toujours à dormir lors de ses passages. Personne n'avait le droit d'y entrer hors de sa présence. Tout était resté en place depuis son séjour prolongé durant la grande peste. En place, d'ailleurs, n'était pas le mot juste, tant le désordre y était grand. La large toile blanche, qui avait pris une teinte grisâtre, avec une petite tache jaune en son milieu, pendait au mur du fond comme la voile d'un vaisseau fantôme. Newton avait seulement décroché le petit crucifix au-dessus de son lit, estimant qu'il n'avait nul besoin de ce genre d'intermédiaires entre lui et le Seigneur de toutes choses, mais la trace en était restée, très blanche sur le mur incrusté de poussière.

Il décida de tout emporter à Cambridge, ses cahiers, ses instruments. Il ferait le tri là-bas. C'était autant de preuves de son antériorité dans tous les domaines qu'il avait explorés. Il ouvrit une grosse malle que scellaient des toiles d'araignée. Elle était vide, ou presque. Au fond, posée en diagonale, une longue et lourde canne en bois d'olivier, et dont le pommeau en ivoire jauni représentait un sphinx.

— Par exemple, s'exclama-t-il, le bâton d'Euclide ! Je t'avais oublié, toi !

Sir Askew le lui avait donné quand il n'avait que dix ans... Le lui avait transmis plutôt, comme s'il adoubait un futur chevalier du Savoir. Un détail lui revint. Avant de lui confier le précieux objet, le vieux gentilhomme en avait dévissé le pommeau et examiné avec attention l'intérieur, comme pour vérifier si quelque chose qu'il y aurait introduit s'y trouvait encore ; puis il l'avait revissé, l'air satisfait mais mystérieux, sans faire aucun commentaire.

Le jeune Isaac n'avait pas eu le temps de dévisser à son tour le pommeau et d'explorer l'excavation, car sitôt arrivé au manoir de Woolsthorpe, son parâtre exécré, le pasteur Smith, s'était emparé de la canne. Puis quand, à la mort tant souhaitée de ce dernier, le garçon avait récupéré le bâton, il n'y avait plus pensé... Tout cela lui revenait maintenant... Qu'est-ce que sir Askew avait bien pu dissimuler dans le bâton d'Euclide ? Il se remémora ces merveilleuses histoires où le vieil homme contait comment, au cours de nombreux siècles, la canne avait successivement servi de cachette à tant de secrets manuscrits...

Alors, le cœur quelque peu battant, le plus tout jeune Isaac Newton dévissa le pommeau à tête de sphinx, plongea deux doigts dans la cache creuse et en extirpa un fin étui de soie rouge. Il le dénoua... Sur un bout de papier jauni et taché qu'il approcha de la lueur de sa chandelle, Newton déchiffra ces lignes griffonnées d'une petite écriture serrée, en latin :

J'ai émis l'hypothèse qu'une planète deux fois plus éloignée du Soleil qu'une autre était mue par une force deux fois plus faible. Dieu, dans Son infinie sagesse, a fini par éclairer les ténèbres de mon esprit : cette force est en réalité quatre fois plus faible. Je corrige aujourd'hui mon erreur, et reformule ainsi, pour la postérité, la loi que j'écrivis dans L'Astronomie nouvelle *et* L'Épitomé *: « Les forces qui gardent les planètes sur leurs orbes doivent être comme l'inverse des carrés des distances qui séparent les centres autour desquels elles tournent. » C'est ainsi que l'attraction de la Lune s'étend jusqu'à la Terre, et attire les eaux des marées. J'ai aussi comparé la force requise pour garder la Lune sur son orbe avec celle de la pesanteur à la surface de la Terre, laquelle suffit à faire tomber une pomme. J'ai trouvé qu'elles sont identiques.*

Signé : Johann Kepler, 13 avril 1630.

Newton resta comme paralysé durant de longues minutes. Une révélation terrible se faisait jour lentement dans son esprit. Kepler, à la veille de trépasser, avait découvert la loi de la gravitation universelle avant lui ! Lui, Isaac Newton, qui devait être le premier, l'unique prophète de la nouvelle philosophie naturelle... Non, jamais personne ne devrait apprendre cela. D'une main légèrement tremblante mais résolue, Newton approcha le bout de papier de la flamme. Le testament intellectuel de Kepler brunit, se tortilla en rougeoyant, finit par se consumer au sol. Newton écrasa les dernières cendres du pied, eut un mince sourire, empoigna le bâton et dit à voix haute :

— Maintenant, on ne se quittera plus, tous les deux, nous ferons désormais la route ensemble.

Deux mois plus tard, Wickins était de retour à Cambridge après une longue absence. Des affaires familiales l'avaient retenu fort longtemps dans ses propriétés. Il avait grande hâte de retrouver son ami Isaac pour accomplir la mission dont Barrow l'avait chargé. Il surprit, dans le salon, le valet James qui prenait ses aises dans le fauteuil de Newton, et buvait leur meilleur porto. Trop surpris par ce manque de vergogne, Wickins se contenta de demander :

— Sir Isaac est absent ?

— Non, il est en bas, dans son laboratoire, comme il dit. On dirait plutôt l'antre du diable.

— J'y vais. Mais, toi, tu ne perds rien pour attendre.

Le laboratoire était envahi par une vapeur âcre. En y pénétrant, Wickins suffoqua.

— Eh bien, Isaac, lança-t-il après une quinte de toux, quelle cuisine nous préparez-vous là ? Comment pouvez-vous respirer dans cette fumée ?

Newton ne s'aperçut pas de l'entrée pourtant tonitruante de son ami. Il mélangeait, avec un pilon, dans un vase transparent, du mercure et du salpêtre. Ce ne fut que quand Wickins ouvrit en grand la fenêtre et qu'un courant d'air frais vint lui caresser la nuque qu'il se retourna et s'exclama :

— Vieux John, vous voilà donc de retour ! Vous tombez bien, je vais avoir besoin de vous.

Il avait l'air de bonne humeur et vraiment content de revoir son ami. Mais, comme d'habitude, ses mots d'accueil étaient pour mettre les bras musculeux de Wickins à contribution. Aussi le fidèle compagnon dut-il déplacer de quelques pas, et sans comprendre pourquoi, un des nouveaux fourneaux que Newton avait fabriqués en son absence. Par bonheur, il n'était que tiède. « Vieux John » avait toujours vu son ami pratiquer des expériences chimiques. Mais, désormais, le laboratoire se trouvait entièrement envahi par des ustensiles en tous genres, bocaux, chaudrons, vases de formes diverses, cornues... sans oublier ces quatre gros fours. Distrait dans son travail, Newton refusa de s'y remettre, malgré l'invite de Wickins. Au contraire, alors que l'atmosphère de la pièce s'assainissait, il sortit d'un petit placard une bouteille de Malaga, deux verres, et s'assit, jambes pendantes, sur un coin de la table.

— Alors, mon vieux John, j'espère que vos élèves ne vous ont pas trop manqué, durant votre long séjour à Londres.

— Je suis sûr que je ne leur ai pas manqué non plus ! Ah, j'allais oublier... Je deviens aussi distrait que vous, ma parole. Cet abruti de James a laissé traîner ce courrier dans le salon sans consentir à descendre vous le remettre. Vous n'êtes pas assez sévère avec lui, et il sait bien en profiter. Je m'en vais lui astiquer un peu les reins, sitôt que j'aurai remis la main dessus.

Newton sourit. Ce qu'il aimait surtout chez Wickins c'était que le brave garçon connaissait ses propres limites et l'infinie supériorité de son compagnon d'appartement.

— Vous ne lisez pas votre courrier ?

— Vous permettez ?

Et Wickins se planta les yeux au plafond, par discrétion. Mais Newton voulait lui faire profiter de sa correspondance.

— Évidemment ! Cette glu de John Collins ! Je le finirai, son *De Methodis*, je le finirai, mais qu'il me laisse un peu en paix. Je ne suis pas d'humeur en ce moment. Et il m'expédie encore un livre ! Ah ! le dernier opus de Borelli. Croit-il que j'aie le temps de m'intéresser de nouveau à ces choses ?

— J'ai rencontré Collins à Londres, dit Wickins, alors que j'allais faire ma visite à sir Barrow. Il ne tarit pas d'éloges à votre sujet.

— Ah oui ? grinça Newton qui se demanda soudain si, par hasard, son compagnon ne serait pas lui aussi du complot.

À ce changement de ton, Wickins préféra aborder un autre sujet :

— À propos de Barrow, son affaire est pratiquement jouée : il sera le prochain Master du collège.

Newton se décrispa : sa dispense ecclésiastique dépendait de cette nomination. Cependant, Wickins se dit que la tâche que lui avait demandé d'accomplir Barrow et Collins, pousser son ami à envoyer communication sur communication à la Royal Society, était au-dessus de ses forces.

Isaac continuait de dépouiller son courrier, mais en silence, maintenant. Il écarta une nouvelle demande de James Gregory à propos du calcul intégral. En revanche, il lut avec le plus vif intérêt une lettre parvenue de Paris : un mot fort aimable de Christian Huygens. L'astronome et mécanicien hollandais, choyé par Colbert, le félicitait sur la description de son « merveilleux télescope » que lui avait communiquée la Royal Society, et le sollicitait pour qu'il lui envoie tout ou partie de ses cours d'optique. Isaac aimait bien Huygens parce qu'il avait dit des *Principes de la philosophie naturelle* de Descartes que c'était « un roman ». La dernière lettre, enfin, était d'Oldenburg. Lui aussi lui demandait de compléter cette description par ses travaux sur la réfraction de la lumière. Il lui annonçait également que l'évêque de Sarum, Seth Ward, avait proposé sa candidature à la Royal Society. Newton ricana :

— Voilà l'évêque de Sarum devenu le plus fervent soutien de l'antitrinitaire Isaac Newton, la chose est pittoresque !

Il lui faudrait répondre. Et il se dit qu'au fond la meilleure façon de se débarrasser de Collins et de ses stupides problèmes résolubles en un instant, ce serait d'expédier aux autres son travail sur l'optique. Il s'avouait d'ailleurs avoir un peu délaissé ses recherches sur la lumière et les couleurs. Les mathématiques, cela faisait longtemps qu'il en avait fait le tour. Qu'en pensait Wickins, si toutefois il pensait quelque chose ? Newton joua la comédie de la lassitude.

— Comment pourrais-je faire comprendre à ces gens qu'ils me laissent enfin en paix ? Collins, ce vibrion de l'algèbre... Et les autres, leurs demandes répétées, cet évêque qui se prend de passion pour moi...

Il avait fait semblant de parler pour lui-même, mais Wickins le connaissait trop bien pour comprendre que c'était à lui qu'il s'adressait : Newton avait besoin de ses conseils.

— Que faites-vous, demanda-t-il de son air éternellement hilare, quand une mouche, un jour d'orage, ne cesse de vous harceler ?

— Qu'est-ce que vous allez encore m'inventer avec vos mouches ? bougonna Newton qui avait fort bien compris où l'autre voulait en venir. Je la chasse, voilà tout.

— Mais elle revient, elle revient se poser sur votre front, tente de pénétrer dans votre oreille...

— C'est dégoûtant ce que vous me racontez là. Eh bien, je vais chercher une tapette, je me mets à l'affût et vlan ! je l'écrase.

— Eh bien voilà ! Écrasez-les, écrasez-les de votre savoir ! Livrez-leur ce qu'ils vous demandent. Alors, seulement, ils n'oseront plus vous solliciter, tant votre supériorité sur eux les frappera de stupeur.

— Peut-être, mais votre ami Collins est un insecte autrement harcelant.

Wickins haussa les épaules et bougonna :

— Je ne suis pas son ami, que me chantez-vous là ? Je ne l'ai vu qu'une fois, chez Barrow. Il vous vénère comme une idole. Usez-en avec lui comme moi avec cet abruti de James : rudoyez-le !

— Quoi ? Vous voulez que je lui chicote les fesses ? répliqua Newton en riant franchement.

Il était soulagé : Vieux John n'était pas passé de l'autre côté, comme il en avait eu le soupçon.

— Bien sûr que non, répliqua Wickins en riant lui aussi de voir son ami pour une fois joyeux. Mais votre réponse à sa lettre devra être une telle volée de bois vert qu'il n'y reviendra pas de sitôt. Je vous aiderai à la rédiger, car, ma foi, je suis assez doué dans ce domaine.

Ainsi fut fait. Pour le reste, Newton ne fit pas les choses à moitié. Barrow lui avait appris que la Society avait commandé à un fabricant londonien de construire un télescope à réflexion de quatre pieds de long, selon ses plans. Mais les miroirs de l'instrument, défectueux, commettaient nombre d'aberrations. Ce fut une lettre d'un Robert Hooke sincèrement désolé qui le lui apprit. Newton crut au contraire que son ennemi s'en réjouissait. Alors il entreprit de fabriquer lui-même une nouvelle lunette. Il en informa Oldenburg, mais pas Hooke ; en revanche, il leur envoya à tous deux une note sur les meilleurs alliages capables de produire les meilleurs miroirs. Ce faisant, il indisposait le curateur des expériences de la Société, Robert Hooke bien sûr, mais en même temps il ne se posait non plus en géomètre, mais en chimiste. En alchimiste.

Pour toute réponse, la Royal Society lui annonça son élection en son sein. En lisant cela à un Wickins éperdu de bonheur, Newton sentit monter en lui un sentiment étrange qu'il ne connaissait pas : il était reconnu, il existait.

8.

Que la lumière soit !

Dans son atelier empli d'horloges à moitié démontées, de rouages et de pistons, baromètres, dessins d'engins volants, d'un thermomètre à alcool et d'un microscope de son invention, Robert Hooke étouffe de rage. Enfoui sous ses couvertures, il est persuadé qu'il se meurt de consomption et qu'il ne verra pas le bout de l'année. Cet atrabilaire croit que son heure est venue, tant sa fureur est grande. Trop souffrant, il n'a pu assister à la séance de la Société où Oldenburg a lu la description du télescope à miroirs de Newton. Il a maintenant non seulement cette description sous les yeux, mais l'instrument lui-même. Il l'a examiné avec soin, comme c'est sa mission de curateur des expériences au sein de la docte assemblée de philosophes.

C'est à peu près la même lunette qu'il a fabriquée huit ans auparavant, lunette d'ailleurs elle-même inspirée du modèle que lui avait confié l'astronome James Gregory. Mais là n'est pas la cause de sa fureur. Elle va plutôt à l'encontre d'Oldenburg. Pourquoi a-t-il pris tant de soin à protéger la prétendue invention de Newton, en en faisant part de façon solennelle aux savants étrangers comme Huygens, qui est l'honnêteté même, alors que jadis, le secrétaire de la Society n'avait pas pris autant de précautions avec sa propre invention ? Ce qui avait permis à l'obscur mécanicien français Cassegrain de la plagier. Cela fait longtemps qu'Oldenburg, cet être paperassier et tatillon, sans aucun esprit philosophique, l'horripile. Mais là, c'est l'évidence même, l'autre cherche à lui nuire en lui déniant toute antériorité.

Quant à ce Newton, *a priori*, Hooke n'a rien contre lui. Le protégé de Barrow et de Collins est effectivement un calculateur hors pair, il a pu le constater. Mais l'homme, que Hooke ne connaît que par sa correspondance avec Collins et Oldenburg, lui paraît extrêmement désagréable et arrogant. Ces façons de se faire prier avant de consentir à se faire élire à la Society, et puis, une fois élu, de ne pas se déplacer pour rendre visite à ses nouveaux collègues, sous prétexte de ses nombreuses occupations ! De nombreuses occupations, à Cambridge ! On dirait cela à un cheval de bois, il ruerait !

Collins, qui sert d'intermédiaire entre la Société et Hooke durant sa maladie, lui a affirmé avec des airs mystérieux que Newton se livrait là-bas à d'importantes expériences chimiques. Ainsi, Newton est tombé dans le piège des sciences occultes. Normal, avec un maître comme Barrow ! Hooke, lui, a toujours refusé d'y sombrer, et il a même réussi à en sortir son ancien protecteur, Robert Boyle.

Hooke entreprend maintenant de lire le discours que Newton a tellement tardé à communiquer, et qui est censé expliquer comment il a conçu sa lunette par, dit-il, « une découverte philosophique la plus étrange, sinon la plus importante révélation faite à ce jour des opérations de la Nature. » La modestie ne semble pas être chez Newton une vertu cardinale, et Hooke trouve que, décidément, ce jeune homme est boursouflé de suffisance. De plus, il pénètre dans son domaine de prédilection, pour lequel il a rédigé, en 1664, ce qu'il considère comme son chef-d'œuvre : *Micrographia*. Lui aussi y a dévoilé quelques « importantes révélations ».

En préambule, Newton affirme que « la grande et principale affaire, dans le domaine de la physique, c'est de raisonner sur les phénomènes sans le secours d'hypothèses imaginaires ». Cela, Hooke ne peut que l'approuver. Vient ensuite la façon dont il est parvenu, au moyen de deux prismes, à décomposer la lumière blanche en faisceaux de couleur, puis à la recomposer.

C'est remarquable, et Hooke s'en veut de ne pas avoir pensé à faire cette expérience lorsqu'il perfectionnait sa propre lunette à miroirs et son microscope. Il est vrai qu'il s'intéressait moins aux aberrations chromatiques qu'à la manière d'y remédier. Ce n'est qu'ensuite qu'il s'est appliqué à les expliquer. Une démarche complètement à l'opposé de celle de Newton, mais qui a ses avantages.

Il poursuit sa lecture et sursaute à la mention de son nom. Il croit d'abord à un hommage, il relit pour s'apercevoir que Newton prétend donner l'explication « d'une expérience rapportée par M. Hooke quelque part dans ses *Micrographia* ». Mais lui-même a démontré le phénomène des interférences à partir du passage de la lumière à travers une lame mince ! Quel aplomb ! Quel mépris pour les résultats d'autrui ! Il doit bien y avoir une faille dans le travail de ce blanc-bec. Hooke la cherche. Il la trouve, sous la forme d'une hypothèse affirmée péremptoirement : les couleurs seraient des « rais » de corpuscules. De son côté, Hooke estime que la lumière est une pulsation, une onde, un mouvement... Autre hypothèse, certes, mais qui a le mérite de s'afficher comme telle. Toutes les expériences, y compris celle de Newton, semblent en tout cas la confirmer.

Hooke en est tout ragaillardi. Allons, il a encore quelques beaux jours devant lui ! Le nain souffreteux se met à marcher de long en large dans son atelier. Puis il se hisse dans son fauteuil et rédige sa réponse, qu'il compte bien lire lui-même à la tribune de la Royal Society...

Newton écume. Il vient de recevoir le récit, par Oldenburg, de l'intervention de Hooke à la Royal Society. Ce n'était pas tant le ton hautain et condescendant du curateur qui le fait bouillir, ni sa revendication feutrée de l'antériorité sur sa démonstration de la réfraction de la lumière. C'est sur le mot : hypothèse. C'est de sa faute à lui, à son imprudence. Qu'a-t-il eu à avancer l'idée que la lumière est composée de rais de particules, alors qu'il ne peut pas le démontrer ? Est-ce le fantôme de Descartes, son univers de mécanique et de tourbillons qui lui a soufflé d'avancer cela ? Ou bien cette bouffée de bonheur qu'il a ressentie quand il a appris son admission à la Société ?

Ou encore ce grand soulagement quand enfin Barrow, devenu Master du Collège, l'a délivré de son triple serment de servir l'Église d'Angleterre ?

Il se le jure : jamais plus il ne communiquerait quelque chose qui ne soit pas achevé, dont chaque proposition serait irréfutable. C'est ce qu'il a accompli avec son calcul des infiniment petits, c'est ce qu'il fera pour la physique. Il sait détenir dans sa tête la Vérité du monde, comme une immense tapisserie. Mais c'est autre chose de se mettre devant le cadran et de la tisser, pour la révéler aux autres.

La communication de Hooke vient de lui faire comprendre que jusqu'à présent son esprit extraordinairement rapide était toujours parti d'une intuition, donc d'une hypothèse, avant d'observer puis de démontrer. Le commun des mortels, les Hooke, les Huygens, lui riraient au nez s'il leur révélait cette inspiration, qui est d'essence divine. Eux ne fonctionnent qu'à l'instinct, qu'ils appellent hypothèse. Il faut donc agir autrement. Inventer une méthode démonstrative et claire.

En astronomie physique, ce serait facile de le faire, et ce n'est pas urgent. En optique, malgré sa téméraire hypothèse des corpuscules, l'affaire est elle aussi pratiquement bouclée. Quant à l'art chimique, il lui reste encore bien du chemin à parcourir. Ce sera peut-être cet art chimique qui donnera la clé de la nature des couleurs. Ondes ou corpuscules ? Quand il aura résolu tout cela, il pourra enfin escalader la voie ardue montant à la cause première. L'Être incorporel, vivant, omniprésent dans l'espace infini, voit intimement les choses en elles-mêmes, les comprend entièrement parce qu'elles lui sont immédiatement présentes.

Cette tâche l'exalte. Dieu lui en donnera-t-il le temps ? Dieu, peut-être, mais pas les hommes. Une pile de lettres ouvertes s'entasse sur son bureau. Il lui faut répondre à toutes, à commencer par celle d'Oldenburg qui lui demande de répliquer aux objections de Hooke. Puis à celle de l'inévitable Collins, qui se propose de publier ses cours d'optique. Puis à Huygens, qui commence à émettre des objections sur sa théorie des couleurs. Et encore à quelques autres, qui vaticinent dans des suggestions idiotes n'ayant aucun rapport avec le sujet.

S'il se tait, cet essaim de mouches croira qu'il s'avoue vaincu. Il entreprend donc la rédaction de ses réponses, avec une virulence frôlant l'injure. C'est surtout Hooke qu'il veut écraser. Il espère ainsi que, terrorisés, ces fâcheux abandonneront enfin la partie.

Dix-huit mois durant il cessa tout envoi de lettre, se contentant d'accuser réception des livres que Collins, Huygens ou Boyle lui envoyaient. À la rentrée suivante, il abandonna ses cours d'optique et consacra exclusivement son enseignement à l'algèbre. Pourtant, les mystères de la lumière le hantaient. Plus le temps de sa polémique avec Hooke s'éloignait, plus il se rongeait d'avoir commis l'erreur d'avancer l'hypothèse des corpuscules. Pas un instant, l'idée qu'il ait pu se tromper ne l'effleura. Le doute était un sentiment qui lui était complètement étranger. Et puis ç'aurait été reconnaître que Hooke avait raison.

Il entreprit alors de marier étroitement ses recherches sur la lumière et celles sur la pierre philosophale, en se consacrant à la fonte et au polissage du verre. Il se tua à l'ouvrage. Comme la fumée le faisait tousser, il se crut atteint d'une phtisie et se soigna lui-même avec un mélange à base de mercure, comme il l'avait lu dans un recueil alchimique datant de deux siècles. Il passait ses jours et ses nuits devant ses fours ou polissant le verre, oubliant de se nourrir ou de dormir. James devait s'y prendre à plusieurs fois pour lui annoncer l'heure du dîner, quitte à le tirer par la manche. Un jour, le domestique avait dû ramener presque de force son maître dans son appartement : celui-ci était sorti prendre l'air dans le parc du collège et déambulait dans les allées, soliloquant, dessinant parfois des formes géométriques sur les graviers de l'allée avec sa grosse canne qui ne le quittait jamais, et surtout, lui d'ordinaire si soigneux de sa personne, en robe de chambre.

Quand Wickins rentra d'une de ses innombrables absences, James, l'avant-bras devant le visage, lui annonça d'un air affolé qu'il croyait que sir Newton devenait fou.

Mort d'inquiétude, le « Vieux John » descend au laboratoire. Effondré dans un fauteuil, Newton sanglote :

— Je suis un imbécile, je suis un imbécile… Jamais je n'y arriverai. Mieux vaudrait mourir…

Wickins s'élance vers lui et lui entoure les épaules de son bras musculeux :

— Isaac, mon cher Isaac, comment osez-vous dire des choses pareilles ! Que se passe-t-il, mon ami ? Qu'avez-vous ?

Newton se dégage avec violence et se redresse :

— Ah ? Vous êtes là, vous ?

En le voyant ainsi, debout et vacillant, les genoux pliés, Wickins est épouvanté. C'est un vieillard. Ses joues bleuies sont creusées et font encore plus ressortir sa mâchoire. L'œil au cerne violet est injecté de sang, son opulente chevelure est striée de longues traînées de neige. Par plaques, on entrevoit son crâne. Newton devient chauve !

— Comment vous êtes-vous mis dans un état pareil ? Quand prendrez-vous enfin un peu de repos ?

— Du repos, Vieux John, du repos… J'ai calculé mon horoscope. Dans quatre cent dix-sept jours et trois heures, je serai mort. C'est inéluctable.

— Si vous continuez ainsi, c'est plus que probable. Vous ne mangez pas, vous ne dormez pas, vous vous tuez à la tâche. Mais, que Dieu me damne, sortez un peu de votre fichu laboratoire ! Vous qui ne jurez que par votre maudite philosophie naturelle, allez donc la voir, cette nature que vous exaltez. Elle est là, pas loin, avec ses oiseaux qui font vibrer les arbres verts de leurs chants, elle est dans le bouillonnement de vie qui nous entoure, hors des murs de Cambridge. Sortez, sortons ! Eh bien non, au lieu de ça, vous restez ici à vous faire des cheveux blancs !

Newton a un sourire pitoyable :

— Ce n'est pas la fatigue qui me les fait blanchir. Ils prennent la couleur du vif-argent, voilà tout.

Wickins ne comprend pas la plaisanterie. Il lui faut sauver son ami, son dieu :

— Laissez-moi vous emmener hors d'ici quelque temps, dans un cottage que j'ai dans le comté du Northampton. Nous y chasserons, nous nous y promènerons, nous y jouerons aux échecs, au whist et aux dames, vous m'y donnerez comme toujours ma raclée. Et votre âme s'apaisera un peu.

Newton enlace son ami et, posant sa tête sur la vigoureuse poitrine de Wickins, se remet à sangloter :

— Comme vous êtes bon, comme vous êtes bon ! Mais je ne peux pas ! Je n'en ai pas le droit. Il faut que je finisse, comprenez-vous, il faut que je finisse ! Sinon, je manquerais à Dieu.

— Vous avez surtout besoin de dormir, réplique un Wickins quelque peu embarrassé par cet épanchement soudain.

Il soutient son ami jusqu'à la chambre, l'étend sur le lit, lui répète qu'un peu de sommeil lui fera du bien, et s'en va sur la pointe des pieds quand la respiration de son compagnon se fait ronflotante et régulière. Sur le pas de la porte, James attend :

— Alors ? demande-t-il.

Pour toute réponse, Wickins lui envoie un soufflet magistral. Puis il se rend, d'un pas martial, chez Isaac Barrow, dont les appartements se trouvent de l'autre côté de la grande cour.

Une fois le problème exposé, le nouveau Master de Trinity College trouve facilement une solution : en tant que professeur lucasien, Newton aurait dû se rendre depuis longtemps aux environs de Bedford pour une visite protocolaire dans les propriétés du défunt Henry Lucas. Eh bien, que son ami l'emmène là-bas, *manu militari* s'il le faut.

— Ça tombe bien, dit Wickins, ma famille possède un pavillon de chasse à Stoke Park, à deux journées de cheval dans le Northamptonshire. C'est dans ce comté que j'espère bien prendre ma paroisse et me marier, quand mon curriculum à Cambridge sera achevé.

— Toutes mes félicitations, réplique un Barrow mi-figue mi-raisin. En attendant la fin de votre curriculum, faites donc faire cette autre petite course au pauvre Newton. Qu'il respire enfin ! Quant à vous, mon cher Wickins, vous présenterez mes hommages à votre fiancée.

Wickins s'en va, rougissant jusqu'aux oreilles : la chasteté est une règle absolue pour tout universitaire. Une règle qui, si elle était respectée, viderait Trinity College de tous ses enseignants, à l'exception de Henry More peut-être, et d'Isaac

Newton à coup sûr ! Quant à Barrow, ses fonctions de chapelain du roi l'ont contraint aussi à quelques écarts : la Cour, à Londres, est semée de nombreuses tentations...

Une heure plus tard, Wickins retrouve Newton dans le même état de prostration. Devant lui, des feuilles maculées de taches d'encre. Wickins en saisit une et lit : « Dissoudre le lion vert dans le sel central de Vénus et le distiller. Cet esprit est le lion vert, le sang de Vénus, le lion vert, le Dragon babylonien qui tue toute chose de son poison, mais fut conquis en étant apaisé par les colombes de Diane, c'est le Lien de Mercure. »

— Qu'est-ce que c'est encore que ce charabia ? s'exclame-t-il.

Newton ne répond rien.

— Allez, vieil Isaac, il est temps, je vous emmène loin d'ici.

Alors qu'il s'attendait à un refus et à de longues discussions, Wickins est tout surpris de la docilité de son ami, qui se laisse traîner jusqu'à la voiture. Toutefois, malgré l'interdiction de Vieux John de ne pas emporter de livres, Isaac enfouit secrètement dans sa malle les trois volumes de l'*Ars Auriferae*.

Durant le premier jour du voyage, alors que Wickins tente de le dérider par ses saillies, Newton s'endort, la tempe posée sur le capiton écarlate de sa voiture. Il ne se réveille qu'à l'auberge, à midi. Il y mange de grand appétit et boit trois bières, sous l'œil attendri de son ami. Puis, bercé par le doux balancement de la suspension qu'il a fabriquée, il entreprend une sieste qui l'occupe jusqu'à la tombée du jour, lors de l'arrivée au relais. Le malheureux Vieux John s'ennuie ferme ! Il se reproche de ne pas avoir emporté un ou deux livres. Un roman de chevalerie, par exemple, dont il se délecte. Bon, faute de mieux, il se contente de la Bible que ce bigot de Newton laisse en permanence sur le lutrin.

Or, dès le lendemain, Wickins a en face de lui un nouvel Isaac : métamorphosé, radieux, méconnaissable. Il plaisante, il rit, étourdissant de verve et d'esprit. Aucun de ses propos ne se rapporte au collège ni à la Royal Society. Il blasphème, racontant d'une manière coquine les aventures des filles de Loth et celles d'Esther. Wickins, qui n'a pourtant rien d'un pudibond, en est confusément gêné et pouffe, derrière sa main, de gros « oh, oh, oh ! ». Il essaye de renchérir dans un genre moins licencieux, en posant deux questions qu'il croit spirituelles :

— D'après vous, Noé a-t-il fait monter les poissons dans son arche ? Et puis comment Josué a-t-il arrêté la marche du Soleil, sans l'aide de Copernic et de Galilée ?

Newton reprend son air grave et sentencieux :

— Voyez-vous, cher ami, on a commis tant de palimpsestes sur le Livre, en particulier après le concile de Nicée, qu'il ne faut plus le suivre au pied de la lettre. Il s'agit d'un langage secret, réservé aux seuls initiés. Ainsi, en ce qui concerne le Déluge...

Par bonheur pour Wickins, James, qui mène l'équipage, se met à crier :

— On arrive !

— Décidément, notre cocher est de plus en plus stylé, lance Wickins en rigolant.

— Vous l'avez pourtant bien initié à la philologie ancillaire, rétorque Newton.

— Sans doute, mais je dois affiner encore ma méthode dite de la chicote...

Et ce sont deux hommes hilares qui descendent de la voiture noire aux liserés rouges, sous l'œil étonné de la double haie de domestiques montant le long de l'escalier monumental, jusqu'au porche du château des héritiers de feu le député pour l'université de Cambridge, Henry Lucas.

Newton passa dans cet immense domaine une semaine enchanteresse. Jamais il n'entendit autant de propos élogieux à son égard. On affirmait qu'il était le plus grand géomètre qui eût existé depuis Euclide, voire Pythagore. Ces éloges venant d'une famille d'aussi haute lignée le gonflaient d'orgueil, lui, le fils de paysans que l'on disait analphabètes. Pour leur complaire, il proposait aux enfants des devinettes mathématiques simples, jouait aux dames, aux échecs et au whist, en prenant bien garde de ne pas gagner à tous les coups, comme le lui avait recommandé Vieux John. Cela le faisait bouillir intérieurement, de lâcher ainsi volontairement une pièce. Il ne pouvait alors s'empêcher d'expliquer à son adversaire quelle était la stratégie pour arriver à mat, jouant ainsi contre lui-même, et révélant surtout qu'il avait commis cette erreur en toute connaissance de cause. La partie d'après, pour la belle, il se faisait impitoyable, écrasait l'autre, même si c'était un enfant d'à peine douze ans. Il se rejetait alors dans le fond de son fauteuil, en se frottant les mains avec une jubilation évidente.

On l'invita à une chasse au renard. Durant la course, Wickins, inquiet, ne le quitta pas des yeux. Son ami éperonnait son cheval au point de le faire saigner. Quand le fauve roux apparut, si fin et tellement éperdu du vacarme qui le poursuivait, Newton pressa plus encore sa monture, se mit à crier « Taïaut ! Taïaut ! », la mousse aux lèvres. Il voulait être le premier, celui qui achèverait la proie d'un coup de pistolet. Au risque de tomber de sa selle, Vieux John le rattrapa par la manche : cela ne se faisait pas, lui expliqua-t-il, seul le maître des lieux avait le droit exclusif de donner le coup de grâce au gibier. Newton, écumant, ne l'écouta pas. Par chance, ralenti dans sa course, le professeur lucasien ne put que laisser à ses hôtes le soin de tuer le renard.

Au bout d'une dizaine de jours, Wickins, qui avait l'habitude du monde, sentit que leur présence commençait à peser. Il en fit la remarque à son ami, mais ce dernier lui rétorqua qu'il n'y avait aucune raison de partir maintenant : il était aux anges, et n'avait aucune envie de quitter ces gens qui le choyaient comme un prince. Il fallut une remarque sifflante de la fille de la maison, le soir même au souper, « M. Newton semble apprécier la cuisine de notre bonne Jane », pour qu'il comprenne enfin qu'il leur fallait partir avant de subir quelque humiliation.

Ils se retrouvèrent deux jours après dans la famille de Wickins. Dans le cottage douillet de Stoke Park, Isaac se laissa dorloter par ces gens simples et chaleureux. Il partait dans de longues promenades à cheval en compagnie de Vieux John, devisant de tout et de rien, se laissant aller à la sérénité de la nature. Un jour enfin, parfaitement apaisé, il décida qu'il s'ennuyait. Alors, Wickins jugea que son ami était guéri et le laissa repartir, seul, pour Cambridge.

Les deux années qui suivirent, Newton ne quitta l'enceinte du collège qu'à deux reprises. L'une pour aller régler quelques affaires familiales à Woolsthorpe, l'autre à Londres pour participer à l'intronisation du nouveau chancelier des universités. Dans sa toge écarlate, il suivit le cortège de quatre cent quatre-vingts personnes, nobles et professeurs suivant la garde à cheval du roi jusqu'au palais de Worcester, où il dut subir d'interminables discours. Sa seule hantise était d'être reconnu par un des membres de la Society, dont certains faisaient partie de la cérémonie. Quand fut annoncée la délégation de Gresham College, il vit passer devant lui un petit homme presque bossu qui le regardait fixement : Robert Hooke, à coup sûr. Pris de panique à l'idée de lui adresser la parole, il s'esquiva dès qu'il le put et repartit pour Cambridge.

Sa chaire de professeur de mathématiques lui donnait l'obligation de poursuivre sa correspondance avec Collins. Il se devait aussi de recevoir d'autres calculateurs venus le consulter au collège. C'est ainsi que Nicolas Mercator vint lui rendre visite. Plus question de l'appeler « le marchand », comme au temps où il avait cru que celui-ci lui avait volé son système de calcul intégral. Ce Danois, professant à Oxford, se montra plein de respect à son égard. Ils parlèrent surtout optique, mais firent également des exercices astronomiques. Mercator, stupéfait, reconnut que, dans ce domaine qui était celui de sa prédilection, Newton se montrait également éblouissant.

Depuis son escapade avec Wickins, Isaac était plein d'une énergie nouvelle, une force créatrice qu'il vouait surtout à l'alchimie et à l'optique. Pourtant, sa correspondance avec Collins et d'autres calculateurs n'était consacrée qu'aux seules mathématiques. Il voulait faire oublier sa querelle avec Hooke, dans laquelle il sentait confusément qu'il n'avait pas eu le beau rôle. Oldenburg et Collins le comprirent fort bien. Surtout le secrétaire de la Royal Society, qui haïssait farouchement le professeur de géométrie londonien et qui comptait se servir de Newton contre lui.

Un jour, Oldenburg se sentit obligé de faire suivre à Newton une lettre d'un jésuite anglais enseignant à Liège, un certain

Francis Hall, Linus en latin. Ce vieillard, qui visiblement n'avait plus toute sa tête, contestait d'une écriture aussi tremblante que véhémente la fiabilité de l'expérience des prismes. Il prétendait avoir fait ce genre de manipulation une trentaine d'années auparavant. Et il affirmait, d'un ton péremptoire, que si la lumière blanche s'était ainsi décomposée en plusieurs rais de couleur, c'est parce que Newton avait fait son observation un jour où le ciel était nuageux.

Dans un premier temps, Isaac se délecta de la missive et la lut à Barrow et à More, qui en rirent franchement. Puis il s'en irrita et demanda à Oldenburg de ne plus l'importuner avec ce genre de communications commises par un vieillard sénile, papiste de surcroît. Il affirma s'être décidé depuis longtemps à ne plus s'occuper de défendre la philosophie naturelle. Après tout, c'était au président de la Royal Society de faire le tri dans ce genre de choses, et d'écarter de leurs travaux les innombrables élucubrations d'hurluberlus et de déments. Qu'il dise simplement à ce soi-disant Linus qu'il avait fait son « expérience cruciale » par temps clair, et que le spectre ainsi produit était transversal à l'axe du prisme. En tout cas, lui, Newton, refusait de répondre à cet imbécile.

Une fois la lettre envoyée, il se rappela qu'Oldenburg lui avait raconté que ce Linus n'en était pas à sa première foucade. Une dizaine d'années auparavant, il avait tenté de démontrer que les expériences de Robert Boyle sur l'élasticité et la nature de l'air étaient nulles et non avenues. Expériences pratiquées sur une machine pneumatique fabriquée par... Hooke. Tiens, cela lui donnait du courage. Puisque Hooke et lui étaient victimes du même jésuite, la polémique entre eux deux pourrait prendre des proportions plus raisonnables...

Après avoir consulté Barrow et More, il envisagea de se rendre à Londres assister pour la première fois à une séance de la Royal Society, et signer enfin le registre qui lui permettrait d'en devenir membre à part entière. Craignant que cet homme timide et craintif ne se dérobât au dernier moment, Barrow se proposa de l'accompagner à la capitale, et de lui obtenir une audience royale pour que le monarque lui remette officiellement sa dispense de servir dans l'Église d'Angleterre. Depuis de longs mois en effet, le chapelain de Charles II ne cessait de demander à son ancien élève de procéder à cette démarche obligée. Mais Newton s'y était refusé sous mille et un prétextes : la maladie, la surcharge de travail... Aussi, cette fois, il ne le lâcherait pas un seul instant.

C'est dans la belle voiture du Master de Trinity College qu'ils partirent à Londres en ce début de février 1675. Durant toute la route, Barrow l'accabla de conseils sur la meilleure manière de se comporter devant le roi. Newton répliqua qu'il n'avait pas emporté de poignard avec lui et que, tout antitrinitaire qu'il fût, il ne serait pas à Charles II ce que Felton avait été au duc de Buckingham. À observer du coin de l'œil sa fébrilité et ses genoux tremblants quand ils montèrent ensemble les marches du palais, Barrow songea que Newton ferait en effet un piètre régicide.

Le monarque fut charmant : il interrompit les bredouillements émis par Newton pour lui rendre hommage, le complimenta sur son télescope dont il avait fait faire une copie qui, affirma-t-il, ne quittait pas la terrasse du palais, où la famille royale passait de longues heures à observer le ciel nocturne. Isaac crut s'évanouir de bonheur tant le compliment flattait sa vanité. Il chercha quelques mots pour remercier Sa Majesté, mais celle-ci fit un geste à son chambellan, qui remit à l'impétrant à genoux une grande enveloppe au sceau royal. L'audience était terminée : Barrow et Newton quittèrent la salle du trône à reculons, balayant le sol de leurs bonnets carrés.

Dans l'allée qui menait à la sortie, Newton pesta :

— J'ai été ridicule, ridicule...

— Mais non, mon cher, le rassura Barrow, au contraire, vous avez été parfait. Au point que je me suis demandé si vous n'étiez pas en train de devenir papiste.

— Vous plaisantez ?

— Qu'en pensez-vous ?

Ils rentrèrent dans les appartements du chapelain du roi où Barrow avait prêté une chambre à Newton, pour l'avoir toujours sous la main. Deux jours plus tard, ils se rendirent ensemble à la séance plénière de la Royal Society. Sur le chemin, alors qu'ils allaient bras-dessus bras-dessous, Barrow sentit que l'autre était encore plus terrorisé que pour l'audience du roi. Il l'était : tous ces gens qu'il avait traités de haut, par courrier méprisant, parfois injurieux, il allait les rencontrer physiquement, face à face. Quel accueil allaient-ils lui réserver ? Quelle huée ? Quel tollé ?

Ce fut un triomphe ! Quand l'huissier annonça l'entrée de Newton dans le petit amphithéâtre et que ce dernier alla signer le registre de présence posé sur une tablette en dessous de la tribune, tous les membres de la savante académie se levèrent et applaudirent longtemps. En s'inclinant devant eux, comme un acteur à la fin de la représentation, Isaac était au comble du bonheur.

Après lectures de quelques communications d'inventeurs auxquelles il fit mine de s'intéresser passionnément, la séance fut levée par le président. On se précipita autour de Newton pour lui souhaiter la bienvenue. Henry Boyle l'accueillit comme « le fils prodigue ». Et le nain Hooke lui affirma qu'enfin ils pourraient avoir tous deux de fructueuses controverses. Seul Oldenburg resta à l'écart, conversant à voix basse avec Barrow. Enfin, quand les autres furent partis, le secrétaire de la Société s'approcha de lui. Barrow les présenta l'un à l'autre. Après un échange de quelques amabilités, Oldenburg lui tendit une liasse de papiers dans une enveloppe ouverte.

— Quoi ? C'est encore ce jésuite de Liège, ce Malus ?

— Linus, corrigea le secrétaire très sérieusement, ignorant si l'erreur de Newton était ou non volontaire. À la séance de la semaine prochaine, je la lirai et proposerai que vous fassiez votre démonstration. Vous verrez, je crois que vous vous amuserez beaucoup.

Le jour dit, Newton ne s'amusa pas du tout. Il fut même scandalisé, mais n'en montra rien. En effet, durant la lecture de la lettre du jésuite, aussi véhémente que la première, on entendit dans la salle un bêlement de vieille chèvre, suivi d'un éclat de rire général. On se serait cru dans les Highlands en train de suivre un troupeau. Newton demanda les raisons de ce chahut à un Barrow qui, lui aussi, y était allé de son chevrotement. Celui-ci, hilare, lui répondit que Linus, correspondant assidu de la Société, était à moitié gâteux. Ce jésuite, en plus, continuait à enseigner la cosmographie ptoléméenne à ses élèves, qui, disait-on, réservaient à ses cours un aussi joyeux chahut. Newton resta quand même choqué de cette attitude, et en conçut un mépris supplémentaire pour toute assemblée humaine, même aussi savante que celle-ci.

Oldenburg proposa alors que Newton fît la démonstration de son expérience. On approuva. Seul Robert Hooke émit une voix dissonante, qui fit pourtant plaisir à Newton : selon le professeur londonien, c'était inutile car l'expérience, qu'il avait répétée de son côté, était parfaitement probante. Mais Oldenburg et son clan rejetèrent la demande de Hooke. Alors Isaac ne put cacher son soulagement : il avait vaincu. Quand vint son tour de faire la démonstration de son *experimentum crucis*, il sentit les larmes lui monter aux yeux. Dans sa mémoire était revenu ce beau jour ensoleillé d'un été, où, derrière les volets clos de sa chambre d'enfant, au cottage de Woolsthorpe, seul, il avait manié comme ici ses deux prismes mal polis, qui avaient épanoui la lumière du jour en un mince arc-en-ciel sur une toile blanche.

Il revint quelques jours plus tard à Cambridge, heureux et rassuré par ce qu'il considérait être un triomphe. Newton ne craignait plus personne. Il savait qu'on le respectait. Pris de l'une de ses bouffées d'enthousiasme qui succédaient ou précédaient souvent de longues crises d'angoisse et de mélancolie, il se promit de soutenir une correspondance suivie avec la Royal Society. Il allait travailler sur l'optique, puisque, par elle, le succès était venu.

Il se mit à la tâche. Au milieu de l'automne, il annonça à Oldenburg qu'il allait bientôt lui envoyer un nouveau discours sur les couleurs, auquel il ajouterait un article qu'il avait écrit bien avant, au début de leur correspondance. Pour cet article, il mentait, car il venait de le rédiger dans l'urgence. Mais il était hanté de ce qu'un autre lui contestât la primeur de sa découverte. Hooke, encore et toujours. Puis il rajouta un petit gribouillis qui lui était venu entre-temps.

Oldenburg attendit plus d'un mois cette communication sur l'optique. L'annonce de Newton l'avait mis en appétit, d'autant que cela promettait de rendre furieux son vieil ennemi Robert Hooke. La raison de sa haine remontait à longtemps. Faisant partie des fondateurs du Collège Invisible, Oldenburg n'était pas le plus brillant, loin s'en fallait, de ce groupe de platoniciens promoteurs de la philosophie naturelle. En revanche, il se sentait, à juste titre, de remarquables dons d'organisateur. Ce fut naturellement lui qui s'était retrouvé secrétaire de la Royal Society quand celle-ci avait été fondée. Empli d'une ambition universelle pour cette académie, il avait tissé un incroyable réseau de correspondants à travers l'Europe. Affluèrent alors un grand nombre d'inventions, de théories, d'hypothèses de toutes sortes, jusqu'aux plus farfelues. Refusant de faire le tri, ce dont il aurait d'ailleurs été parfaitement incapable, Oldenburg en faisait subir la lecture intégrale à chaque séance, et demandait systématiquement qu'elles soient expérimentées. Or c'était Robert Hooke qui, en tant que curateur, avait la charge de juger du bien-fondé de toutes ces communications. Le petit homme, presque nain, était l'un des plus grands chahuteurs des séances de la Société. Une fois sur deux, il demandait que l'on écarte telle ou telle communication des débats : « C'est une sottise, hurlait-il, ça ne fonctionnera jamais ! » Et il était approuvé par une bonne partie de l'assemblée. Imperturbable, scrupuleux jusqu'à la manie, Oldenburg n'en continuait pas moins de débiter d'une voix morne qui, visiblement, ne comprenait pas tout ce qu'elle lisait, les âneries les plus ineptes parvenues des quatre coins du monde. Et il levait un œil étonné quand les rires devenaient trop forts.

En tout cas, quand Collins et Barrow lui avaient parlé du prodige taciturne de Cambridge, aussi bon en mathématiques qu'en optique, Oldenburg avait jugé que Newton serait une arme redoutable contre ce trublion de Hooke, cet inconvenant qui n'était en rien un gentleman. Alors, en cette fin d'année 1675, il attendait avec impatience sa communication pour pouvoir la lire devant l'assemblée, espérant vaguement que cet hypocondre de Hooke en tomberait raide mort pour de bon.

À nouveau, Newton hésite. Faut-il envoyer cette pile de papiers ? Il y a tout livré de sa longue réflexion sur la lumière et sur les couleurs. C'est son enfant. Une femme lui aurait dit qu'un enfant, il faut le laisser aller un beau jour construire sa propre vie, et que même si c'est un déchirement de le voir partir, la loi de la nature est impitoyable. Mais Newton ne connaît ni femme ni enfant. Il sent aussi que quelque chose ne va pas dans cet ensemble consacré à l'optique : il n'a pas trouvé la vraie nature de la lumière, et en a été réduit à s'en tenir à son hypothèse première, celle des corpuscules. Il se résigne à titrer la conclusion de cet ensemble : *Hypothèse expliquant les propriétés de la lumière dont je disserte dans plusieurs de mes articles*. Ce faisant, il avoue sa faiblesse, et prête le flanc à ce qu'il redoute le plus : la critique, la contestation.

Incidemment, Barrow lui a expliqué les tensions, les querelles et les clans au sein de la Royal Society. Lui revient l'évocation de cette haine qui oppose Oldenburg à Hooke. N'est-il pas, lui, Isaac Newton, un jouet dans leur vieille querelle ? Le premier le presse de lui envoyer ses communications, le second a été tout miel avec lui à la Royal Society, demandant même qu'on le dispense de la démonstration.

Tout cela lui semble d'une grande mesquinerie. Newton n'aime pas Hooke, ce suppôt de la philosophie mécaniste de Descartes. Toutefois, il le considère comme un dangereux adversaire, s'avouant qu'il l'a mésestimé. En revanche, il méprise tout simplement Oldenburg, cet intrigant de Prussien qui n'a pour seul mérite que d'avoir été secrétaire d'un jeune lord à Oxford et d'avoir su s'incruster dans le Collège Invisible. Barrow lui a raconté, en termes plus diplomatiques, comment Oldenburg avait d'abord débarqué en Angleterre comme consul de Prusse.

Mais Newton a promis et, malgré toutes ses craintes, il se résout à envoyer le tout. Il a bien plus de mal à écrire la lettre qui accompagne cet ensemble d'articles sur l'optique que les articles eux-mêmes, insistant sur le fait qu'il n'aurait « jamais voulu écrire d'hypothèse sur la lumière et les couleurs, redoutant que ce puisse être un moyen de s'engager dans de vaines querelles ». Il y rend deux hommages appuyés à Hooke, au début pour rappeler que cette dissertation sur la lumière a pour origine le débat qui avait eu lieu en 1672 entre les deux philosophes de la nature. La deuxième démontre que la diffraction, évoquée par Hooke lors de sa communication, n'est qu'une autre forme de la réfraction dont Newton avait expliqué les effets à peu près à la même époque. Cette lettre d'accompagnement, il la corrige et la recorrige, la laisse reposer, la reprend à nouveau.

Wickins, qui prend son rôle de secrétaire bénévole très au sérieux, a fort bien compris que c'est une manière de surseoir à son envoi. Il lui demande de la lui dicter, émet quelques critiques de forme, la relit à voix haute, fait lui-même le paquet contenant l'ensemble des articles et la porte à la malle-poste pour être bien sûr que le colis partirait. Avec Newton, on peut s'attendre à tout : il pourrait fort bien descendre au service du courrier du collège et reprendre la lettre.

9.

Le nain et les géants

L'intégralité de la dissertation sur l'optique fut lue devant la Royal Society en trois séances successives, entre décembre 1675 et février de l'année suivante. L'orateur, en l'occurrence Oldenburg, eut quelque mal à déchiffrer l'*Hypothèse*. Toutefois, il insista lourdement sur la tournure restrictive de la phrase où Newton déclarait que la diffraction découverte par Hooke n'était qu'une nouvelle sorte de réfraction. Ce qui n'était qu'une remarque chez l'auteur devint dans la bouche du lecteur une attaque violente. Le petit Hooke se dressa de toute sa taille et cria :

— Bien sûr que c'est une autre sorte de réfraction, mais en tout cas elle est nouvelle, M. Newton a bien raison de le dire, elle est nouvelle. D'ailleurs, je l'avais déjà décrite dans *Micrographia*.

— Greffier, lança Oldenburg, impassible, notez que M. Hooke accuse M. Newton de plagiat.

— Je n'ai jamais dit cela, s'égosilla le curateur, greffier, notez les termes exacts de ma formulation !

— Si ! Vous l'avez dit, lança quelqu'un dans la salle.

— Non, il ne l'a pas dit, répliqua un autre.

Ce fut un tohu-bohu assourdissant. On réclama la publication immédiate de l'*Hypothèse* et de la *Dissertation*. On exigea la réponse de son pseudo-accusateur.

— Messieurs, messieurs, un peu de calme, protesta mollement Oldenburg en remuant sa clochette.

Hooke s'effondra sur son siège. Le Prussien l'avait piégé, et tous ces charognards se pourléchaient déjà les babines à l'idée d'une bagarre entre lui et Newton. Dès qu'il le put, il rentra chez lui pour rédiger une lettre à son adversaire. Comment s'y prendre avec cet homme incompréhensible, qui lui avait paru arrogant, refusait de publier, fuyait la notoriété et qui, de fait, s'était largement inspiré de ses travaux d'optique ?

Eh bien s'il la fuyait vraiment, cette notoriété, il allait lui proposer un accord. Dans le climat échauffé de la Royal Society, Hooke n'avait pu vraiment juger de la profondeur des travaux de Newton. Suffisamment en tout cas pour comprendre que leurs réflexions n'étaient pas opposées, mais complémentaires. Il faudrait donc lui proposer une collaboration, à mots couverts bien sûr, en suggérant qu'au début, elle se fît sous la forme de lettres privées. Il reprit les termes mêmes de Newton, affirmant qu'il ne détestait rien tant que la querelle entre philosophes de la nature qui cherchent avant tout la vérité. Il salua la qualité des remarquables dissertations lues à la Royal Society. Non seulement il proposa l'armistice, mais aussi l'alliance. L'alliance contre Oldenburg.

Newton, lui, voit dans la proposition de Hooke une reddition en rase campagne. Sa lettre, fort bien tournée, est arrivée par le courrier suivant celui où Oldenburg lui narrait à sa façon la séance où le curateur l'avait accusé de plagiat. Mais comment ose-t-il lui demander, à lui, Isaac Newton, l'élu, de collaborer sur un pied d'égalité dans la recherche de la Vérité ?

Il est pris subitement d'une envie d'écraser cet ennemi vaincu, de le faire disparaître, de le réduire à néant. En rédigeant sa réponse, il se sent envahi d'une volupté jusque-là inconnue : celle de faire mal. Mais il met les formes à sa méchanceté. Il reconnaît à Hooke toutes les qualités « d'un authentique esprit philosophique », avant de jeter un venin délicieux :

« Ce que Descartes a fait était un pas important... »

Et voilà Hooke rejeté dans le clan de « Cartes », le mécaniste, l'athée...

« Vous y avez ajouté plusieurs voies... »

Plusieurs voies, mais guère plus. Ouvrir des voies ne signifie pas aller jusqu'au bout du chemin, comme lui, Isaac Newton, l'entreprend. Qui crois-tu être, pauvre homoncule ?

« ...Et spécialement en prenant la couleur des lames minces en considération philosophique... »

Autant dire que la démonstration de Hooke n'est qu'un apport aussi mince que les lames en question. Ah, quel délice, quel délice !

« Si j'ai pu voir plus loin... »

Plus loin que toi, Robert Hooke, myope, aveugle, penché toujours sur ton microscope à décortiquer les ailes d'insectes, alors que moi, Isaac Newton, je braque mon télescope sur l'infini du monde...

« Si j'ai pu voir plus loin, c'est en me juchant sur les épaules des géants. »

— Ah, que c'est beau, que c'est beau ! s'exclame Wickins. Mais ces géants, qui sont-ils ? Peut-être devriez-vous le préciser : Copernic, Kepler, Galilée...

— Peuh ! Ces géants, ces géants ! s'exclame Newton en se levant soudain et en arpentant le laboratoire avec de grands gestes des poings fermés qui ont l'air de frapper un adversaire invisible. Ces géants, mais ce sont Noé, David, Isaïe. Ce sont les prophètes, qui savaient tout et qui nous ont tout dit. Et au-dessus d'eux, le géant parmi les géants : Moïse, celui qui a touché la main de Dieu. Oui, ils nous ont tout dit, mais dans leur langage, un langage que ne peuvent comprendre les Hooke, les Oldenburg, les Linus, car il est destiné aux seuls chercheurs de Vérité, aux élus, aux initiés. Même pas aux Copernic, Kepler ou Galilée, comme vous pensez ! Non, je ne le préciserai pas... Ils se moqueraient. J'entends déjà leurs sarcasmes stupides.

Il s'effondre dans son fauteuil, comme épuisé, et pousse un petit ricanement.

— Savez-vous, mon cher, que Hooke est tout petit ? Physiquement, j'entends. Tout petit, tout petit... C'est un gnome, un nain aussi rabougri que ceux que le roi d'Espagne collectionne dans son palais de l'Escurial. C'est un nain, vous dis-je, un nain. Et je lui démontre ici qu'il l'est aussi par l'esprit, par le talent, par le génie. Et je l'écrase, ce cloporte. Ne me reste plus qu'à essuyer ma semelle.

Quand Hooke reçoit la lettre de Newton, il estime que ce n'est pas la peine de donner suite à cette correspondance. Le curateur de la Royal Society n'a pas la tête métaphysique. Pour lui, la philosophie de la nature n'a pour but que de trouver des applications pratiques, bénéfiques au bonheur de l'humanité et au progrès. Ainsi, lui-même n'a-t-il pas construit de ses mains, grâce à Galilée, un régulateur pour le balancier des montres, le premier thermomètre à alcool, le joint universel ? S'il vient de construire son hélioscope qui lui permet d'observer sans risques les taches du Soleil, c'est dans l'objectif de savoir si les taches en question ont une influence sur le climat. Et s'il se crève les yeux sur une autre de ses inventions, un microscope à miroir, pour comparer végétaux fossiles et vivants, c'est pour tenter de montrer que la nature a évolué au fil des siècles, et qu'elle n'est pas aujourd'hui comme au jour de la Création, s'il y en a eu un.

Après le grand incendie, il avait proposé au roi tout un plan de reconstruction de Londres, qui serait devenue la cité idéale si chère à Thomas More. Faute d'argent, cela n'avait pu se faire. Pour le consoler, son ami l'architecte Christopher Wren avait accepté d'ériger le monument qu'il avait conçu pour commémorer la catastrophe : une colonne haute et droite qu'il avait dessinée, lui, le petit être contrefait et douloureux. C'est de cet objet apparemment inutile qu'au fond de son cœur il est le plus fier. C'est sa marque, son empreinte, son cri à la postérité. Il a bâti, et n'a eu aucun besoin d'une épaule d'un quelconque géant pour s'y jucher, lui, « l'homoncule » comme il s'appelle lui-même en ricanant, pour parer à l'avance les moqueries que suscite sa petite taille.

Il a bâti. Qu'a bâti Newton du fond de son Trinity College, qui soit beau ou utile ? Il n'empêche. Newton continue de le hanter. Cet homme, qui n'a aucun charme, qui semble transparent, qui ne fait rien pour plaire à l'autre, exerce sur lui une fascination incompréhensible. Et aussi sur Barrow, et *a fortiori* Collins. Malgré le silence qu'il s'est imposé, on ne parle que de lui à la Society, où il n'a pas remis les pieds depuis sa démonstration. Pourtant, Hooke sait qu'il passe parfois à Londres, pour de très brefs séjours. Il a appris, par son ancien maître Robert Boyle, qu'il consacre son temps dans la capitale à rencontrer les membres de la société secrète d'alchimie. Une société dont tout le monde sait qu'elle tient ses réunions à l'enseigne du Pélican. Il y a longtemps de cela, Hooke l'a également fréquentée, puis s'en est très vite écarté, quand l'étude de la matière a glissé insidieusement, après la mort du fondateur et sous la houlette de Philalèthe, vers des cérémonies qui se veulent sacrées et que lui trouve ridicules.

Un jour du début 1677, on apprit le décès brutal d'Henry Oldenburg. La Royal Society se réunit en hâte et, avec l'assentiment du roi, désigna pour lui succéder au secrétariat le vieil adversaire du défunt, Robert Hooke. Certains espéraient que celui-ci, toujours à l'agonie, serait un secrétaire de transition. Les autres pensaient au contraire que la nomination du curateur, savant et philosophe de la nature considérable, redonnerait du sérieux à cette académie encore jeune, mais qui, sous Oldenburg, avait singulièrement vieilli, accablée par la paperasserie et les membres introduits par le seul fait du prince. Newton n'avait pas cru bon de se déplacer à cette réunion. Hooke en fut soulagé. Mais, très vite, il fut obligé de lui communiquer du courrier en provenance de Liège.

Le vieux jésuite Linus était enfin mort, mais ses anciens élèves, jésuites également, s'étaient avisés de reprendre le flambeau, réclamant une nouvelle démonstration des prismes. Hooke préféra ne pas lire les lettres en séance et les communiqua directement à Newton, pour lui demander ce qu'il fallait en faire. Il y mit toutes les formes possibles et imaginables, rappelant une nouvelle fois qu'il n'avait aucun goût pour la querelle, et que peut-être vaudrait-il mieux répondre par le silence à ce tissu d'élucubrations.

La première lettre de Newton qu'il reçut en tant que secrétaire de la Royal Society lui fit se demander si le Cambridgien n'était pas devenu fou. Il y dénonçait en effet un complot fomenté contre lui par les jésuites. Des espions papistes au

Trinity College auraient su qu'il était sur le point de faire des découvertes importantes sur le concile de Nicée et les falsifications sur le Livre qui y avaient été commises. Une deuxième lettre, d'une écriture qui n'était pas de Newton mais qu'il avait dictée sans doute à son secrétaire, répondait point par point à son détracteur de façon extrêmement brillante. Il y expliquait que les manipulations des jésuites avaient dû être mal faites car, avec un soleil horizontal, il aurait fallu projeter le spectre vers le haut à un angle de soixante-trois degrés. Hooke eut envie d'applaudir à cette superbe parade. Enfin, Newton annonçait à Hooke qu'il était en train de rédiger un ouvrage définitif sur l'optique aux fins de publication.

Cet ouvrage ne parvint jamais entre les mains du curateur de la Royal Society. Il y eut encore, durant un an, quelques échanges sur l'optique, le temps d'humilier les jésuites de Liège avec une délectation visible. Puis plus rien. Ni Collins ni Hooke, ni personne d'autre ne reçut la moindre lettre de Newton. L'ermite de Cambridge s'était muré dans le silence.

Wickins s'absente de plus en plus fréquemment de Cambridge. Quand Newton lui en demande la raison avec un ton de reproche, il réplique que d'importantes affaires de famille le retiennent chez lui. En fait, il prépare, avec quelques années d'avance, son installation au presbytère de Stoke Park, bien décidé à s'y marier une fois écoulé son temps dû à l'université. Et puis, le rang de secrétaire auquel Newton le ravale se fait de plus en plus obligé, comme si ce n'était pas un service qu'il rendait à son ami, mais un dû. Recopier des textes abscons, voire hérétiques, ce n'est pas de cette façon que Wickins voit son avenir.

Maintenant que, délivré de son serment donné à l'Église d'Angleterre, Isaac se pique de théologie, les phrases qu'il dicte à Vieux John commencent en effet à sentir autant le fagot que ses fourneaux sentent le soufre. Un jour, Wickins refuse de reproduire quelque chose de particulièrement blasphématoire sur la non-divinité du Christ. Il émet son objection avec prudence, pour ne pas provoquer un de ces éclats terribles dont son ami se prend parfois contre Hooke, les jésuites ou ce maudit Français, Cartes.

— Rappelez-vous que l'an passé, dit-il, notre collègue Samuel Rolls n'a pu obtenir son doctorat de physique qu'en s'humiliant publiquement et en désavouant un de ses ouvrages de théologie. Supposez qu'ils exigent de vous un tel abaissement…

— Mais qui donc, à part vous et moi, serait au courant de ce que je viens de vous dicter, cher ami ? Qui irait le rapporter à mes ennemis ? Je ne vois que deux personnes, dans cette pièce.

Newton a dit cela d'une voix aussi douce que sifflante. Wickins possède un tempérament pour le moins sanguin ; une telle insinuation a toutes les allures d'une accusation. Si un autre avait proféré une telle chose, le gros poing de Vieux John lui aurait fait éclater le nez. Mais avec Isaac il a toutes les indulgences. C'est un esprit pur, tellement plus fragile que lui. Il se sent investi de la mission de le protéger, de l'aider à épanouir son immense génie. Aussi a-t-il subi sans mot dire nombre d'avanies et d'humiliations. Toutefois, les années passant, cette mission est de plus en plus pesante, d'autant que son ami ne lui montre aucune reconnaissance

Cette fois, Newton y va fort. L'accuser d'aller rapporter à d'autres la teneur de ses écrits théologiques ! « Rapporter », comme un enfant le fait d'une bêtise d'un de ses camarades ! Ils sont tous deux adultes, à la fin, et depuis bien longtemps.

— Mon cher Isaac, réplique-t-il d'un ton qu'il veut posé alors qu'il bout intérieurement, si j'ai perdu votre confiance et si je ne puis émettre la moindre critique à l'égard de vos écrits, eh bien, permettez-moi de me retirer. D'ailleurs, des affaires urgentes m'appellent à Stoke Park. Je ne sais combien de temps elles vont me retenir. Vous n'oublierez pas, je l'espère, de m'y expédier ma part du loyer de notre pensionnaire.

— Je n'oublierai pas, mon cher John. N'ai-je pas joué assez souvent au commissionnaire, pour ainsi dire toute l'année, tant vos affaires vous occupent loin de Trinity ? Je ne vous retiens pas, mon cher John, je ne vous retiens pas.

Il le congédie comme un domestique ! Les deux hommes sont face à face, deux fauves prêts à bondir l'un sur l'autre. La mâchoire de Newton, déjà fort large et proéminente, se gonfle de muscles. La grande stature de Wickins, qui le considère de haut, les poings serrés, ne semble pas du tout l'impressionner. Et c'est Wickins qui rompt. Son expérience des cabarets lui a maintes fois fait constater que ce sont les chétifs qui, pour d'obscures raisons, provoquent les costauds dans son genre. Il tourne les talons, lâche un « adieu » très sec et sort en claquant la porte.

— C'est cela, adieu ! lance Newton quand il est sûr que l'autre soit hors de portée de voix. Va donc me dénoncer aux rats trinitaires, à Linus et à sa clique, à cet apostat de Barrow. Je ne suis pas Galilée, moi... Je ne me renierai pas.

Puis il trouve cette invective un peu stupide. D'abord parce que Linus est mort, il y a plusieurs mois déjà. Quant aux jésuites liégeois, ils le laissent en paix depuis que Hooke a mis un point final au débat sur les prismes, un débat qui avait sombré dans le ridicule.

En tout cas, il voit partir Wickins avec un certain plaisir mêlé de soulagement. Depuis qu'il a décidé de se consacrer à l'étude des textes sacrés, il va de découverte en découverte. Il procède avec sa rigueur habituelle, rédigeant ses écrits dans un grand cahier, rubrique par rubrique, article par article, colonne par colonne, proposition par proposition. Sa méthode est celle qui lui a si bien réussi pour le calcul des fluxions et ses travaux d'optique. Ici, les saintes Écritures lui tiennent lieu d'instrument d'expérimentation. Il les considère non comme le récit de la Révélation, mais comme la prescience de l'Histoire de l'humanité que Dieu a dictée, dans un langage hermétique, à ses prophètes et à quelques élus qui sauraient le décrypter.

« Celui qui a de l'intelligence, qu'il interprète le chiffre de la Bête. C'est le moment d'avoir du discernement : car c'est un chiffre d'homme et ce chiffre est 666 », dit l'Apocalypse de Jean. Si l'on y rajoute les mille ans d'attente avant la parousie, cela évoque un certain jour de septembre où, dans le verger de Woolsthorpe, une pomme tomba...

Ce que cherche Newton, c'est la confirmation qu'il fait bien partie de ces élus, à qui il incombe d'écrire sa prophétie. Elle lui viendra de son décryptage méthodique des Écritures. Il les ouvrira de la même façon qu'il ouvre les métaux pour y chercher la pierre philosophale. Ensuite, ensuite seulement, il fondera la religion naturelle, celle de la Vérité, et qui englobera ses découvertes en alchimie, en optique, en physique, en astronomie, en mathématiques. Long, très long chemin qu'il faudra parcourir seul.

Naturellement, la fin des temps et la conversion de l'humanité ne sont pas pour demain. Mais les Écritures ont mille et une grilles de lecture. Il lui faut aller pas à pas, patiemment, méticuleusement, comme il l'a fait avec ses expériences alchimiques, modifiant et remodifiant sans cesse les doses amalgamiques et les temps de cuisson. Sa principale base de calcul, ce sont les nombreuses datations contenues dans l'Ancien Testament. Ainsi, il peut facilement confirmer la date de quatre mille quatre ans avant la naissance du Christ pour la création du monde. Mais là n'est pas le plus important. L'important est de savoir quand aurait lieu l'Apocalypse. Une apocalypse qu'il ne voit évidemment pas comme le vulgaire, c'est-à-dire comme un cataclysme final, mais comme la conversion de l'humanité tout entière à la vraie religion, la religion naturelle.

Dès lors, l'œuvre de Jean de Pathmos devient son principal outil. Mais il lui faut auparavant relever les altérations commises par Athanase, Grégoire et Jérôme sur les écrits bibliques, ces faussaires qui ont osé tricher avec les Écritures. Tout est là, pense-t-il. Toute la grande apostasie s'est passée en cet an 325, au concile de Nicée, quand les évêques ont décidé que le Père et le Fils étaient de la même substance et ont inventé la Trinité, cette nouvelle forme de polythéisme, et ils ont excommunié Arius, qui prêchait que le Père était Un. Certes, Jésus avait reçu le Verbe divin au temps de la Passion, mais ce n'était qu'un homme, un prophète, fût-il le premier d'entre eux. Newton ajoute donc à cette date le temps de vie des deux « témoins », comme il est dit dans Apocalypse 11-3 : mille deux cent soixante jours, qu'il faut bien sûr convertir en années. Mais le résultat donne une date sans signification réelle, même en y ajoutant les trois jours, ou plutôt les trois ans, que durerait leur mort.

Newton se plonge alors dans l'histoire de ces siècles obscurs qui suivirent la grande apostasie de Nicée. Une nouvelle date arrête son attention : l'an 380, quand l'empereur Théodose s'est converti à l'hérésie trinitaire et a ordonné qu'elle soit la religion de tout l'Empire romain.

380 + 1260 + 3 = 1643 : la date de naissance d'un certain Isaac Newton à Woolsthorpe, à quelques jours près !

Ce choc des dates l'effraie d'abord, puis dissipe tous ses doutes : il est bien le nouvel Élu, le nouveau messie venu annoncer la fin des temps. Le nouveau Christ donc, fondateur sacrifié d'une nouvelle alliance entre l'homme et le monde...

Newton ne peut se contenter d'enregistrer passivement cette coïncidence. Il doit n'y avoir qu'un seul Isaac, un seul élu né le jour de Noël, un seul prophète de la nouvelle philosophie naturelle. Il entreprend alors de démontrer, par une de ces minutieuses reconstitutions chronologiques dont il a le secret, que Jésus est né non pas à la date fixée par la tradition, mais au printemps. Et dans le manuscrit explicatif qu'il rédige dans la foulée, mais qu'il enferme soigneusement dans sa malle secrète, il laisse des blancs au milieu des phrases pour ne pas avoir à écrire le nom de ce nouveau rival, le Christ.

Isaac Barrow, vice-chancelier de l'université de Cambridge, mourut soudainement en 1677, à l'âge de quarante-sept ans. Newton suivit ses funérailles, déchiré par le remords de n'avoir pas été aussi présent qu'il l'aurait dû vis-à-vis du père.

Il tenta de se réfugier dans le giron de Henry More, qui, à l'âge de soixante-trois ans, faisait un géniteur plus plausible. Il lui demanda de lire ses propositions sur la grande apostasie de Nicée. En échange, l'Ange de Cambridge lui tendit le manuscrit de son exposé sur l'Apocalypse de Jean. Quand Newton vint le lui rendre, quelques jours plus tard, Newton n'avait plus cette sempiternelle allure mélancolique. Au contraire, il apparut joyeux, léger, trop même, dans son enthousiasme qui frisait l'excitation, et qui inquiéta quelque peu ce placide platonicien de More. Les deux hommes débattirent longtemps, et avec fougue, jusqu'au moment où Newton lança l'idée que les sept trompettes et les sept fioles évoquées par Jean, c'était la même chose.

— Votre interprétation me semble un peu extravagante, répliqua More, pris par le feu de la conversation.

Newton se rembrunit comme si on venait de lui faire une grave offense et abrégea le plus courtoisement possible la controverse. Il rentra chez lui en maugréant que More n'était qu'un initié de second rang, reprit son texte sur les fioles et les sceaux, mais refusa de se brouiller avec l'Ange de Cambridge. Ils continuèrent de se voir régulièrement. Et le vieux More finit par se persuader que Newton serait, à sa mort, son principal disciple. Il se trompait. Newton ne serait jamais le disciple de personne. Il était le premier, le seul. Du moins depuis un millénaire et demi. Depuis Arius.

Durant deux ans encore, Newton poursuivit sans relâche ses travaux théologiques et alchimiques. Le temps passait sans qu'il s'en rendît compte. Il était heureux. Il trouvait parfois, mais il cherchait toujours. Cela ne le dérangeait pas. Il avait compris que chercher est plus important que trouver. Il était ailleurs, hors du temps et du monde. Il était au-delà, plus haut, sur l'épaule des géants.

Un jour de mai 1679, une lettre de sa demi-sœur Hannah l'informa que leur mère et leur frère Benjamin étaient tombés gravement malades, et qu'il lui fallait venir au plus tôt. Sur le chemin vers Woolsthorpe, alors qu'il avait passé tout le temps du voyage à annoter les commentaires de Gothofredus sur le code de Théodose, il pencha la tête par la portière et, voyant se profiler au couchant le lourd manoir, là-haut sur sa butte, il se rendit soudain compte que, depuis douze ans, il ne s'était rendu sur les lieux de sa naissance que trois ou quatre fois, et encore, pour régler avec sa mère des problèmes d'argent.

Benjamin se tenait devant la porte, l'air tout à fait rétabli. Il expliqua à son aîné qu'il avait été atteint d'une fièvre maligne. Malgré ses protestations, leur mère était venue le soigner, à Stamford, dans la propriété qu'il partageait avec sa jeune épouse. Dès que Benjamin fut remis sur pied, ce fut au tour de la vieille dame de tomber malade. De plus, malgré la maladie, elle avait voulu revenir à Woolsthorpe pour y mourir entourée de ses quatre enfants.

Mme Newton-Smith était à l'agonie. Isaac refusa de l'admettre. Il tenta de se battre contre la mort pendant trois jours et trois nuits, à l'aide d'herbes et de mélanges chimiques de sa composition. En vain. Décédée le 2 juin, la mère de Newton fut enterrée deux jours plus tard dans la petite paroisse de Colsterworth, un peu au sud de Grantham, dans un linceul fait de la laine de ses moutons. Après cette cérémonie austère, la nombreuse parentèle d'Isaac et de la défunte, dont il ne connaissait pas les trois quarts, se dispersa.

La fratrie rentra au manoir : Benjamin et sa femme, Mary et son époux Thomas Pilkington. Seule Hannah n'avait pu faire le voyage du Northampton; elle attendait un nouvel enfant, et sa grossesse était fort avancée. Toutefois, son mari, le révérend Robert Barton, était présent.

Newton songea que ces gens lui étaient complètement étrangers. Sur le moment, sa mémoire prodigieuse ne lui permit pourtant pas de se rappeler qu'il avait assisté, naguère, au mariage de Benjamin, puis au baptême de son premier enfant, qui avait reçu pour prénom le patronyme de son parrain : Newton. Quant à la mort de sa grand-mère, il était incapable d'en donner la date.

Maintenant, cela lui revenait. Soudain, il sentit peser sur ses épaules toutes ses nouvelles responsabilités de chef de famille. Le professeur solitaire et sans attache du Trinity College se donnait désormais charge d'âmes. Il avait eu d'abord l'intention de quitter Woolsthorpe le plus rapidement possible après les funérailles, mais maintenant il ne le pouvait plus. Il ne se déroberait pas à son devoir. Or ce devoir ne ressemblait en rien à son obligation de répondre, par exemple, à ses correspondants de la Royal Society, ce qu'il considérait comme une corvée. Cette fois, il était empli d'un étrange sentiment qu'il ne connaissait pas : pour la première fois de sa vie, il ne cherchait pas à fuir le monde temporel, celui des humains. Il y entrait.

De toute façon, il ne pouvait y échapper : sa mère l'avait désigné comme exécuteur testamentaire. Il constata d'abord que les Newton-Smith comptaient parmi les plus gros propriétaires du comté. Une fois donnés à Benjamin les biens de son père, le révérend Barnabas Smith, il restait encore à Isaac Newton de très belles terres et un bétail considérable. Pour Mary et Hannah, qui avaient été solidement dotées lors de leurs mariages, il leur devait juste aide et protection, en cas de nécessité.

Mais ce n'était pas le plus compliqué. Il s'aperçut vite que sa mère avait laissé aller le domaine à vau-l'eau. Autant, avec lui, elle s'était montrée chiche pour lui verser sa pension annuelle, autant, avec ses débiteurs, elle avait été d'une indulgence coupable. Il lui faudrait donc réclamer lui-même fermages des loyers et des métayages impayés, affronter des querelles de bornage, exiger des dédommagements pour bris de clôture ou pâture de bétail errant.

Il finit par prendre plaisir à cet acharnement procédurier, trouvant un ennemi à sa taille en la personne d'un certain Richard Elston, seigneur du manoir voisin de Colsterworth, qu'il accusa, à juste titre, d'avoir profité de la faiblesse de Hannah Newton-Smith, et auparavant de l'analphabétisme de son premier mari, le père d'Isaac, pour leur voler vingt acres de terres contiguës aux deux domaines. Il signa ainsi sa première lettre comminatoire à ses voisins : « Isaac Newton, seigneur du manoir de Mortimer », ancien nom de Woolsthorpe, voulant prouver l'antériorité de sa famille sur ces lieux.

Il prenait son rôle de *gentleman-farmer* très au sérieux, mais, au fond de lui-même, il s'amusait beaucoup, comme au temps du calcul intégral. Il partait parfois saluer ses homologues de la région, sauf les Elston naturellement, qui étaient tous des cousins plus ou moins éloignés. Du moins le revendiquaient-ils. Ils montraient un immense respect pour le grand homme de la famille, et se perdaient devant lui dans des considérations généalogiques tendant à démontrer que les Newton et la famille de sa mère étaient d'ancienne lignée. Il s'intéressa donc un instant à ses ancêtres, crut déceler parmi eux quelques vieux noms de la haute noblesse, s'en trouva flatté, mais il préférera les oublier pour mieux bâtir sa légende de fils de paysans pauvres et incultes, né de ses propres œuvres.

Ce qui ne l'empêcha pas de faire aménager à grands frais l'intérieur du « manoir Mortimer » pour qu'en disparaissent ses côtés trop rustiques. Il le dota d'un grand et d'un petit salon, y installa des tentures, des tapis, de nouveaux meubles et une bibliothèque, afin d'y recevoir dignement ses hôtes potentiels. Dans sa chambre d'enfant, il troqua sa couche en fer contre un lit à baldaquins, aux tentures cramoisies bien sûr. Seule la façade du bâtiment central garda son aspect austère. Il restaura le pigeonnier et y réinstalla ses volatiles, pour affirmer ses droits et privilèges de seigneur du manoir de Mortimer.

Sa visite à son ancienne école de Grantham fut un moment de gloire. Stokes poussa vers lui un gamin d'une douzaine d'années, le meilleur de toute l'école, très doué pour le calcul et le latin, et qui avait en plus « une belle écriture ». Newton félicita l'enfant avec beaucoup de chaleur : le petit Humphrey portait le même patronyme que lui.

Son séjour à Woolsthorpe dura jusqu'à la fin de novembre, avec seulement un bref aller-retour à Cambridge pour y assister à la rentrée, et sans même ouvrir le courrier qui s'entassait sur sa table. À la vue d'une épaisse enveloppe à l'en-tête de Robert Hooke, il se contenta de répondre en quelques mots que de pressantes affaires de famille l'occupaient loin de Trinity College. Il lui fallait quand même ménager le secrétaire de la Royal Society.

10.

Mauvaise spirale et bonnes comètes

Après plus de six mois, estimant que ses affaires foncières étaient en ordre et entre de bonnes mains, puisqu'il les avait confiées à Mme Vincent, la petite Margaret pour qui il construisait jadis des maisons de poupées, il rentra à Trinity College. Quand la voiture noire descendit la grande allée désormais solidement empierrée qui menait au hameau, il s'aperçut enfin qu'il était orphelin. À trente-sept ans. Il pleura contre la paroi capitonnée de rouge de son joli véhicule.

James, là-haut, perché au-dehors sur son siège de cocher, criait de vigoureux « hue et dia » au beau cheval bai que son maître venait d'acheter à la foire de Grantham. Cette solide bête de trait n'aurait aucun souci à escalader la butte boueuse menant à Woolsthorpe, à cette lourde bâtisse que son maître appelait « manoir ».

Le soir même de son retour dans l'appartement du Trinity College, Newton entreprit de dépouiller son considérable courrier. C'était la meilleure façon d'ôter les habits de deuil du *gentleman-farmer*.

Il ouvrit d'abord l'épaisse lettre à en-tête de la Royal Society et de son secrétaire, Robert Hooke. En préambule, celui-ci lui proposait de reprendre leur correspondance, non plus sur l'optique, mais à propos de la gravitation des corps célestes. Il avait publié six ans auparavant une *Tentative de prouver le mouvement de la Terre*, et reprenait actuellement ses recherches sur le sujet. Hooke demandait en particulier l'opinion de Newton sur son hypothèse que les mouvements des planètes étaient composés d'un mouvement tangentiel et d'un mouvement d'attraction vers le corps central.

Newton eut un soupir exaspéré. Cela faisait belle lurette qu'il avait cessé de s'intéresser à la mécanique des corps célestes. Il devait bien traîner, dans son désordre, quelques papiers sur le sujet, mais il n'avait pas le courage d'aller les dénicher maintenant. Que cherchait donc ce gnome ? Une nouvelle querelle pour tenter de le mettre en faute ?

Il prit sa plume et commença par s'excuser de n'avoir pas répondu plus tôt, sa mère étant décédée et d'importantes affaires familiales le retenant loin de Cambridge. Puis il ajouta qu'il ne voulait plus s'occuper de ce genre de philosophie, « sauf peut-être pour quelques heures libres de divertissement ». La formule lui plut : il renvoyait ces enfants à leurs jouets. Puis il trouva cela trop brutal. Il précisa : « J'espère que ce ne sera pas interprété comme une méchanceté envers vous ou la Royal Society si je suis réticent à m'engager dans ces affaires. »

Puis la méchanceté reprit le dessus. Il affirma quelques lignes plus loin qu'il n'avait jamais entendu parler des travaux de Hooke sur la gravitation. Il mentait, mais maladroitement puisqu'un peu plus loin encore il faisait une allusion claire aux écrits du secrétaire de la Royal Society, montrant qu'il les avait lus, et très attentivement.

Il fallait conclure. Il hésitait sur la formule. Un autre coup de pied de l'âne ? À ce moment-là, une crainte le prit : Hooke lui lançait un défi. Et le secrétaire de la Royal Society risquerait de prendre sa dérobade comme un aveu d'ignorance. Et cela, Newton ne le supportait pas. Alors, son esprit se mit en ébullition. Sa plume s'agita en crissant sur le papier, tandis que la table couverte d'un papier buvard se maculait d'encre. Pour démontrer la rotation de la Terre, il fallait, suggérait-il, monter sur le toit d'une tour suffisamment haute pour que l'expérience soit probante. De là-haut, on lâcherait un objet. Son point d'impact sur le sol devrait en principe se situer à l'est du point de lâchage. Et, croquis à l'appui, Newton estima que l'objet, s'il avait pu continuer sa course jusqu'au centre de la Terre, aurait suivi une trajectoire en spirale.

Il conclut sa lettre au petit matin en affirmant qu'il était tout prêt à subir les objections de Hooke, répétant que son affection pour la philosophie était épuisée, ne pouvant s'empêcher d'ajouter qu'il ne désirait que consacrer son temps à sa propre satisfaction et au bien d'autrui. Ce qui voulait dire, entre les lignes, que ces spéculations inutiles ne l'amusaient plus depuis longtemps. Sa propre satisfaction était celle qu'il trouvait dans l'alchimie, et le bien d'autrui n'était autre que le salut de l'humanité par sa conversion à la religion naturelle, dont il était en train d'élaborer les canons et qui, quand elle serait universelle, dans quatre cents ans avait-il calculé, pourrait annoncer la fin des temps, prévue pour 2060.

Il ne relut qu'une fois sa réponse. Il était comme vidé de toute énergie et hésita un instant à aller se coucher. Il cacheta l'enveloppe. C'est alors qu'un autre colis attira son attention. Il provenait de John Collins, cet extravagant des mathématiques qui n'avait jamais cessé de le harceler. Curieux malgré tout, il l'ouvrit. Son correspondant toujours aussi zélé lui envoyait deux ouvrages de mathématiques, écrits par des Français et traitant de la géométrie des Grecs de l'école d'Alexandrie : Pappus, Aristée, Apollonius, et Euclide bien sûr.

Oubliant sa nuit blanche, Newton entreprit de les lire. Lire, ou plutôt dévorer. James lui apporta son petit déjeuner qu'il mangea machinalement, tout en continuant de tourner les pages de l'un de ces ouvrages. Puis il ressentit le besoin de prendre un peu de repos sur son nouveau canapé cramoisi. Les idées se bousculèrent derrière ses paupières closes. Il se redressa et dit à voix haute :

— Je ne suis qu'un âne bâté de cartésien ! Je continue de me fonder, en philosophie de la nature, sur leur univers entièrement mécanique qui ressemble à une pendule au mouvement perpétuel, construite par un horloger ne prenant même plus la peine de la remonter de temps en temps. Et moi qui me flattais d'aller toujours puiser chez les Anciens, eux qui détenaient toute la Vérité, je n'ai jamais été en matière de mathématiques qu'à cheval sur le dos de Cartes, ce valet de pique à quatre pattes !

Revenir aux sources, même en mathématiques. Toutefois, auparavant, il lui fallait réapprendre à connaître l'ennemi. Il retrouva, enfouie dans les rayonnages de sa bibliothèque, la *Géométrie* du valet de pique. C'était dans ce livre qu'il avait eu, longtemps auparavant, la révélation des mathématiques. Cette fois-ci, il allait attaquer Descartes à la gorge, point par point.

Il ne voyait pas le temps passer. Il disséquait l'œuvre du Français comme un médecin découpe un cadavre frais, viscère après viscère. Il y passait ses jours et ses nuits, annotant en marge des « pas d'accord !!! », des « erreur !!! », des « non géométrique ! », des « pas prouvé !!! », tandis que s'élaborait dans sa tête un article sur les « *Erreurs dans la Géométrie de Descartes* », qu'il rédigea sur sa lancée.

Puis il se replongea dans les auteurs de l'école de mathématiques d'Alexandrie. Pour parvenir à la certitude, les Anciens n'admettaient rien qui ne fût d'abord prouvé de manière synthétique. L'élégance de leurs démonstrations avait toute la beauté d'une statue de Phidias. Ces sages, même s'ils étaient païens, possédaient un savoir qui remontait à Moïse et qui s'était perdu par la suite. Les lois que lui, Isaac Newton, avait « redécouvertes », devaient être écrites dans un langage géométrique issu de celui des Anciens. Certes, les *Éléments* d'Euclide restaient insuffisants. Eh bien, ce serait à lui, Newton, de les compléter. Il démontrerait les propositions synthétiquement, afin que le système du monde puisse être fondé sur de la bonne géométrie, plutôt que dans le langage algébrique qu'avait inauguré le Français, ce « bousilleur ès mathématiques ».

Il décida d'en faire un ouvrage à publier. Il s'agissait de détruire la forteresse Descartes, de la raser telle une nouvelle Carthage. Et, pour mieux éliminer son ennemi, il ne citerait même pas son nom, mettant à la place de la mention attendue des blancs, comme il l'avait fait auparavant pour un autre rival, le Christ. N'était-il pas déjà en train de prouver, à chacune de ses expériences alchimiques, que les corps n'avaient pas une réalité absolue et indépendante, comme l'autre le prétendait ? Ah, l'imbécile, le faussaire, le pipeur de dés ! Bien sûr que la matière était dépendante : elle était dépendante de Dieu ! Dieu, omniprésent, qui ne s'était jamais reposé, même le septième jour, mais qui continuait à agir, encore et toujours, toujours et partout, sur le mouvement des astres, sur les cycles de la nature, sur l'âme des humains.

Ensuite, il s'attaquerait à ces autres citadelles cartésiennes : la physique et la métaphysique. Alors, une fois détruit le fantôme qui avait faussé les vingt premières années de ses études et hanté sa pensée, libéré enfin, il pourrait continuer sans entraves ses deux quêtes qui n'en faisaient qu'une, celle de la pierre philosophale et celle de l'Être qui dominait tout.

Il fut arrêté dans son élan belliqueux par la réponse de Hooke. Celui-ci, toujours aussi obséquieux, émettait une critique à propos de l'hypothèse de la chute en spirale d'un corps vers le centre de la Terre, spirale due, selon Newton, au mouvement de la planète. Il rétorquait que le corps, dans sa chute, n'atteindrait jamais le centre de la Terre, mais suivrait à jamais une trajectoire en ellipse, comme les corps célestes et selon les lois de Kepler.

En lisant ces lignes, Newton faillit mourir de rage : il s'était trompé, Hooke avait raison. Comment avait-il pu être aussi négligent ? Il eut d'abord envie de ne pas répondre, puis de se justifier à nouveau, en évoquant son désintérêt de la philosophie. Mais ce n'était pas possible, ç'aurait été reconnaître son erreur. Hooke chercherait, par ce biais, à exhiber sur la place publique cette erreur stupide à propos de la trajectoire en spirale, comme il l'avait fait jadis avec son hypothèse hasardeuse à propos de la lumière. Alors, rassemblant tout son courage, Newton expliqua à Hooke que la question n'était pas de grande importance et que le calcul de son correspondant était exact, mais que lui supposait que l'attraction se trouvait toujours inversement proportionnelle au carré de la distance.

Il crut mettre un terme à cette nouvelle controverse qui menaçait de se prolonger. Il se trompait.

— Bonjour, cher Isaac. Me voilà de retour. Mais pour une semaine seulement.

Newton sursaute à la voix forte de Wickins entrant dans le bureau.

— Ah, c'est vous, dit-il comme s'ils s'étaient quittés la veille alors qu'il n'avait pas vu l'autre depuis la rentrée de septembre. Vous tombez bien, j'ai besoin de votre avis éclairé. Jetez un œil à tout cela.

Et il lui tend les lettres de Hooke. Wickins est assez habitué aux manières de son ami pour ne pas s'offusquer de cette apparente indifférence à son égard. Après leur algarade de l'an passé, il avait tenté d'arrondir les angles, lors d'une de leurs rares rencontres, mais ce n'était pas la peine : Newton semblait avoir tout oublié. Ou plutôt, il avait changé de conversation et lui avait demandé de recopier une sorte de lexique du langage alchimique qu'il venait de rédiger.

Maintenant, Wickins lit avec une attention soutenue les lettres de Hooke. Un texte fort difficile, et pour essayer de le comprendre, il suit chaque mot avec son doigt en les murmurant. Quand il a fini, il relève la tête et dit :

— Que puis-je en dire ? Vous savez bien, cher Isaac, qu'en ce genre de matière, je n'ai pas forcément les compétences requises.

Newton hausse dédaigneusement les épaules et répond :

— Ce n'est évidemment pas ce que je vous demande, mon pauvre ami. Je fais seulement appel à votre solide bon sens. À votre avis, dans quel but Hooke me sollicite-t-il ainsi ?

— Cela me paraît clair. Il vous demande de travailler avec lui sur ce problème des graves, en tant que mathématicien. Lui chercherait les explications physiques du phénomène.

— Croyez-vous que je ne sois pas capable de faire ce travail tout seul ?

— Je n'ai jamais dit cela, mais...

— Vous vous trompez du tout au tout. Ce que cherche le roquet, c'est à me prendre en faute. Pour en ricaner avec la meute de la Royal Society. Et je me demande si vous n'êtes pas de mèche avec eux.

— Ah non, Isaac, vous n'allez pas recommencer! Vous avez demandé à consulter mon solide bon sens, comme vous dites. Et le bons sens en question vient de vous dire ce qu'il en pensait. Si vous croyez que ma réponse est l'effet de je ne sais quel calcul biscornu de ma part, eh bien restons-en là ! Je n'ai jamais comploté contre vous, sinon jadis avec le défunt Isaac Barrow, quand il a fallu vous traîner hors de ces murs où vous mettiez votre santé en péril !

Newton répond, avec un sanglot dans la voix :

— Pardonnez-moi, Vieux John. Mais, depuis le décès de ma pauvre maman, il y a des moments où je ne sais plus ce que je dis.

Pourtant habitué aux roublardises de son ami, Wickins est dupé par le ton de désespoir qu'Isaac a pris en prononçant ces mots. Il le soulève doucement de son fauteuil et le serre contre sa poitrine :

— Allons, cher vieux, allons, ne vous mettez pas dans des états pareils pour des choses d'aussi peu d'importance. Écoutez un peu le conseil de mon gros bon sens. Ces lettres de Hooke vous mettent dans l'embarras ? Eh bien ! N'y répondez pas, voilà tout. Vous n'y êtes nullement obligé. D'ailleurs, vous lui avez répété maintes fois que vous ne vouliez plus vous occuper de philosophie. S'il n'a pas compris cela, votre Hooke est un sot.

C'est exactement ce que Newton voulait entendre. Il hésite un instant à s'épandre en pleurs sur l'épaule de Wickins, puis se dit que ce serait peut-être exagéré. Il se contente de renifler, se dégage et dit avec un air résigné :

— Vous avez raison, John, vous avez raison. Comme toujours. Je ne répondrai pas. Alors peut-être enfin ces gens me laisseront à mon deuil et à mon chagrin.

Il décida, dès le lendemain, de se remettre au Grand Art et à l'étude des textes sacrés. Mais le cœur n'y était plus. Quelques temps après, un certain Thomas Burnett lui demanda de lire le manuscrit d'un livre qu'il projetait de publier l'année suivante : *La Théorie sacrée de la Terre*. Newton connaissait ce Burnett pour l'avoir rencontré lors des réunions secrètes des alchimistes de Londres, où il s'était rendu de rares fois, à l'invitation de Boyle ou de Foxcroft. Il lut l'ouvrage avec d'autant plus de plaisir que l'auteur n'interprétait pas les prophéties comme un récit de l'histoire à venir, mais démontrait que le livre de Moïse, la Genèse, décrivait l'univers tel que Copernic, Kepler et Galilée l'avaient redécouvert, bien longtemps après, la Terre et les planètes tournant autour du Soleil et sur elles-mêmes. L'interprétation du sens caché du Pentateuque y était fort bien menée. C'était un joli pied de nez aux papistes, qui continuaient de prêcher le système bâtard de Tycho Brahé. Newton lui répondit donc de bon cœur, mais attesta que, contrairement à ce qu'affirmait son correspondant, le monde tel qu'il avait été créé n'était pas le même qu'aujourd'hui. Ainsi, les sept jours de la Création étaient beaucoup plus longs qu'actuellement, et Dieu avait accéléré par la suite la rotation du globe.

Burnett soutenait également que la figure elliptique des orbites planétaires était une déchéance temporaire de la perfection première et dernière. Avant la Chute, les planètes suivaient des routes exactement circulaires. Le Déluge, causé par une comète messagère du courroux divin, avait tout défiguré ; la trajectoire de la Terre s'était allongée ; son axe, jadis perpendiculaire, s'était incliné ; et la boule bien lisse qui avait été le premier Jardin, sans océans ni montagnes, s'était déformée. La Conflagration finale restituerait sa forme pour le règne des Saints. Newton rétorqua que le Grand Alchimiste avait figé dès le départ les trois liquides primordiaux en solides irréguliers qui avaient donné les montagnes.

En tout cas, cet intermède le stimula pour reprendre ses études théologiques et alchimiques. Le temps passa. Newton, apaisé, vivait comme il avait toujours voulu vivre. Parfois, la Royal Society le sollicitait sur un point ou un autre, comme d'aider l'un des leurs à entreprendre une description générale de l'Angleterre. Il y répondait volontiers, pour montrer sa bonne volonté à l'égard de l'institution, et dans la mesure où cela n'entravait pas la bonne marche de ses travaux personnels.

Le monde extérieur revint à lui sous la forme d'une comète, qui apparut au début du mois de novembre 1681, avant l'aurore, et disparut quelques semaines plus tard. Comme tout le monde, Newton l'observa dans sa fameuse lunette, puis à l'œil nu, ou du moins derrière un gros monocle qui corrigeait sa légère myopie. Puis il redescendit dans son laboratoire.

Deux semaines après, une nouvelle comète apparut en début de soirée. Elle s'éloignait du soleil. Au fil des jours, elle devint énorme. Sa queue atteignit quatre fois la largeur de la Lune. Newton y prit beaucoup plus d'intérêt qu'à la première.

Un soir, une de ses connaissances, un professeur au Jesus College du nom de James Crompton, vient lui rendre visite alors que, perché sur l'une des quatre tours du portail d'entrée, malgré le froid et la bise coupante, il a l'œil collé à un nouveau télescope de trois pieds de long qu'il a fabriqué pour l'occasion, afin d'observer l'astre libre se mouvoir au-dessus de la chapelle de King's College. Pour une fois, le ciel est parfaitement pur de tout nuage.

Les deux hommes redescendent jusqu'à l'appartement du professeur lucasien, jouxtant, à droite en entrant et sur deux étages, le portail monumental du collège de la Trinité. Au rez-de-chaussée, le laboratoire et le bureau ; à l'étage, chambres et salons. Sous les combles, quelques petites pièces. Grâce à son opiniâtreté, Newton est devenu le mieux loti de tous les enseignants de Cambridge.

James a chauffé l'étage d'une grande flambée. Isaac invite son visiteur à dîner et celui-ci accepte. Tandis que le domestique s'active en cuisine, Crompton explique le motif de sa venue : l'astronome du roi, John Flamsteed, lui a envoyé un courrier sur les comètes, à charge pour lui de le transmettre à Newton.

Isaac connaît Flamsteed pour l'avoir reçu quelques années auparavant, alors que celui-ci venait examiner sa lunette au nom de la Royal Society. Il avait été séduit par l'enthousiasme de l'astronome, de quatre ans son cadet, mais aussi par la façon dont Flamsteed avait convaincu ses collègues de la Royal Society et le monarque lui-même, du bien-fondé de la création d'un véritable observatoire céleste, à Greenwich, dans la banlieue de Londres, pouvant concurrencer celui que le Roi Soleil venait d'ériger à Paris.

Oubliant la présence de Crompton, Newton se plonge dans la lecture de ces lettres. Cela dure un quart d'heure. Il émet des petits grognements, tantôt d'approbation, tantôt de scepticisme. Enfin, il relève la tête et paraît découvrir la présence de son hôte.

— Cher ami, je... Ma parole ! Mon domestique ne vous a rien servi à boire. Je vais vous chercher un petit bordeaux que je garde au frais dans mon bureau. Vous m'en direz des nouvelles. Je reviens dans un instant.

L'instant en question se prolonge singulièrement. James entre et annonce que le souper est servi.

— Je suis inquiet pour votre maître, s'enquiert Crompton, voilà bien dix minutes qu'il est parti au rez-de-chaussée. Avec le froid qu'il fait, peut-être a-t-il eu un malaise.

— Ne vous faites pas de souci, monsieur, répond un James désabusé. Cela lui arrive souvent d'oublier ses invités, quand une idée lui vient. Suivez-moi, je vous prie. Vous allez constater par vous-même.

James et Crompton descendent l'escalier menant au bureau et au laboratoire. Le domestique entrebâille la porte et invite le professeur de Jesus College à contempler le spectacle : devant une grande table où s'empilent des papiers et des cahiers, tandis que la bouteille promise et les deux verres luisent à la lueur d'une lanterne, Newton écrit. James entre alors et claque très fort dans ses mains en criant :

— Le souper est servi, maître, et M. Crompton a très faim !

Newton relève la tête, hagard, comme si on le sortait d'un rêve délicieux.

La théorie de Flamsteed tranche sur celle communément admise : il n'y a, selon lui, non pas deux comètes mais une seule. Elle aurait inversé sa trajectoire à proximité du Soleil. Ce qui signifie, si son hypothèse est exacte, que les trajectoires de ces astres chevelus ne sont pas rectilignes, ni leurs apparitions irrégulières, comme tout le monde le pense. Elles aussi, comme les planètes, suivent des chemins elliptiques, et reviennent donc dans le ciel à intervalles réguliers. Toutefois, l'astronome du roi ne tire pas ces conclusions de son hypothèse et ne démontre rien.

Crompton et Newton passent le souper à discuter de cela. Puis, sous les yeux de son invité, Isaac rédige sa réponse, que son invité transmettra à l'astronome du roi. Le professeur lucasien y expose ses réticences : il est bel et bien convaincu qu'il y a deux comètes, et que ces corps célestes échappent aux lois de la gravitation.

La réponse de Flamsteed ne se fit pas attendre. Il admettait certaines des objections de Newton, mais persistait dans son idée qu'il n'y avait qu'une seule et même comète. Selon lui, le Soleil et la comète avaient agi comme deux aimants, le Soleil attirant puis repoussant la comète. Newton n'avait pas envie de pousser plus loin le débat. Cela lui paraissait trop confus. Et puis, au fond, ça ne l'intéressait pas. Ça ne l'intéressait plus. Il répondit en disant qu'il maintenait ses objections et qu'il y avait deux comètes. Une fois le courrier parti, il ressentit comme un goût d'inachevé. D'autant qu'il savait que Hooke partageait son opinion sur le sujet. Deux comètes, ou une seule ?

Il se décida à demander à plusieurs personnes qui avaient observé ces deux passages de bout en bout de lui donner les éléments qu'ils possédaient sur leur trajectoire. Il en fit de même lors du passage d'une autre comète, un an plus tard, et consulta cette fois, en plus des autres, un jeune astronome de retour de Sainte-Hélène, que l'on disait en froid avec Flamsteed : Edmund Halley.

Il reçut alors des colonies du Nouveau Monde, du Maryland précisément, toute une table d'observations sur cette deuxième ou troisième comète. Elle lui était adressée par Arthur Storer. Arthur Storer ! Le frère de la petite fille avec qui il avait tant joué à la poupée, quand la vie était si limpide, à Grantham, et que son souvenir en faisait des années heureuses ! Avec Arthur, c'était autre chose : en ce temps, ce garnement ne cessait de se moquer de lui et de ses manières de fille. Pour lui prouver le contraire, Newton lui avait flanqué la plus belle raclée de sa vie. Mais les chamailleries d'enfants ne sont rien, en matière de cruauté, si on les compare aux disputes de savants...

En tout cas, les données rassemblées sur les comètes lui firent vite constater que Flamsteed avait eu raison : durant l'hiver 1680-1681, il n'y en avait eu qu'une. Et, de même que la visiteuse de 1682, elle avait suivi une trajectoire elliptique. Elles n'étaient donc pas des vagabondes tombant tout droit dans l'espace pour ne plus jamais revenir, mais elles subissaient l'attraction du Soleil, comme les planètes, obéissant aussi aux règles de Kepler.

Une nouvelle fois, dans sa brève correspondance avec Flamsteed, il avait manqué de prudence et s'était trop avancé, répondant à l'instinct sans trop faire attention à ce qu'il écrivait, tellement sûr de sa supériorité sur eux, et mésestimant leurs capacités. Il fut alors écartelé entre l'envie de poursuivre ses travaux astronomiques, en faisant la démonstration mathématique des lois de Kepler – le matériel qu'il avait amassé autour des comètes lui en donnait la possibilité –, et l'irrésistible besoin de se replier sur lui-même, dans sa solitude, entre la Bible et ses chaudrons. Mais ces autres-là ne risquaient-ils pas de le devancer? Non, trop petits pour cela, songea-t-il, trop petits...

L'année 1682 passa à ce genre de joyeusetés. L'observation des comètes, le sort de ses anciens étudiants ou les communications farfelues en provenance de la Royal Society furent pour Newton comme une récréation au milieu de ses travaux alchimiques et théologiques. Convaincu qu'il ne reviendrait jamais aux mathématiques et à la philosophie naturelle, il ne se rendait pas compte qu'à Londres, l'admiration et la crainte qu'on lui portait allaient grandissant. À Londres, mais aussi à Paris, Rome ou Leipzig.

Admiration et crainte que partageait Wickins. Pourtant, cela faisait tout juste seize ans qu'ils vivaient dans le même appartement et mangeaient à la même table. Le départ définitif de Cambridge de Vieux John était prévu depuis de longs mois; toutes les formalités avaient été réglées avec la direction du collège, les dates de son installation dans le presbytère de Stoke Park et de son mariage étaient également arrêtées, mais il n'avait toujours pas osé annoncer la nouvelle à Isaac, espérant que ses absences, de plus en plus prolongées, avaient préparé son ami à cette séparation définitive. Il se décida enfin, deux jours avant son départ. Et pour éviter tout éclat, il l'invita à la taverne de la Rose, pour le dîner.

Contrairement à ses craintes, Newton fit très bonne figure, félicitant son ami, affirmant qu'il se doutait de cela depuis très longtemps, lui reprochant enfin, sur le ton de la taquinerie, de n'avoir pas pensé à lui pour être le témoin de ses noces. Wickins s'en excusa mille fois, plaidant qu'il avait été obligé de prendre pour cela un riche cousin, et songeant que de toute manière son convive aurait refusé à grands cris. Ils rentrèrent bras-dessus bras-dessous au collège, apparemment ravis l'un de l'autre.

Le lendemain, Wickins ne rencontra pas Newton, sans doute enfermé dans son laboratoire. D'ailleurs, il était lui-même trop occupé à faire ses malles. Il invita quelques amis à un repas d'adieu avec lui à l'auberge, sauf Isaac, qui était introuvable. Au matin du départ, il voulut le saluer une dernière fois. Mais la chambre était vide, le bureau également, ainsi que le laboratoire. L'autre avait disparu. Quand Wickins alla signer une ultime fois le registre, à la conciergerie, il s'aperçut que le dernier à avoir signalé son départ dans le grand cahier était, la veille au matin, Isaac Newton. Il n'avait pas donné pas sa destination.

Il s'est réfugié dans son nid, à Woolsthorpe. Wickins l'a trahi. Il se doutait bien que cela arriverait un jour, mais maintenant, alors qu'il a le plus besoin de lui, alors qu'il s'apprête à clore enfin une œuvre définitive, un acte de prophète, son ouvrage sur la religion naturelle, le Vieux John l'abandonne. De fait, ce n'est pas l'ami que Newton maudit pour son abandon, mais le secrétaire bénévole recopiant ses gribouillis de sa belle écriture. S'il a quitté ainsi Cambridge la veille du départ de Vieux John, c'est pour bien montrer à ce traître que c'est lui, Isaac, qui prend toujours l'initiative.

Newton n'a aucune notion du temps qui passe. Ou plutôt, pour lui, ce temps est lisse, uniforme, du moins dans la vie quotidienne. C'est hier qu'il a rencontré Wickins sous le péristyle de Trinity College, c'est hier que sa mère est morte. Les absences prolongées et à répétition de son compagnon sont pour lui récentes, et expliquent son départ définitif, qu'il juge précipité par les pressions exercées sur lui par ses ennemis.

Qui va remplacer Wickins ? Il lui faut un secrétaire, un vrai, quelqu'un de sûr qui n'ira pas rapporter la teneur de ses travaux à ces plagiaires de la Royal Society.

La chance vient à son secours. Un jour, entre deux averses, il dirige les travaux des jardiniers. Il désire que l'allée montant au manoir soit désormais bordée par deux haies de buis derrière laquelle se déroulerait une pelouse ornée de bosquets de fleurs. Il veut transformer ce qui avait été jusqu'à présent une prairie en pente où les moutons paissaient en un véritable parc digne d'accueillir ses visiteurs. Il a dressé ses plans avec une lunette d'arpenteur de sa fabrication, et exige de ses ouvriers que les massifs soient plantés à la place exacte qu'il a déterminée sur le papier, en tenant compte de la date de floraison, pour que la pelouse soit colorée en permanence, du moins du début du printemps à la fin de l'automne. Un vague rêve le berce de quitter un jour Cambridge et sa chaire lucasienne pour s'installer définitivement à Woolsthorpe afin d'y poursuivre ses travaux, dans le plus grand isolement, loin de la Royal Society et de ses solliciteurs.

Le portail d'entrée s'ouvre en grinçant, tandis que la cloche se met à tinter. Un gros garçon tout vêtu de noir escalade l'allée, soufflant comme un piston inventé par Robert Hooke, une grosse serviette sous le bras et tirant une mule rétive. Il se plante devant Newton, ôte son bicorne dont il balaye les graviers en s'inclinant presque jusqu'au sol.

— Vénéré maître, se présente-t-il, le directeur de l'école de Grantham, l'illustre M. Stokes, m'envoie vers vous pour solliciter vos lumières. Mon nom est Humphrey Newton, car j'ai l'insigne honneur de porter le même patronyme que vous.

Isaac a du mal à réprimer un sourire à l'écoute de ces propos amphigouriques que ponctue un léger zézaiement.

— Eh bien, dit-il joyeusement, passons dans mon bureau. Je tâcherai de vous éclairer… de mes lumières.

Le bureau en question n'est en fait que le petit salon que Newton a aménagé, tout tapissé de livres entassés à la diable dans leurs rayonnages. Humphrey sort de son cartable une lettre de recommandation du directeur de l'école de Grantham, chez qui, jadis, Isaac a été pensionnaire. Le vieux Stokes lui demande s'il ne peut pas aider ce jeune homme à obtenir une bourse au Trinity College. Newton se souvient alors que son vis-à-vis lui a déjà été présenté cinq ans auparavant, lors de la mort de sa mère. Humphrey a maintenant dix-sept ou dix-huit ans. Il donne des cours de latin et de mathématiques à l'école de Grantham. Newton le dévisage quelques minutes et lui trouve une bonne tête, ronde et joufflue ; le regard est vif, le front large dénote une certaine intelligence. Isaac, sans trop savoir pourquoi, lui fait immédiatement confiance. Comme toujours, il se fie à sa première impression.

— Mon garçon, dit-il, vous semblez un peu trop âgé pour devenir boursier. D'ailleurs, au vu de vos connaissances et de votre cursus, poursuivre vos études à Cambridge ne vous apporterait rien. L'enseignement y est de plus en plus désastreux. Toutefois…

Il laisse un long instant sa phrase en suspens, pour mieux savourer la mine déconfite de Humphrey, mâtinée de la lueur d'espoir que ce « toutefois » a allumé dans l'œil du gros garçon.

— Toutefois, poursuit-il enfin, mon assistant vient de me quitter. Trinity College ne me fera aucune difficulté pour me fournir un remplaçant un peu plus constant et efficace que ce paresseux ignare. Qu'en pensez-vous ?

Tandis qu'Humphrey se confond en remerciements, Newton croise les doigts devant sa bouche et dit d'un ton sévère :

— Mon bon Humphrey, je vous remercie d'accepter mon offre. Mais je vous préviens : votre tâche ne sera pas une sinécure. Nous commencerons le plus tôt possible. Restez donc à souper. Mon domestique va vous installer une chambre. Vous irez demain chercher vos affaires à Grantham.

Ainsi fut fait. Durant les deux semaines qui suivirent, Humphrey se révéla un secrétaire efficace, discret, ordonné, méticuleux. Et, surtout, il avait une très belle écriture. En épluchant soigneusement les règlements de l'université, il trouva quel pourrait être son statut : celui de boursier sous le tutorat de Newton. Ainsi, celui-ci n'aurait pas à le salarier. Humphrey ne prit qu'une initiative : commencer à ranger la bibliothèque de Woolsthorpe. En voyant cela, Newton lui interdit vertement de poursuivre ce classement, lui expliquant que ce désordre apparent possédait en réalité un ordre caché où lui seul pouvait se retrouver, et que désormais le secrétaire n'entreprenne rien sans en avoir parlé auparavant à son maître. Humphrey se le tint pour dit.

Après quatre semaines de séjour à Woolsthorpe, Newton jugea qu'il était temps de revenir à Cambridge : Humphrey y compenserait le vide laissé par le départ de Wickins. De plus, il occuperait moins de place dans l'appartement. Enfin, et surtout, le gros garçon montrait en permanence un dévouement sans faille. Isaac avait tenté de connaître ses opinions religieuses et avait fini par se convaincre que le jeune homme partageait les siennes. En effet, Humphrey possédait cette étrange manie qu'ont un certain nombre de gens au caractère faible et influençable, de répéter systématiquement la dernière phrase de leur interlocuteur avant de la développer en abondant dans leur sens.

Malgré ce petit défaut agaçant, sitôt installé au Trinity College, Humphrey se montra d'une efficacité parfaite. Il régla facilement la question de son statut auprès de l'administration. Il est vrai que le prestige du professeur lucasien n'était pas pour rien dans ce qui était en vérité un passe-droit. Le directeur de l'établissement ne se fit pas faute de le lui rappeler, et de lui apprendre également que son maître n'avait pas déposé ses cours à la bibliothèque du collège depuis plus de dix ans, alors qu'il y était légalement tenu.

Quand Humphrey rapporta cette omission à Newton, celui-ci répliqua négligemment :

— Ah ! Ils veulent mes cours d'algèbre ? Eh bien ! On va leur en donner pour leur argent !

Et en un tournemain, ou du moins en deux semaines, puisant allègrement dans plusieurs articles qu'il avait écrits par le passé, il rédigea un ouvrage, très simple dans son aspect. Il ne put s'empêcher d'y envoyer quelques piques à son vieil ennemi *post mortem*, René Descartes, sans toutefois le nommer, c'eût été lui faire trop d'honneur. Il se contenta de dénoncer « les contemporains » qui, mêlant dans une même soupe arithmétique et géométrie, perdaient l'élégance des Anciens. Après avoir recopié le manuscrit, Humphrey le déposa à la bibliothèque.

Quelque temps après, l'un de ses rares étudiants et le meilleur d'entre eux, ce qui n'était pas en soi un exploit, vint lui rendre visite ; il avait lu ses cours d'algèbre et se proposait de les faire publier par l'imprimerie du collège. Il suggéra même un titre à ce manuscrit qui n'en avait pas : *Arithmétique universelle*. Newton accepta volontiers, et retravailla l'ouvrage en s'adressant « au lecteur » afin de lui donner plus d'élégance encore.

Puis il retourna à ses chères marmites et à ses chers Prophètes, se juchant à nouveau, la paix dans l'âme, sur l'épaule de ses géants.

Son *Arithmétique universelle* eut un retentissement immédiat dont il ne se soucia guère, du moins dans un premier temps. La communication de l'ouvrage par John Wallis fut applaudie debout par la Royal Society. Newton s'en amusa, car son livre était inachevé : il l'avait interrompu, par lassitude, au milieu d'un exposé sur la construction des équations cubiques. Le même John Wallis, ce grand mathématicien qui lui avait appris à se départir de Descartes, publia peu après *Une proposition sur l'impression d'un traité d'algèbre*. Il y exposait la méthode de Newton pour le calcul des séries infinies, et reconnaissait ainsi que le disciple avait largement dépassé le maître. Isaac jubila. Lui parvint également d'Allemagne une critique aussi dithyrambique qu'anonyme, affirmant que l'*Arithmétique universelle* contenait « certains traits extraordinaires que l'on chercherait en vain dans de gros volumes d'analyse ». Cela le combla d'aise. Puis cela commença à l'inquiéter. En lui communiquant cet article allemand, Hooke lui avait donné le nom de l'auteur. Et Newton se souvint que, jadis, il avait eu un bref échange épistolaire avec ce Prussien. Un Prussien qui, précisément, lui avait demandé des renseignements sur sa méthode de calcul des infiniment petits, prétendant que lui-même avait trouvé en ce domaine sa propre démarche. Ce pseudo philosophe teuton ne cherchait-il pas, tout en se livrant à de basses flatteries, à s'approprier ses découvertes ? Que lui voulait ce parfait inconnu, ce dénommé Gottfried Wilhelm Leibniz ?

III.

Le géant sans épaules

11.

Le pari

Au fond de sa placette couverte de neige, la maison d'Arundel Street semble plus triste encore. À l'intérieur, le petit amphithéâtre de la Royal Society ne reçoit ce jour-là que quatre personnes : Robert Hooke, premier secrétaire de l'académie londonienne ; son inséparable ami Christopher Wren, le fameux architecte qui est en train d'achever l'abbaye de Westminster ; un nouveau venu, Edward Paget, chaudement recommandé par Isaac Newton mais dont nul n'a encore compris quelles sont les compétences, sinon sa capacité à absorber des quantités phénoménales de gin. Le quatrième membre de la savante assemblée n'est autre qu'Edmund Halley.

Ce n'était naturellement pas sa réputation de redoutable séducteur et d'esprit fort qui avait fait élire Halley à la Royal Society, quatre ans auparavant, alors qu'il n'avait que vingt-deux ans, mais son remarquable catalogue des étoiles de l'hémisphère austral, établi lors de son voyage à l'île de Sainte-Hélène. Sans oublier l'invention d'un sextant plus fiable, ses observations océanographiques, lunaires, etc. Un an après son élection, la Royal Society l'envoyait à Dantzig pour vérifier l'exactitude des observations faites par l'astronome polonais Hévélius. Robert Hooke les avait mises en doute, soupçonnant qu'elles avaient été faites à l'œil nu. En fait, l'un des principaux soucis du secrétaire de la Royal Society était d'affirmer la prééminence de la science anglaise sur toute les autres, et de faire de l'académie de la rue Arundel la capitale mondiale du savoir.

Hévélius, alors âgé de soixante-trois ans, avait été un peu surpris et choqué de voir débarquer dans son observatoire ce jeune et sémillant Anglais, plus soucieux d'examiner l'anatomie de sa gracieuse gouvernante que ses tables de calculs astronomiques. Mais, très vite, il s'était aperçu que Halley était étonnamment doué, d'autant qu'au bout de deux mois l'astronome britannique repartait pour Londres pour y confirmer l'exactitude de ses observations. Robert Hooke avait bien grogné un peu, c'était dans son caractère, mais il avait fini par s'incliner.

En revanche, Halley s'était fait un redoutable ennemi en la personne de son ancien professeur à Oxford, le premier astronome du roi, John Flamsteed, jaloux de la renommée grandissante de ce fils de marchand de savon qui n'avait même pas daigné achever son cursus universitaire. Alors commencèrent à se colporter des rumeurs sur les mœurs débauchées de Halley, et les bâtards qu'il aurait semés de l'Atlantique sud à la Baltique.

Pour aggraver les choses, Halley avait eu la maladresse d'affirmer devant la Royal Society que l'univers aurait été créé quelque quatre millions d'années plus tôt que ne l'avait décrété l'Église d'Angleterre. Il avait osé proférer un tel blasphème après une conversation privée qu'il avait eue avec Robert Hooke à propos des comparaisons entre insectes vivants et fossiles. Le secrétaire de la Royal Society avait approuvé cette hypothèse et l'avait poussé à en faire la communication devant l'académie londonienne. Le scandale fut énorme. Même le roi Charles II, passionné d'astronomie, et qui le protégeait depuis le voyage à Sainte-Hélène, ne pouvait rien pour lui.

Hooke et Wren lui conseillèrent de se faire oublier quelque temps. Halley fit donc son tour d'Europe, comme tout jeune Anglais fortuné. C'est à l'observatoire de Paris qu'il observa, à l'invitation de son directeur Jean-Dominique Cassini, la double comète de l'hiver 1680-1681. Ils ne tranchèrent pas sur le point de savoir si ce double passage était le fait de deux ou d'une seule comète, mais ils constatèrent qu'elles suivaient une trajectoire elliptique, donc qu'elles pourraient fort bien répondre aux mêmes lois de Kepler que les planètes. Halley s'abstint d'envoyer un courrier en ce sens à Londres, de peur d'envenimer les choses, car Flamsteed avait fait de ces deux comètes une affaire personnelle. Puis il descendit sous les cieux cléments d'Italie, ou plutôt le ciel du lit des belles Piémontaises. Après plus d'un an de périple, il jugea qu'il pouvait rentrer en Angleterre.

Sitôt qu'il apprit son retour, Flamsteed reprit ses attaques contre lui ; l'astronome du roi affirma haut et fort qu'il ne remettrait plus les pieds à la Royal Society tant qu'elle abriterait cet athée débauché. Pour tenter de calmer les choses, Edmund décida de faire une fin en se mariant avec un très honorable parti, dont il était tombé sincèrement amoureux. Mais son vieux savonnier de père jugea qu'il était temps, pour lui aussi, après dix ans de veuvage, de convoler en justes noces, et trouva charmant de fixer les deux cérémonies le même jour au même endroit. Il s'était quant à lui choisi une jeunesse, dont la réputation n'était pas des plus immaculées. Autant le parti royal de la Society, Christopher Wren et Robert Hooke en tête, estima la double noce aussi amusante que la double comète de naguère, autant le parti puritain, dont Flamsteed était le chef, y vit une nouvelle preuve de la débauche sévissant dans la famille Halley.

Quant à celui qu'on appelait l'ermite de Cambridge, Isaac Newton, le plus puritain de tous les puritains, la vie privée du jeune astronome et de son père ne l'intéressait pas. D'ailleurs, après le passage de la comète de 1682, il avait, dans une lettre d'une courtoisie exquise, demandé à Halley de lui communiquer le fruit de ses observations. À Halley, mais pas à Flamsteed. Il l'informait qu'il ferait un bref passage à Londres et lui donnait rendez-vous à son auberge. L'entretien y avait été bref. Visiblement, le lunatique professeur lucasien n'avait pas à ce moment-là la tête aux comètes. Le jeune astronome ne lui en tint pas rigueur, il avait entendu parler de l'étrange caractère d'un homme que pourtant il admirait pour ses travaux mathématiques.

Mais, en ce froid matin de janvier 1684, dans le petit amphithéâtre mal chauffé de la Royal Society, nul ne songe à l'ours de Cambridge. Enfoui jusqu'au menton sous une énorme pelisse, Robert Hooke a tout l'air d'un écureuil s'apprêtant à grignoter une noisette.

— Je crois qu'il ne viendra plus personne, dit-il d'une voix grelottante. Trois flocons de neige, et voilà la Society réduite à quatre personnes. Et quand surviendra le premier rayon de soleil, ils seront tous à savourer les joies de la campagne. Il faudra bien un jour changer les règlements et sévir contre cet absentéisme systématique.

— Si nous passions à l'ordre du jour, propose Christopher Wren, qui nous concerne tous trois au premier chef. Enfin... tous quatre, monsieur Paget, tous quatre.

Le professeur de mathématiques au Christ's Hospital a trop l'habitude de ce genre de piques pour se froisser. Il se complaît d'ailleurs à conforter sa réputation grandissante de pilier de cabaret : il se croit invulnérable, car protégé par Isaac Newton. Et s'il s'est rendu à cette réunion dont le thème est « déterminer les mouvements célestes selon des principes philosophiques », c'est plus parce que ses habituels compagnons de bamboche ont préféré rester chez eux que par réel intérêt pour une discussion sur les lois de Kepler. Et, comme à son habitude, il se caricature :

— Il fait vraiment trop froid, ici. Je suggère que nous allions débattre au Café Jacobs, au coin de la place, dans un petit salon chauffé par une belle flambée.

— Si l'on vous suivait dans vos propositions, monsieur Paget, réplique sèchement Hooke, nous y serions tout le temps.

— Je trouve pour ma part que c'est une fort bonne idée, dit enfin Halley. Arundel House tombe en ruines. Et il faudrait un jour évoquer devant Sa Majesté...

— Vous savez bien qu'un déménagement dans des lieux plus décents est en ce moment impossible. L'armée, les sociétés de marchands et d'armateurs investissent tout. On nous a déjà chassé de Gresham College, après la grande peste, pour y installer un office de change. Alors... Que peut faire contre cela une poignée de philosophes ? réplique Hooke en prenant une mine désespérée.

Wren préfère interrompre cet échange. Par sa fonction de *Surveyor General* auprès de la Couronne, il sait que Charles II, malade et la cinquantaine venue, s'isole sur son trône. Il constate aussi que le monarque, très généreux naguère pour ses savants, comme le montre la création de l'observatoire érigé par Wren, n'ouvre plus dorénavant sa bourse à des philosophes, qu'il considère tous comme des esprits forts.

— Allons dans la taverne où M. Paget veut nous enivrer, propose-t-il. Vous êtes en minorité, mon cher Hooke, vous devez vous incliner.

Ils n'ont qu'à traverser la placette et à marcher encore quelques pas pour atteindre le Café Jacobs. Son propriétaire, venu des rives du Bosphore, a été le premier à fonder ce genre d'établissement, imitant ceux qui fleurissent du côté de la Sublime Porte. Wren, Hooke et les autres fondateurs du Collège Invisible ont été parmi ses premiers clients : ils peuvent se réunir en toute discrétion et dans des conditions de confort les plus agréables, loin d'une université placée sous étroite surveillance. Derrière des cloisons capitonnées, dans de profonds fauteuils de cuir disposés autour de tables basses, les savants peuvent s'y délasser tout à leur aise ou poursuivre leurs débats de façon plus intime, tandis que, dans le cabinet d'à côté, d'anciens officiers de marine ressassent leurs souvenirs des ports de Boston et d'Istanbul, ou des putains de Mokha et d'Aden.

Quand les quatre membres de la Royal Society entrent, quelques serveurs enturbannés et en culotte bouffante se précipitent vers eux pour leur ôter leur pelisse, et les précèdent jusqu'en haut d'un escalier tapissé, qui embaume des vapeurs du breuvage arabique. Paget, lui, s'est discrètement éclipsé dans une arrière-salle du rez-de-chaussée où l'attendent des capitaines de la compagnie des Indes, cartes à jouer ou dés en main, dégustant des boissons bien plus revigorantes.

Les trois autres savants s'installent dans un petit salon chauffé par une puissante flambée. Un serveur leur ôte leurs chaussures détrempées et leur enfile des pantoufles, tandis qu'un autre, qui a apporté un grand plateau d'argent où sont disposés gâteaux et marmelade, verse de haut, dans leur tasse en porcelaine, un long jet de café dont pas une goutte n'éclabousse le napperon de dentelle. Impatienté par ce trop lent cérémonial, Robert Hooke leur ordonne sèchement d'apporter plumes, encre et papier.

— Reprenons donc l'ordre du jour, dit-il quand les « Turcs » sont partis. Il s'agit de la détermination des mouvements célestes selon des principes philosophiques.

— Ne soyez pas aussi formaliste, mon cher Bob, réplique Wren avec un fin sourire. Nous sommes entre nous, et nous savons bien que cet énoncé n'est qu'un bel écrin pour tenter d'attirer aujourd'hui les moins frileux de nos sociétaires. Le vrai débat doit tourner autour de mon hypothèse proposant que l'attirance des planètes vers le Soleil décroisse en proportion du carré de la distance, provoquant ainsi leur trajectoire elliptique découverte par Kepler, et non en cercle comme l'avait imaginé Copernic. Pour ma part, depuis le temps que je me penche sur la question, j'ai le sentiment de n'être pas loin de pouvoir démontrer ce qui n'était à l'origine qu'une intuition, fruit de nos observations communes, messieurs. Depuis, je n'ai guère avancé et me heurte sans cesse à un obstacle, dérisoire sans doute, mais qui m'empêche d'arriver au but.

— Je dois avouer, monsieur le chevalier, répond Halley, que j'étudie votre remarquable hypothèse depuis seulement le passage des comètes des récentes années, car je suis de plus en plus convaincu qu'elles poursuivent une trajectoire en ellipse autour du Soleil, et non qu'elles chutent verticalement dans l'espace. Mais moi aussi, je me heurte à un obstacle. Toutefois, à votre différence, j'ai pu déterminer quel est cet obstacle.

Hooke a un mouvement d'inquiétude et demande :

— Quel est-il ?

— Il s'appelle Flamsteed, réplique Halley avec une ironie où l'on sent poindre la colère. L'astronome du roi m'interdit l'entrée à l'observatoire de Greenwich et fait barrage à ma candidature au poste de professeur de physique à Oxford. L'acharnement de cet homme contre moi ne connaît pas de bornes.

— J'en parlerai à Sa Majesté, dit Wren, et je me fais fort de raisonner notre confrère. Ou de lui faire un peu peur. Et vous, mon cher Bob, qui planchez sur la question que je vous ai posée il y a si longtemps de cela, à quel résultat êtes-vous arrivé ? Pouvez-vous relier, par le calcul, la force d'attraction des corps et leurs trajectoires ?

— De cela, cher protecteur, je vous parlerai en temps venu... Si cet extravagant de Newton ne m'avait pas mis un instant sur la fausse piste de la spirale, cela ferait longtemps que la Society aurait entendu ma démonstration à ce sujet. J'attends mon heure...

Christopher Wren se met à rire :

— Ça ne vous ressemble pas, de jouer ainsi votre mystérieux. Si vous avez trouvé quelque chose, dites-le.

— Non, non, j'attends mon heure, vous dis-je.

— Ah, vous m'agacez à la fin ! Votre heure, je vais vous la fixer. Je nous donne deux mois, à tous trois, messieurs, pour trouver la clé de l'énigme. Et je vous propose, comme récompense pour le vainqueur, que les deux autres lui offrent un beau livre d'un montant de quarante shillings.

— Je me réjouis à l'avance de cette lecture, dit Hooke.

— Faut-il lancer d'autres concurrents dans cette course... en ellipse, évidemment ? demande Halley d'un ton léger.

— Certainement pas ! objecte Hooke. La Society risquerait d'être noyée sous des communications plus farfelues les unes que les autres.

— Eh bien, monsieur le secrétaire, lance Wren à Hooke avec une solennité volontairement comique, veuillez rédiger l'acte de ce défi, que nous le paraphions tous trois.

Aussitôt dit, aussitôt fait. Mais, une fois que le plus jeune des trois a signé à son tour et que Wren s'apprête à sonner un serveur pour qu'on leur rapporte quelque chose d'autrement plus digne que le café, afin de lever un toast concluant ce défi amical, on frappe à la porte et un commissionnaire de la savonnerie Halley et fils, aux flocons de neige encore accrochés à sa grosse moustache, apparaît dans le petit salon.

— Que se passe-t-il, Lean ? demande Halley extrêmement surpris.

— C'est votre père, monsieur Edmund. Puis-je vous parler en particulier ?

— Dites devant ces messieurs ce que vous avez à dire.

— Eh bien, répond le commissionnaire, cette nuit, madame votre belle-mère est sortie de la chambre nuptiale en criant, terrorisée. Votre père s'était évanoui pendant que... euh... Bref, on a appelé un médecin, qui a diagnostiqué une apoplexie. Vous devez venir au plus tôt.

Halley lance un regard affolé à ses deux aînés, ne sachant comment prendre congé. Christopher Wren le tire de son embarras en lui faisant signe d'aller sans faire de cérémonie.

L'agonie dura plus d'un mois. Edmund aimait beaucoup son père, et lui était surtout reconnaissant de lui avoir permis, sans lésiner, de suivre ses études et de voyager. La savonnerie avait brûlé lors du grand incendie. Ruiné, le père d'Edmund avait vite retrouvé les chemins de la réussite, grâce à la construction du nouveau Londres et à l'appel des colonies délaissées. Puis était venu ce remariage tardif avec une femme aussi jeune que phtisique et dépensière.

Après la mort de son père, Halley, en tant que fils unique, fut bien obligé de se plonger dans les affaires familiales. Elles battaient de l'aile. Le défunt n'ayant pas laissé d'héritage, la jeune veuve réclamait sa part. Pas longtemps cependant : elle mourut brutalement, cinq semaines après son époux. Ce qui permit à Flamsteed, du haut de son observatoire, de diffuser la rumeur que ce double décès n'était pas forcément naturel. Halley, quant à lui, débrouilla ses affaires de succession et mit la savonnerie en gérance. La rente qu'il se constitua ainsi lui permit d'envisager un avenir entièrement consacré à ce qu'il n'appelait pas, contrairement à ses aînés, « philosophie naturelle », mais « science naturelle ».

Plus de six mois s'étaient passés depuis que, dans le Café Jacobs, les trois savants s'étaient lancé leur défi. Le délai étant largement dépassé, le livre à quarante shillings n'aurait pas de propriétaire. Christopher Wren, pris par ses multiples chantiers, la cathédrale Saint-Paul, de nombreuses églises, quelques palais et hôpitaux et une nouvelle bibliothèque pour le Trinity College de Cambridge, ne s'occupait plus guère d'astronomie ; Edmund Halley émergeait tout juste de sa savonnerie ; quant à Robert Hooke, il jouait toujours à son mystérieux, laissant entendre qu'il avait déjà résolu le problème, mais qu'il attendait que ses deux concurrents aient reconnu leur échec pour divulguer sa propre solution.

Dès son retour, intrigué par l'attitude du secrétaire de la Society, Halley consulta les minutes des séances où étaient reportés tous les débats. Il tomba en arrêt devant le compte-rendu de la brève correspondance entre Hooke et Newton, à propos de la chute des corps, en 1679, alors que lui-même était à Dantzig, auprès de Hévélius... et de sa gouvernante. Un souvenir de peau d'albâtre, de longues tresses blondes et d'une toison parfumée lui frôla la mémoire. Mais il s'intrigua surtout du dessin de Newton montrant la chute en spirale d'un corps vers le centre de la Terre. Il ne s'étonna pas en revanche de la manière hargneuse avec laquelle Hooke avait insisté, à la tribune, sur cette erreur flagrante du professeur de Cambridge. Nul n'ignorait que ces deux philosophes de la nature ne filaient pas le grand amour.

Halley se décida alors à faire le voyage de Cambridge pour connaître l'autre version de cette brève polémique. Peut-être qu'en découvrant les raisons de l'erreur de Newton il parviendrait à démontrer l'hypothèse de l'inverse du carré de la distance. Que risquait-il ? Le professeur lucasien n'était-il pas le meilleur mathématicien anglais du moment ? De plus, il savait fort bien que les querelles entre savants n'avaient pas toujours pour origine des divergences d'ordre philosophique.

Par courtoisie, il alla avertir Hooke et Wren de son projet. Le premier poussa les hauts cris, affirmant que l'ours du Trinity College allait le jeter dans ses marmites s'il arrivait à l'improviste dans son antre, et il donna quelques exemples de visiteurs qui auraient été chassés *manu militari* par son secrétaire et son domestique. De toute façon, conclut-il, Newton refuserait de lui révéler quoi que ce soit sur le sujet, si toutefois il avait découvert quelque chose, ce dont Hooke doutait.

Le lendemain, en attendant que le chevalier Christopher Wren vienne l'accueillir dans le magnifique vestibule de la demeure de *Surveyor General* du roi, Halley se dit que si les cordonniers étaient les plus mal chaussés, en revanche, les architectes ne négligeaient jamais leur propre logement... Quand il informa Wren de sa décision d'aller visiter Newton, son hôte répondit joyeusement :

— Hé bien, quelle coïncidence ! Je m'apprête à partir moi aussi pour Cambridge afin d'y inaugurer ma nouvelle bibliothèque. Accompagnez-moi donc ! Votre agréable compagnie me changera de tous ces gens sinistres qui seront de la partie. Si vous saviez comme ce genre de cérémonies est ennuyeux et répétitif !

— C'est de votre faute aussi, sir Christopher. Si vous construisiez moins, vous inaugureriez d'autant.

— Bien envoyé ! Décidément, nous allons nous amuser durant ce voyage. Et puis, cela vous permettra de rencontrer M. Newton à l'improviste, et non après mille demandes par écrit auxquelles il ne répondrait pas. Je vous rassure tout de suite : autant dans ses échanges épistolaires, il peut se montrer véhément, autant en tête-à-tête, c'est un homme charmant et timide. Surtout devant un jeune savant à la figure aussi avenante que la vôtre...

— Que voulez-vous dire ?

— Rien, rien... Une piteuse blague de potache commise par cette mauvaise langue de Hooke, en privé naturellement... Je suis confus.

Tout en acceptant l'invitation de Wren à l'accompagner à l'inauguration de « sa » bibliothèque du Trinity College, Halley se demanda si son idée de rencontrer le professeur lucasien était aussi heureuse que cela.

Le voyage pour Cambridge se passa le plus agréablement du monde. Quelques équipages s'étaient joints à celui de l'architecte, dont le carrosse du chancelier de l'université en personne, et des membres du conseil de la Royal Society. Seul Robert Hooke, souffrant, n'avait pu se déplacer. Et Halley fut très étonné de voir que, hors de leurs fonctions, tous ces éminents personnages se comportaient comme des étudiants en goguette, se lançant quolibets et boulettes de pain de voiture à voiture. Le petit cortège ne reprit son sérieux qu'en pénétrant dans le quartier des universités de Cambridge.

Le lendemain, le cortège franchit à pied le portail monumental de Trinity College coiffé de ses quatre tourelles. Dans le jardin du vaste cloître qu'est cette faculté, les professeurs et les étudiants encadrant le Master et les directeurs les attendent par ordre hiérarchique. Halley a du mal à reconnaître parmi eux, dans sa toge noire et rouge bordée d'hermine et sous son bonnet carré, l'homme pour qui il a fait ce déplacement, Isaac Newton : il semble comme transparent. Une messe est dite dans la chapelle Nord. De l'autre côté, au fond d'un jardin carré, la bibliothèque construite par Wren s'étend sur un étage. Elle n'est qu'immenses fenêtres ogivales. Au rez-de-chaussée, longue pièce ouverte à l'extérieur, sans autres cloisons que des piliers sculptés, le buffet est dressé. À l'étage, la salle de lecture proprement dite, très haute de plafond, est inondée de lumière. Pendant que les discours se succèdent, Halley s'amuse à compter les symboles maçonniques sur les colonnes jalonnant les rayonnages. Ils sont nombreux. En même temps, il ne lâche pas du regard Isaac Newton. Wren l'a prévenu que cet énergumène est un véritable courant d'air, et qu'il a le don de disparaître sans que personne s'en aperçoive. Il redouble donc de vigilance alors que l'on redescend au rez-de-chaussée pour le lunch. En vain, car, profitant de la cohue autour des buffets, Newton s'est volatilisé. En toute hâte, Halley traverse la cour, puis la chapelle, et l'aperçoit enfin, marchant rapidement vers le portail d'entrée.

— Docteur Newton, docteur Newton ! appelle-t-il.

L'autre ne semble pas l'entendre. On dirait même qu'il hâte le pas, comme s'il fuyait. Au risque de paraître ridicule, Halley se met à courir et le rattrape au bout de l'allée centrale. Alors, enfin, Newton consent à s'arrêter et à se tourner vers son poursuivant.

— Monsieur Newton, s'excuse un Halley essoufflé, je suis désolé de vous persécuter ainsi. Permettez-moi d'abord de me présenter…

Le regard furtif de Newton se pose un instant sur le jeune astronome, tandis qu'une ombre de sourire, vite disparue, s'ébauche sur sa face austère.

— Mais je vous reconnais parfaitement, monsieur Halley. Nous nous sommes rencontrés il y a peu, à Londres. Et vous aviez eu la bonté de me communiquer vos observations sur la comète.

Il y a peu ! Deux ans s'étaient passés, et l'entrevue, à l'auberge où le Cambridgien prenait ses quartiers, n'avait duré que quelques minutes. Décidément, avec cet homme, il faut bien peser tous ses mots.

— Je voudrais solliciter auprès de vous l'honneur d'un entretien. Je sais combien votre temps est précieux, mais, de mon côté, je dois repartir à Londres dès demain, avec sir Christopher Wren.

— Eh bien, passez me voir en fin d'après-midi. De toute façon, avec cette cérémonie, ma journée est perdue. Ma porte est la deuxième à gauche sur la rue, de l'autre côté de la chapelle Est. Vous voyez ? Excusez-moi de ne pas vous y recevoir maintenant, mais j'ai travaillé toute la nuit. J'aimerais prendre un peu de repos.

Pour un homme qui a passé une nuit blanche, Newton a le teint bien frais et Halley, en retournant vers le buffet, trouve son idée d'un entretien avec lui de moins en moins bonne. Dès qu'il peut décemment quitter les autres convives, il rentre dans sa chambre afin de se préparer à une conversation dont il redoute la tournure. Il prend la précaution de se vêtir de noir et du collet blanc à rabats que se doit de porter un austère philosophe de la nature, oublieux des canons de l'élégance.

À 17 heures, la porte de l'appartement de Newton s'ouvre sur un domestique à la face goguenarde. Celui-ci l'introduit dans un salon coquet, en haut d'un étroit escalier, lui sert un brandy et lui dit, d'un ton que Halley trouve quelque peu insolent, qu'il va annoncer sa visite à son maître. Un quart d'heure passe, et Isaac Newton entre dans la pièce. En se levant, Halley a un léger mouvement de surprise. Il s'est attendu à le voir hirsute, en blouse maculée et les doigts noirs d'encre. C'est tout le contraire. Son hôte, tout emperruqué, est vêtu en habits de cour de couleur rouge, bouffant de dentelles parfaitement repassées.

— Monsieur Halley, quel plaisir de vous recevoir ! dit-il d'une voix un peu rauque. Et pardonnez mon accueil dans cette cellule d'anachorète.

Avec un élan d'une grande chaleur, il saisit la main de son visiteur et la serre longtemps dans la sienne, en y imprimant de petites poussées. Ses paumes sont à la fois moites et parcheminées par les substances chimiques. Halley peut enfin se défaire en douceur de cette étreinte embarrassante. Ne lui laissant pas le temps de répondre à ce salut, Newton continue de parler, lentement, posément, d'un ton uniforme. Comme tous les solitaires, l'anachorète de Cambridge devient un bavard impénitent sitôt qu'il a un interlocuteur en face de lui.

— Figurez-vous que, pas plus tard qu'hier, je pensais à vous. Je venais en effet de finir la version en anglais de *La Théorie de la Terre,* de Thomas Burnett. L'avez-vous lue ? Non ? Eh bien, je vous en dispense. Cet âne tente d'expliquer par le Déluge les hypothèses oiseuses de Cartes, dans le livre IV de ses *Principes philosophiques*. Les avez-vous lus ? Oui ? Vous avez mal fait. Bref, Burnett tente d'interpréter la Genèse à partir de la mécanique sans chair et sans âme de cet athée de Français. Je l'avais pourtant averti des dangers de son interprétation, quand il m'avait soumis son manuscrit. À quel propos vous parlais-je de cela ?

— Vous me disiez que, pas plus tard qu'hier, vous me faisiez l'honneur de penser à moi, répond Halley, qui se demande comment il va pouvoir quitter cet hurluberlu sans le froisser.

— C'est exact. Je pensais donc à vous à cause de votre intéressante communication sur l'âge de la Création. Quatre millions quatre cent mille ans… Seigneur ! Vous n'y allez pas de main morte ! Si vous étiez espagnol, vous seriez déjà en train de brûler sur un bûcher de ces cannibales. Pfuitt ! Réduit en cendres, *el senõr* Edmondo Vestíbulo Ojos ! *Hall eyes…* Vestíbulo ojos… Joli, n'est-ce pas ?

Les joues de Newton rosissent, ses yeux brillent, sa voix, montant dans les aigus, se fait vibrante. Émane de lui ce charme terriblement délicieux mais redoutable d'une jeune fille, qui, après avoir bu en secret deux doigts de vin de Porto pour se donner du courage, et ignorante des dangers qu'elle court à vous séduire, cherche à vous montrer que vous ne lui êtes pas indifférent. Cette excitation met Halley encore plus mal à l'aise. Il se souvient de ce qu'a sous-entendu Wren à propos de la plaisanterie de Hooke.

— Cet essai de datation n'était qu'un jeu de l'esprit de ma part, peut-il enfin dire en prenant une voix mâle et posée, sans aucune prétention à l'exactitude. Le chiffre de quatre millions est une sorte d'approximation qui...

— Pas du tout, pas du tout ! Vous avez raison contre moi. Ou, du moins, vous êtes plus audacieux que moi. J'estimais pour ma part que les sept jours de la Création et ce qui s'ensuivit jusqu'au Déluge étaient bien plus longs que ceux d'aujourd'hui dans la mesure où la Terre tournait sur elle-même avec infiniment plus de lenteur qu'aujourd'hui. Il ne s'agissait pas de sept jours, mais de sept siècles. Vous, vous comptez en millénaires. Quelle audace, cher Edmondo, quelle audace ! À ce propos, savez-vous que ce bon monsieur Flamsteed m'a demandé de me joindre à lui pour vous traîner devant les tribunaux ecclésiastiques pour votre blasphème ? J'ai refusé, évidemment.

Dans quels méandres le bonhomme l'entraîne-t-il ? Halley voit s'éloigner de plus en plus la démonstration de l'hypothèse de Wren. D'autant que Newton poursuit :

— Je vous avais d'ailleurs écrit un mot sur votre datation, à l'époque, mais je ne l'ai pas envoyé, craignant d'être impliqué dans une nouvelle querelle me distrayant de mes travaux. Je vais vous le montrer. Descendons dans mon laboratoire, voulez-vous ?

En suivant son hôte, Halley se prend à penser que Hooke pouvait bien avoir raison : après l'invention de sa lunette, sa découverte de la diffraction de la lumière et sa méthode de calcul infinitésimal, Newton est allé au bout de son talent ; désormais, il est sec.

Le bureau et le laboratoire sont parfaitement ordonnés. Papiers, documents et livres dûment rangés dans des casiers étiquetés. S'il n'y avait cette prégnante odeur de soufre et d'œuf pourri émanant des trois fours éteints, on croirait entrer dans le temple du savoir. Tandis que Newton cherche cette lettre non envoyée, Halley remarque le petit télescope posé sur la table, comme un presse-papiers.

— Voilà donc l'original de la fameuse lunette, dit-il.

— Oui, je l'avais fabriquée il y a bien longtemps, dans le manoir de ma mère. Elle est d'ailleurs fort mauvaise, je ne la garde que comme un souvenir. On peut être géomètre et sentimental…

— Nous en parlions encore récemment avec MM. Wren et Hooke.

Newton sursaute presque et demande sèchement :

— Ah oui ? Et à quel propos je vous prie ?

— Nous en faisions l'éloge. Je ne sais plus à quel sujet… Ah si, je m'en souviens maintenant. Nous étions en train de nous demander quelle trajectoire suivrait une force dirigée vers le Soleil et d'intensité inverse au carré de la distance…

Newton hausse les épaules et répond comme si c'était une évidence :

— Ce serait une ellipse, bien sûr, comme pour les planètes.

Ouf ! Halley y est enfin arrivé. Maintenant, il faut le pousser dans ses retranchements.

— Pourtant, vous aviez affirmé à M. Hooke qu'un corps chutant vers le centre de la Terre aurait une trajectoire en spirale…

— Moi ? Je n'ai jamais dit une chose pareille. Encore cette histoire ! J'avais eu une brève correspondance à ce sujet avec ce bon M. Hooke, et j'avais accompagné ma réponse d'un malheureux croquis fait à la va-vite. Ma plume avait dérapé simplement. Ma mère venait de mourir et j'avais d'autres soucis en tête !

Halley est bien certain d'avoir lu « spirale » dans la lettre de Newton, certain également que le croquis en question était d'une précision parfaite. Il n'insiste pas et poursuit :

— Vous avez raison, ce serait une trajectoire elliptique. Encore faudrait-il le démontrer mathématiquement. M. Hooke affirme y être parvenu, mais, pour je ne sais quelle raison, il se refuse à nous communiquer ses résultats. Quant à moi, j'ai bien essayé, mais je suis trop mauvais géomètre pour y arriver.

L'attitude de Newton a complètement changé. Il est devenu sec, cassant, distant, à la limite de la grossièreté.

— J'ai fait cette démonstration il y a longtemps. Le papier en question doit traîner quelque part, dans mon désordre. Voulez-vous que je vous le cherche maintenant ?

Avec une mine gourmande, Halley fait signe que oui. Newton se dirige vers l'un de ses rayonnages, s'arrête, se frappe le front et dit :

— Suis-je bête ! Je l'ai laissé à la campagne. J'étais parvenu à cette démonstration il y a vingt ans de cela, là-bas, à Woolsthorpe, en voyant tomber une pomme dans mon verger.

— Contez-moi cela...

— Monsieur Halley, je suis vraiment désolé de ne pas vous retenir plus longtemps et de vous chasser aussi cavalièrement, mais je suis submergé de travail. Cette inauguration, toutes ces mondanités, sans oublier la préparation de mes cours m'ont fait perdre un temps précieux. Je vous promets que je vous ferai parvenir mes résultats sur la question dès que j'aurai l'occasion de passer chez moi.

Et sans savoir comment, Halley se retrouve dehors, en se disant que sa démarche a été vaine : il n'y a rien à tirer de cet homme-là.

Plus de deux mois passent. Persuadé que Newton ne lui enverrait rien, Halley a rangé cet étrange entretien aux profits et pertes. Un jour de novembre cependant, il reçoit la visite impromptue d'Edward Paget. En cette fin de matinée, l'haleine du professeur de mathématiques du Christ's Hospital fleure déjà fort la vinasse. Halley le mène au salon, où traîne sur une table basse une bouteille de brandy. Sans même demander la permission, Paget s'en sert un grand verre et dit :

— Figurez-vous, mon cher ami, que M. Newton semble m'employer comme commissionnaire. Il m'a chargé de vous remettre ce document.

Et il tend d'une main qui tremble un peu une volumineuse enveloppe, décachetée.

— Vous l'avez lu ? demande Halley assez vexé.

— Bien sûr, réplique Paget, puisque cet envoi m'était adressé.

— Je ne comprends pas. C'est, certes, toujours un plaisir de vous recevoir, mais…

— Vous savez, le bonhomme Newton est soupçonneux et méfiant à l'excès. Il vous connaît peu et se demande si, par hasard, vous ne seriez pas de mèche avec Robert Hooke pour vous accaparer ses travaux et les reprendre à votre compte. Mais lisez plutôt. Je ne suis qu'un petit mathématicien dont les recherches se cantonnent au contenu plutôt qu'au contenant des bouteilles. Lisez, vous dis-je, c'est extraordinaire. C'est une véritable révolution. En huit pages ! Une véritable révolution !

Comme à son habitude, Paget se rabaisse avec complaisance, peut-être pour que l'autre proteste du contraire, peut-être pas… Au lieu de lui affirmer qu'il est un excellent calculateur, Halley lui propose de lire à voix haute ce bref traité rédigé en latin, intitulé *De Motu Corporum in Gyrum*. Après quelques préliminaires composés de trois définitions et deux hypothèses, son auteur en déduit onze propositions, qu'il appelle problèmes et théorèmes, ainsi que quelques corollaires. Neuf de ces propositions concernent le mouvement dans un espace offrant une résistance, les deux autres dans un espace n'en possédant pas. C'est en effet magistral. Newton prouve d'une part que les hypothèses de Descartes sur une nature excluant le vide et un espace qui ne serait que tourbillons volent en éclats. Il démontre d'autre part que les trois lois de Kepler découlent mathématiquement de l'hypothèse d'une force d'attraction inversement proportionnelle au carré du rayon vecteur.

Derrière la sécheresse des démonstrations pointe une conception entièrement nouvelle de l'univers. Selon Newton, deux forces le gouvernent : l'une de projection, l'autre d'attraction ; la première donne une fois pour toutes l'impulsion, qui se perpétue par l'inertie ; la seconde infléchit la trajectoire, et leur équilibre détermine la révolution elliptique des planètes. Mais bien différentes sont leurs natures ; l'une, à partir de la chiquenaude initiale, procède mécaniquement ; l'autre rayonne de tous côtés, à de grandes distances, sans contact, à travers le vide comme à travers la matière la plus dense, et agit selon les masses. Newton a écrit en marge : « Je n'ai pas été capable de découvrir la cause de ces propriétés d'après les phénomènes. » Il se borne à en dégager les lois en un admirable édifice mathématique, et donne les équations d'un nouveau système du monde.

Éblouis, Halley et Paget passent le reste de la journée à refaire les calculs. Ils sont infaillibles. Oui, l'ivrogne avait raison : le *De Motu* est une véritable révolution. Alors que le soir tombe et que le domestique annonce une nouvelle fois que le souper est servi, Halley dit d'une voix un peu pâteuse, car, mine de rien, Paget a rempli son verre plus souvent qu'à son tour :

— Il faut aller le voir... Le pousser à aller plus loin. Le *De Motu* est un enfant vigoureux. Newton doit maintenant en faire un adulte. Auparavant, je vais, dans les plus brefs délais, communiquer ce traité admirable à la Royal Society. Et tant pis pour Hooke. Les querelles de personnes ne sont plus de mise. Paget, Paget ! Vous avez raison. Nous avons sous nos yeux l'ébauche d'une révolution dans la connaissance. Nous tenons là le nouveau Copernic, le nouveau Galilée, le nouveau Kepler. Ou les trois réunis en un seul homme. Et quel homme ! Il ne faut pas le lâcher, il ne faut pas le laisser retomber dans ses errances alchimiques et théologiques.

— Ne vous inquiétez pas pour cela, réplique Paget en remplissant une énième fois son verre. Quand je suis allé visiter Newton, la semaine passée à Cambridge, il avait oublié l'Apocalypse de Jean et les chaudrons du Dr Faust. Il n'avait plus qu'une préoccupation en tête : le mouvement des planètes. Je le connais comme si je l'avais fait. Il est comme un chien de chasse lancé sur un gibier. Il ne lâche pas sa proie avant que celle-ci ait fini de se débattre. Vous-même avez d'ailleurs été très malin de lui insinuer que Hooke, cet autre fauve, était sur la même piste que lui. À propos de fauves et de chiens de chasse, Newton m'a également chargé de demander à Flamsteed le catalogue de ses observations célestes, Lune, comètes, éclipses...

— Flamsteed ? Mais pourquoi lui et non moi ?

— D'abord parce que je vous rappelle, mon cher, qu'il s'agit quand même de l'astronome du roi, et qu'il détient à Greenwich un peu plus d'observations que vous. Ensuite, parce que Newton compte bien que vous l'aidiez dans la suite de son œuvre et que, si votre affectueux ami Flamsteed venait à l'apprendre prématurément, il montrerait beaucoup moins de bonne volonté à lui communiquer ses résultats. Enfin, peut-être Newton a-t-il lu Machiavel : diviser pour régner, vous connaissez ?

Halley avale d'un coup son verre de brandy.

— Mais, objecte-t-il, si ma collaboration avec lui doit rester secrète, je ne puis évoquer le *De Motu* devant la Royal Society…

— Au contraire, au contraire. Newton pense que Flamsteed, en apprenant que vous êtes sur l'affaire, va faire du zèle pour vous couper l'herbe sous le pied.

— Que de calculs tortueux ! S'il n'y avait pas ce traité remarquable, je crois bien que je baisserais les bras. Querelles d'un autre siècle ! Obnubilés par leur volonté de vaincre leurs ennemis, hantés par la postérité, par leur montée posthume au panthéon de la science, ces gens oublient que la vérité ne peut venir que de l'échange. Mais c'est dit : à choisir entre Hooke, Flamsteed et Newton, je choisis Newton. Je serai l'Ulysse de cet Achille et le ferai sortir de sa tente, pour qu'il détruise les murailles de l'obscurantisme et de la superstition.

— Joliment dit ! Vous me gardez à souper ?

— Avec plaisir ! Vous avez faim ou vous avez soif ?

La communication du *De Motu* devant la Royal Society produisit une grosse impression, même si une bonne partie de l'assistance n'y comprit rien et que certains autres, parmi les plus jeunes, demandèrent qui était ce Newton dont on faisait aussi grand cas. Le secrétaire de la Society, Robert Hooke, ne laissa rien paraître de ses sentiments, et proposa que Edmund Halley se rende à Cambridge « afin de rappeler sa promesse à Newton de lui confier sa découverte et de la publier ». Il demanda également à Paget de se joindre à lui dans cette démarche.

Dès le lendemain de cette séance, les deux envoyés de la Royal Society firent le voyage à Cambridge. Un voyage qui leur prit deux jours, sous un hiver neigeux, car Paget leur fit faire quelques étapes dans les auberges du bord de route, pour s'y réchauffer un peu. Halley, qui n'était pas le plus morose des compagnons, accepta volontiers de jouer lui aussi au marin en bordée. Quand ils frappèrent enfin à la porte de Newton, leur œil brillant et leurs joues roses n'étaient pas dus seulement au vent glacial qui soufflait sur les jardins du Trinity College. Ce ne fut pas le domestique goguenard qui leur ouvrit, mais un gros garçon qui se présenta sous le nom de Humphrey Newton, « secrétaire et assistant du maître ».

— Ah, messieurs, messieurs, dit-il en les installant dans le salon, je suis mortellement inquiet pour le maître. Depuis votre dernière visite, monsieur Halley, il reste enfermé en bas, il ne mange plus, il ne dort plus…

— Il ne boit plus ? demanda Paget.

— William, je vous en prie, coupa Halley. Monsieur Humphrey, dites-moi plutôt ce qui occupe ainsi tout le temps de M. Newton. L'art chimique ?

— Oh, non, monsieur. Par bonheur, il a abandonné ses expériences. Respirer le soufre et manipuler le mercure lui ruinait la santé. Mais j'entends son pas dans l'escalier.

Le Newton qui apparut était méconnaissable. En blouse noire, mal rasé, sans perruque – le cheveu était court, roux et rare, coiffé de ce chandelier dont les peintres se servent comme d'une couronne pour travailler dans la pénombre, et qu'il avait oublié d'éteindre. Humphrey le lui enleva et souffla les bougies.

— Monsieur Halley, je crois que je tiens quelque chose d'intéressant, que j'avais ébauché dans le *De Motu*. M'avez-vous apporté vos observations sur les comètes, comme je vous l'avais demandé ?

Il n'avait rien demandé du tout, mais par bonheur Halley avait apporté non seulement ses observations sur les comètes, mais aussi celles sur Mercure, la Lune et les marées faites bien longtemps avant, à Sainte-Hélène.

— Parfait, parfait, dit Newton en guise de remerciement. Quand j'aurai reçu les observations de Flamsteed sur les satellites de Jupiter, je pourrai enfin faire du travail sérieux. Je ne sais où je vais, mais il me semble que je démontrerai que tous les corps, même inertes, sont mus par des forces, force d'inertie, force centripète selon le terme que je viens d'inventer, ou force centrifuge selon celui de M. Huygens, forces d'attraction et de répulsion... Mais ne publiez pas mon *De Motu* avant que je vous le demande. Ce n'est qu'une ébauche de quelque chose d'un peu plus général que je prépare actuellement. Mais... monsieur Paget... Je ne vous ai pas salué. On ne vous a rien servi à boire ?

12.

Principia

— Qu'est-ce que c'est que ce vacarme ? Je ne peux donc pas avoir un moment de tranquillité, dans ce fichu collège ?

On était au début de février 1685. Newton travaillait dans son salon, à l'étage mieux chauffé, tandis que Humphrey recopiait ses brouillons de sa belle écriture. Soudain, dans la rue qui bordait le collège, sous ses fenêtres, avait éclaté la musique d'une fanfare.

— Je vous l'ai dit il y a trois jours, maître, répondit le secrétaire, mais vous ne m'avez pas entendu. Le roi Charles est mort, et l'on fête aujourd'hui l'avènement de son frère, Jacques II.

— Un papiste chasse l'autre, se contenta de constater Newton. Reprenons notre ouvrage.

— Pardonnez-moi, maître, mais votre absence à la grand-messe et au *Te Deum* de dimanche dernier a été très remarquée. Vous devriez peut-être assister aux cérémonies du couronnement. Sinon, on pourrait jaser. Et peut-être pire… On dit que le nouveau roi affiche sans vergogne sa foi catholique, fort de l'acte odieux que s'apprête à commettre son cousin de France : interdire aux réformés de pratiquer leur culte.

— Bah, on jase déjà suffisamment comme cela sur moi. Comprenez-vous maintenant l'avantage de jouer à l'astrologue de la fable ? « Ah, cette tête en l'air de Newton, cet éternel distrait ! Il est tellement occupé à ses tâches mystérieuses qu'il en oublie la mort d'un roi et l'avènement d'un autre ! »

Vous-même avez été pris à mon petit jeu, mon bon Humphrey. Bon, leur vacarme s'éloigne. Revenons, je vous prie, vers la musique autrement plus harmonieuse des espaces infinis.

Humphrey en resta ébahi. Depuis cinq ans qu'il côtoyait son maître chaque jour, et même chaque nuit de veille et de travail forcené, celui-ci lui avait donc joué la comédie du savant toujours dans la lune ?

Les mois passèrent sans que Newton donnât signe de vie à la Royal Society. Halley venait le visiter de temps à autre, se gardant bien de le hâter de finir ce qui devait bouleverser la vision admise du mouvement des planètes, et de toutes les forces à l'œuvre sur Terre et dans l'univers. Les tourbillons de Descartes seraient relégués au cabinet des curiosités.

Mais Halley commençait à connaître le caractère étrange de celui dont il avait décidé de devenir, après avoir obtenu l'accord et l'argent de la Royal Society, l'éditeur attitré. Il s'agissait de ne jamais le froisser. Le professeur lucasien avait entassé depuis plus de quinze ans une somme colossale de manuscrits inachevés. Il ne fallait pas qu'il en soit de même avec celui-là. Par ailleurs, Newton lui demandait de relire ses textes au fur et à mesure, de vérifier ses calculs, de les annoter de ses commentaires. Halley s'efforçait alors d'être aussi diplomate que lors de sa visite à Dantzig, chez Hévélius. Heureusement, il n'avait d'autres critiques et suggestions à faire que sur la forme, qu'il estimait parfois trop absconse, surtout dans l'emploi de néologismes en latin.

Sa principale préoccupation était d'isoler encore plus du monde extérieur ce génie brut, ce bloc de marbre dont il serait le pygmalion désintéressé. Il se fit un complice sûr en la personne de Humphrey, toujours inquiet pour la santé de son maître et qui dissimula, sur ses ordres, le courrier qui risquait de détourner Newton de sa tâche. Ce gros garçon était beaucoup plus fin qu'il n'en avait l'air : ainsi ne préféra-t-il pas donner à son maître un traité de l'allemand Leibniz sur une nouvelle méthode de calcul différentiel, que lui avait envoyée la Royal Society.

Le monde extérieur se faisait menaçant pour les philosophes de la nature, depuis la récente accession au trône de Jacques II. Catholique convaincu, celui-ci n'essayait pas de dissimuler sa foi ni de ménager les autres religions du royaume. Dans l'armée, dans la magistrature, il plaçait le plus possible des gens partageant ses convictions papistes. Le conseil de la Royal Society devint d'une prudence rare. Anglicans, protestants ou « esprits forts » au temps de l'ancien monarque, ils ne trouvaient aucun inconvénient à devenir papistes sous son frère, pourvu qu'on leur laisse leur place et autres honneurs. Or c'étaient ces éminents personnages qui suggéraient au roi d'autoriser ou d'interdire toute publication émanant de leurs membres. Ils suivaient en général l'avis de la majorité des membres, du moins dans le domaine des mathématiques ou de la physique, dans la mesure où eux-mêmes n'y comprenaient rien. Pour l'œuvre de Newton, il n'en serait pas forcément de même. Si quelqu'un de malintentionné venait à déchiffrer aux membres du conseil ce que l'ermite de Cambridge voulait titrer *Principes mathématiques de la philosophie naturelle*, ces lords, ces chanceliers et ces ministres, bien plus courtisans que savants, pourraient bien l'interdire ; son auteur et son éditeur risquaient de connaître, quant à eux, un sort équivalent à Huygens, contraint à l'exil hors d'une France qui venait de révoquer l'édit de Nantes.

En effet, sous ces chiffres et ces dessins abscons, Newton démontrait dans les *Principia* que l'univers tout entier se mouvait comme l'avait pressenti Copernic, comme l'avait calculé Kepler, comme l'avait observé Galilée, tous trois condamnés par l'Église romaine. Rome vers laquelle, maintenant, Jacques II voulait piloter l'Angleterre pour l'y amarrer.

Pendant que lui parvenait, morceau par morceau, le manuscrit de cette œuvre magistrale, Edmund Halley se débattait comme un beau diable, tant auprès du conseil de la Royal Society que de ses membres. Au printemps 1686, il informa la Royal Society que le traité de Newton pourrait bientôt être envoyé à l'impression. D'un commun accord, les deux hommes avaient décidé de diviser l'ouvrage en deux, qui prenait de trop grandes proportions. Halley décida de convoquer l'assemblée. Le 29 mai, l'aréopage de la maison d'Arundel Street se réunit. Halley leur lut la préface de l'ouvrage, dédié à la Royal Society, résuma son contenu dans un « Discours concernant la pesanteur », et l'on vota à l'unanimité l'autorisation de faire imprimer le livre I des *Principes mathématiques de la philosophie naturelle.*

En pénétrant dans le salon du Café Jacobs, Edmund Halley est empli de bonheur et de fierté : il a réussi son coup de force. Newton serait publié. Et tant pis pour le danger que cela représente pour lui et sa famille. Car, en plus, Halley vient de devenir père.

— Finalement, dit Christopher Wren en s'asseyant dans son fauteuil, c'est l'ermite de Cambridge qui devrait recevoir le livre à quarante shillings de notre défi lancé il y a de cela plus de deux ans. Pas vrai, cher Robert ?

Hooke se renfrogne plus encore. Craignant un éclat, Halley répond à sa place :

— Je ne suis pas sûr qu'il apprécierait ce cadeau à sa juste valeur. Cet homme prodigieux est d'une susceptibilité assommante. Et je dois dépenser à son égard des trésors de diplomatie, multipliant les plus basses flatteries, qui, d'ailleurs, sont loin d'être injustifiées.

— Il est vrai que dans le domaine de la diplomatie, vous êtes passé maître, Edmund, grince Hooke. Sauf envers vos amis.

— Allons, mon maître, ne ressassez plus cette vieille histoire. Qu'y puis-je, moi, si les calculs de Hévélius étaient exacts, contrairement à ce que vous pensiez ? Aurais-je dû dire le contraire, pour préserver cette amitié que je vous porte ?

— Il ne s'agit pas de cela, bougonne l'autre. Mais, enfin, vous auriez pu suggérer à Newton de me remercier dans sa préface. Car c'est moi qui, il y a bientôt huit ans, l'avais lancé dans ces recherches sur les règles de la gravité. Et c'est moi qui lui avais écrit noir sur blanc que je pensais à l'inversion du carré de la distance. Votre ami Newton a, il me semble, la mémoire bien sélective...

Halley lance à Wren un regard désespéré. Si, en plus, ce teigneux de Hooke engage maintenant une querelle d'antériorité, sans oublier la manière peu réglementaire dont Halley a arraché l'aval de la Society, la parution des *Principia* risque d'être compromise. Wren comprend son appel au secours :

— Eh, cher vieux Bob, lance-t-il d'un ton léger, quand vous avez tenté d'entamer une correspondance avec M. Newton sur ce sujet, c'était bien en 1679, si je ne m'abuse ? L'année où notre ami ici présent a publié son catalogue des étoiles australes.

— Et celle où Henry Purcell prenait l'orgue de Westminster, ajoute Halley pour tenter de détendre l'atmosphère.

— Rappelez-vous, Bob, poursuit Wren : tout le petit monde de l'astronomie et de la géométrie tournait autour de ce problème de l'inverse du carré de la distance : Huygens, Boulliau, Fermat, vous bien sûr, et votre humble serviteur. Sans oublier M. Newton. Je ne sais si c'est cette année-là que je l'avais rencontré au Trinity College, alors que je dessinais les plans de la bibliothèque. En tout cas, je crois que Newton et moi avions évoqué le sujet. Vieux Bob, je vous en prie, votre ressentiment vis-à-vis de lui ne doit pas vous faire oublier que, si vous aviez pressenti l'importance du problème, lui l'a démontré. Seul cela compte. En publiant les *Principia*, en encourageant M. Newton à poursuivre sa tâche pour la défense de la seule philosophie naturelle, et non pas au nom de je ne sais quelle gloriole personnelle, nous œuvrons pour une grande cause. Bob, je vous en supplie, oubliez votre rancune.

Hooke bondit de son fauteuil et, se dressant de toute sa petite taille, se met à crier :

— Rancune, gloriole ! Pourquoi cherchez-vous à me blesser, sir Christopher ? Et vous, Halley, je vous préviens : si ce bougre de Newton ne reconnaît pas ce qu'il me doit, je n'en resterai pas là. Mes amis me trahissent ? Parfait ! Je vous salue, messieurs, et vous laisse à vos reniements.

Il sort du petit salon du Café Jacobs en claquant la porte si fort que les carreaux manquent se briser.

— Qu'est-ce qui lui prend ? demande Halley. Il me semble que vos propos étaient pleins de bon sens. Hooke a été le premier à me soutenir dans mon entreprise, quitte à s'y compromettre lui aussi.

— C'est terrible, ce qui vient de se passer chez notre ami. Il a réalisé d'un coup que c'était lui qui aurait dû être l'auteur des *Principia*, qu'il en avait toutes les possibilités, et depuis longtemps. Il a constaté qu'il n'aurait jamais dû appeler Newton à l'aide, qu'il n'aurait jamais dû s'éparpiller dans des recherches qui lui paraissent désormais dérisoires en comparaison de ce que vous avez exposé tout à l'heure. Hooke vient d'avoir cinquante ans, sa renommée est grande. Et voilà que, soudain, un obscur professeur du Trinity College le réduit à néant. Voilà qu'il sombre de son vivant dans l'oubli. Sa vie n'a plus de sens. Pourquoi Newton ? Pourquoi pas Hooke ? Quel insondable mystère ! Quelle affreuse injustice !

Halley sent ses yeux se piquer de sel. « Et moi, songe-t-il, et moi, qu'ai-je fait de mon temps ? » Comme s'il avait compris cette interrogation muette, Wren poursuit :

— Pour ma part, je ne connais pas ce sentiment d'avoir ainsi raté ma vie. Sans doute parce que ce que j'ai bâti est de pierre et de marbre. Chacun peut voir et toucher les églises et les hôpitaux que j'ai dessinés. Vous êtes encore jeune, Halley. Mais croyez-moi, bâtissez, bâtissez vite. Votre soutien à la rédaction et à la publication des *Principia* me semble être une splendide contribution à l'érection de ce qui promet d'être un monument.

— À votre avis, devrais-je parler à Newton de la contestation de Hooke ?

— Oui, bien sûr, avant que cela ne lui parvienne par quelqu'un de ceux qui n'ont d'autre amusement que d'attiser ce genre de querelles. Arrachez-lui une petite phrase où le nom de Hooke apparaîtra. Je ne sais si ça calmera les choses, mais il ne faut surtout pas que Newton se renferme dans sa coquille avant d'avoir achevé son œuvre.

En rentrant chez lui, Halley se demanda s'il n'allait pas partir pour Cambridge. Puis il pensa que raconter par écrit le succès de la réunion, puis la revendication de Hooke, éviterait de commettre une bourde qui ferait monter Newton sur ses grands chevaux. Il passa la nuit à écrire cette lettre, suant sang et eau pour que chaque mot en soit bien pesé. Au petit matin, il sortit en toute hâte pour ne pas manquer la poste. Il joignit à son envoi les premières pages imprimées des *Principia*, qu'il avait fait composer à ses frais sans attendre l'autorisation de la Royal Society. Cela calmerait peut-être la fureur de Newton contre Hooke et ses revendications. Et, surtout, devant le fait accompli, en voyant son œuvre métamorphosée, il ne pourrait plus, tel Achille, se retirer à nouveau sous sa tente.

Il savoure sa victoire, lisant et relisant sans cesse la lettre de Halley, tout en caressant les pages imprimées sentant encore l'encre fraîche et qui gardent sous la paume les reliefs de la presse. Ainsi, Hooke reconnaît qu'il y a une immense distance entre la vérité qu'il avait entrevue et la vérité que lui, Isaac Newton, a démontrée. Que ce roquet prétende lui avoir inculqué jadis la notion d'inversion du carré de la distance est pitoyable. Et faux ! Il se souvient d'en avoir parlé avec Wren. Quand ? Longtemps avant, sans doute, longtemps avant l'échange de lettres avec le gnome !

Son secrétaire, Humphrey, sentant monter la fureur de son maître, dit d'une voix posée que Newton devrait remercier au plus tôt de son zèle M. Halley, son plus dévoué soutien face à tous ces jaloux. Newton approuve, et dicte : « Je vous remercie de votre lettre concernant M. Hooke, car je souhaite préserver une bonne entente entre nous. »

— Qui, « nous » ? demande Humphrey.

— Devinez, mon ami, devinez…

Puis il affirme qu'il mentionnera Hooke dans le deuxième volume, mais que s'il ne l'a pas fait dans le premier, c'est parce que son contenu ne lui doit rien. Il ajoute qu'il a évoqué le problème de l'inverse du carré de la distance avec Wren, dès 1677…

— Êtes-vous sûr de la date, maître ? Si je me souviens bien, j'ai lu, en rangeant vos documents de cette époque, que vous mentionniez cette conversation comme s'étant déroulée après la correspondance avec M. Hooke, soit en 1679, ou au début de l'année 1680.

— Que m'embrouillez-vous là avec vos dates ? Et vous fouillez dans mes papiers en plus ! Vous ne seriez pas en train de passer à l'ennemi, par hasard? Écrivez donc « 1677 », puisque je vous ai dicté cela!

Humphrey obtempère en se disant que, pour quelqu'un qui a établi minutieusement le calendrier de l'Apocalypse, son maître devient bien négligent quand il s'agit de ses intérêts immédiats…

Une fois cette lettre expédiée, Newton reprend ses corrections du livre II, où il glisse les noms de Wren, de Halley et… de Hooke, en dernier.

Cependant, à Londres, rassuré que son auteur n'ait pas l'air de prendre le coup d'humeur de Hooke trop au sérieux, Halley travaille d'arrache-pied à son nouveau métier d'éditeur. En espérant que la Royal Society le remboursera de ses avances, il ne lésine pas pour rendre les *Principia* aussi beaux d'apparence qu'ils sont sublimes sur le fond. Il a choisi les caractères les plus lisibles, refait lui-même, en les agrandissant, les figures et les croquis de Newton, déjà remarquables de précision; il veille à revoir, chiffre après chiffre, virgule après virgule, le papier imprimé sitôt sorti de la presse.

En plus, il aime cela. Il aime passer des jours et des nuits chez l'imprimeur, dans la bonne odeur de papier, d'encre et de colle, au milieu de ces ouvriers aux gestes précis, à l'air grave, au jargon pittoresque et parfois hermétique, qui fabriquent le livre comme d'autres servent la messe, mais dont le visage s'illumine soudain, une fois la tâche finie, quand sortent des casses une bonne bouteille et des biscuits.

Tout à son enthousiasme, Halley s'est exclu de lui-même des cercles savants de Londres. Il confie à Edward Paget le soin de calmer les ressentiments de Hooke et les sautes d'humeurs de Newton. D'ailleurs, Paget a une bonne tête et il le fait rire. Grave erreur de jugement : l'ivrogne a quelques comptes à régler avec ses pairs de la Royal Society, qui le tiennent en grand mépris, à commencer par l'austère Robert Hooke. De plus, il adore assister à ces querelles où de dignes gentlemen perdent toute mesure et s'envoient des noms d'oiseaux, jusqu'à en venir aux mains.

Paget s'empresse donc de rapporter à Hooke les propos tenus par Newton dans la lettre que Halley a eu la maladresse de lui communiquer sous le sceau du secret. En les amplifiant encore, et en affirmant que le professeur du Trinity College se refuse catégoriquement à mentionner le nom du premier secrétaire de la Royal Society, le traitant de mathématicaillon. C'est plus que suffisant pour faire bouillir cette soupe au lait de Hooke, qui lâche le mot fatal : « plagiaire ». Il se rend dès le lendemain chez Halley pour lui demander une explication. Celui-ci venait de recevoir le deuxième manuscrit des *Principia.* Il peut donc calmer son visiteur en lui montrant que son nom est plusieurs fois mentionné par Newton, et de façon élogieuse. De fait c'est Halley qui, prudent, a jugé bon de rectifier le manuscrit de Newton en mettant à la première place les références à Hooke.

Une fois ce dernier rasséréné, Halley se met en quête de Paget pour lui frotter les oreilles, quitte à provoquer en duel ce fils de famille dévoyé. Mais il est trop tard : on lui apprend que l'ivrogne vient de partir pour Cambridge. Aussi n'est-il pas étonné de recevoir quelques jours plus tard une lettre incendiaire de Newton, racontant de façon confuse et erronée quels ont été, dès l'origine, ses rapports avec Hooke. Ce n'est pas le pire : le professeur du Trinity College menace de ne pas achever le troisième volume des *Principia.*

Paget a réussi son coup. Entre Newton et Hooke, Halley est obligé de choisir son camp. Le professeur lucasien n'a évidemment pas découvert le premier le problème de l'inverse du carré de la distance, car bien d'autres avant lui s'y étaient attelés ; mais en tout cas, il a écrit sur le sujet, et de quelle façon ! En l'étendant à l'univers tout entier. Quant à Hooke, il a dans le domaine une antériorité toute relative, mais il le considère comme l'une de ses innombrables inventions, microscope à réflexion, thermomètre à alcool et autres baromètres. Or, l'attraction universelle ne se fabrique pas. Elle est. Mais, surtout, Hooke n'a rien publié.

Edmund Halley avait une sorte de tendresse filiale pour Robert Hooke, petit homme fragile qui partageait son indifférence aux supputations métaphysiques, persuadé comme lui que le bonheur de l'homme viendrait du progrès des sciences.

A contrario, Halley n'aimait pas Newton. À chacune de leurs rencontres, il se sentait pris d'une sorte d'horreur sacrée face à ce monstre empli de suffisance, vaniteux, sournois, menteur, ondoyant, hypocrite, et pourtant éblouissant de cette aura qui n'appartient qu'aux saints… ou aux démons. Pourtant il lui fallait choisir : sacrifier l'ami Hooke sur l'autel du monstre Newton.

Il envoya donc à ce dernier une réponse le suppliant de ne pas priver un public érudit de ce troisième volume consacré à la plus grande découverte de la nature depuis la création du monde. Cette missive flatteuse rassura Newton sur les intentions de Halley, mais ne calma pas pour autant sa fureur contre Hooke. Paget, de son côté, ayant appris que Halley voulait le provoquer en duel, vint lui présenter ses excuses, affirmant qu'il n'avait jamais cherché à lui nuire, mais qu'en attisant les haines entre les deux « philosophes », il avait voulu observer la nature humaine. Halley pardonna.

Hooke, quant à lui, venait d'être nommé au conseil de la Royal Society. Halley crut d'abord que c'était une bonne nouvelle, mais s'aperçut bien vite de son erreur. En effet, quelques voix s'élevèrent parmi les sociétaires pour dénoncer la façon illégale dont Halley avait arraché l'imprimatur des *Principia* sans prendre l'avis du conseil. Ils proposaient même que le coupable fût radié de son poste de clerc, perdant ainsi sa rémunération annuelle de cinquante livres. Par bonheur, six seulement sur trente-huit membres votèrent pour cette radiation. En même temps, une majorité se dégagea pour que Halley poursuive ses publications, mais à ses frais. Quant à son prochain salaire, il serait converti en cinquante exemplaires d'un fort bel ouvrage sur l'histoire des poissons. À charge pour lui de les écouler. Et Halley se transforma en libraire.

L'impression du premier volume, qui avait pris un retard considérable, pouvait reprendre son cours. Arriva sur ces entrefaites le manuscrit du deuxième. Quand il en eut fini la lecture, Halley faillit s'évanouir de joie. En effet, alors que dans le premier tome, Newton expliquait le mouvement des corps dans l'espace vide, concevant du même coup la notion et le terme de « force centripète », ici, au contraire, il se consacrait à la chute des graves dans un milieu offrant de la résistance, comme l'eau, l'air ou l'éther, inventant au passage le concept de « force d'inertie ». C'était tout Descartes et ses tourbillons de matière qui s'effondraient d'un coup. Le philosophe français s'était contenté d'aligner des mots, il n'avait ni écrit ni résolu d'équations. Son homologue anglais donnait pour la première fois une formulation mathématique des tourbillons, fondant pour cela une science nouvelle de l'écoulement des fluides, fille bienvenue de la haine que Bernouilli développerait plus tard sous le nom d'hydrodynamique. Grâce à elle, Newton démontrait que le mécanisme proposé par son ennemi était incapable de s'accorder avec les règles de Kepler, dont la vérité était démontrée; il anéantissait du même coup tous ces tourbillons grands et petits, celui qui était censé emporter les planètes autour du Soleil, et celui qui devait faire tourner chaque planète sur elle-même.

La vie de Halley devint un enfer. L'imprimeur n'ayant pas encore achevé le premier volume, il dut lui trouver un remplaçant pour le second. D'autant qu'un troisième volume arriva un mois après la livraison du deuxième. Ce dernier volet du triptyque complétait admirablement les deux autres : il y était question de l'excentricité des orbites des comètes, des marées et de leurs variations, de la précession de l'axe de la Terre, des perturbations du mouvement de la lune par la gravité solaire. C'était le cosmos tout entier, le système du monde qui dansait ainsi, au rythme parfait d'une attraction universelle.

Halley percevait bien que tout cela était fort mal écrit, que, souvent, le corollaire était exposé avant le théorème, que rares seraient ceux qui y comprendraient quelque chose. Ce serait à lui de vulgariser cette nouvelle révolution copernicienne.

Enfin, l'impression fut achevée le 5 juillet 1687. Fou de joie, Halley envoya à Newton vingt exemplaires, et distribua pertinemment ceux qu'il s'était réservés. Il en expédia notamment en Hollande, pour Huygens, mais aussi pour un philosophe anglais en exil, qui serait le mieux à même de révéler au plus grand nombre l'importance des *Principia* : un certain John Locke.

Cependant, une autre révolution se préparait. Et Isaac Newton, conscient d'avoir mené à bien celle qui mettait en place celle de l'univers, désirait désormais plus que tout participer à celle qui bouleverserait l'Angleterre : le renversement de Jacques II, et l'avènement d'une nouvelle monarchie qui serait tempérée par un Parlement élu.

C'en était fini de l'ours de Cambridge, de l'anachorète du Trinity College, de celui qui refusait de débattre de philosophie. On le vit à Londres bien plus qu'en haut de sa chaire. Lui, le timide, le taciturne, il pérorait désormais devant des lords qui ne lui cachaient pas son admiration ; lui, l'anti-trinitaire, l'arianiste clandestin et prudent, il discutait théologie avec des archevêques ; lui qui avait la plume si rare, il répondait d'abondance à tous. Autour de lui se constituait une petite cour de jeunes gens, qui n'avaient pas forcément compris les *Principia*, mais qui pressentaient qu'ils auraient tout à gagner à marcher dans son ombre. Le plus flagorneur d'entre tous était l'astronome David Gregory, le neveu du vieux James Gregory qui avait prétendu inventer le télescope à réflexion. David appelait Newton « Prince des planètes et de l'espace infini », et autres qualificatifs amphigouriques. Le professeur lucasien utilisa ce garçon aux ambitions démesurées pour qu'il devienne son observateur attitré, lui ordonnant de ne surtout pas calculer ce qu'il observait. En récompense, il lui décrocha la chaire d'astronomie à Oxford, au grand dam de Halley qui y postulait aussi.

Cette marque d'ingratitude était flagrante, et Hooke ne se fit pas faute de le rappeler à Halley pour tenter de le rallier à sa cause. Bien qu'assommé par cet abandon, celui-ci refusa d'entrer dans la querelle. Ce fut Gregory qui lui soutint en riant que Newton l'avait écarté de la chaire oxfordienne à cause de son impiété et de sa datation de la création du monde. C'était absurde : Halley avait évoqué la chose à Cambridge avant même qu'il fût question de publier quoi que ce soit, et le professeur lucasien n'avait pas poussé les hauts cris, au contraire. À moins que Newton ne l'eût dupé avec ses coquetteries de vierge effarouchée...

De toute façon, les deux hommes avaient toujours évité de parler théologie, et si par malheur la conversation glissait sur ce terrain, Halley abondait toujours dans le sens de son interlocuteur, exagérant son ignorance des Écritures et accumulant des bourdes volontaires qui mettaient Newton au désespoir. Tout compte fait, l'arianisme de l'auteur des *Principia* convenait assez bien à son éditeur. Cette sorte de panthéisme lui permettait d'évacuer de sa pensée toute forme de métaphysique. Le problème de Dieu ainsi réglé, Halley pouvait se consacrer entièrement à des sujets qui le passionnaient bien plus, comme les comètes, les marées ou la détermination des longitudes. Il cherchait à obtenir un brevet d'officier de marine, qui lui permettrait de partir au large poursuivre ses observations sur les bateaux de la Navy.

Son œuvre achevée, Newton continuait d'accumuler et de calculer les données astronomiques en tout genre, plus encore qu'il ne l'avait fait en préparant son livre. Son activité débordante paraissait étrange à ceux qui, comme Halley, estimaient que c'était maintenant à eux, aux observateurs, de faire ce genre de travail. Halley se disait que celui qui était désormais considéré comme le plus grand savant du siècle ressemblait à ces mères qui ne veulent pas voir partir leur enfant dans le monde des adultes. Comme elles, Newton ne pouvait pas s'arracher aux *Principia*.

La préoccupation du professeur lucasien était en fait bien plus profonde : une lettre très élogieuse de Leibniz concernant son ouvrage l'avait profondément perturbé. Il avait eu jadis une brève correspondance avec cet Allemand, de dix ans son cadet, qui le questionnait respectueusement sur sa méthode de calcul différentiel. Cette fois, Leibniz émettait, sinon un reproche, du moins un simple regret. Pourquoi Newton, s'interrogeait-il, n'avait-il pas évoqué la cause première de cette attraction universelle, la cause divine ?

C'était la pire critique qu'on pouvait lui faire. Certes, il avait détruit le système mécanique de Descartes, mathématiquement faux, pour le remplacer par un autre monde mécanique, exact, prouvé, fondé sur l'observation mais qui, lui aussi, pouvait se passer de Dieu, même si en conclusion de ses *Principia*, il avait écrit que « cette organisation si élégante du Soleil, des planètes et des comètes, n'avait pu prendre origine que du conseil et de la domination d'un Être intelligent et puissant ». C'était de la faute à Halley, pestait-il, Halley, qui, sournoisement, l'avait poussé à faire des *Principia* une démonstration sans âme, qui n'évoquait pas la cause première, qui avait oublié la réflexion philosophique…

Heureusement, John Locke survint. Tandis que les *Principia* avaient hissé Newton au sommet de la gloire, Locke n'était connu que dans de rares cercles aristocratiques, où l'on disait de lui qu'il était un remarquable éducateur, bannissant de son enseignement toute scolastique. On rapportait qu'il avait dû s'exiler en Hollande à la fin du règne de Charles II, car il faisait circuler sous le manteau des écrits contre la monarchie absolue. Lui-même protestait que non, qu'il n'avait quitté l'Angleterre que pour soigner son asthme. Féru de médecine, il pratiquait un peu l'alchimie, non comme une quête spirituelle mais pour découvrir des remèdes, répétant partout que toute philosophie devait faire œuvre utile.

Halley avait pertinemment envoyé, en Hollande, des exemplaires des *Principia* à Locke et à Huygens. Les deux hommes se connaissaient bien. Aussi, le premier n'eut-il aucune honte à avouer à Huygens que ses médiocres aptitudes aux mathématiques ne lui permettaient pas d'apprécier à sa juste valeur cette œuvre apparemment révolutionnaire. Une fois que Huygens lui eut fait comprendre avec une parfaite clarté la totalité des *Principia* et ce qu'ils représentaient de neuf dans la vision de l'univers, Locke se décida à envoyer à Newton deux manuscrits depuis longtemps rédigés, mais qui ne pouvaient être imprimés sans danger sous le règne de Jacques II : des *Lettres sur la tolérance* et un *Essai sur l'entendement humain.* L'exilé avait la conscience lucide, sans vanité aucune, que ces deux ouvrages pouvaient être à la condition humaine ce que les *Principia* étaient à l'univers.

Les manuscrits parvinrent à Newton par des voies clandestines de gens qui préparaient le débarquement de Guillaume d'Orange et le soulèvement qui devait renverser Jacques II.

D'ailleurs, de nombreuses copies des *Lettres sur la tolérance* circulaient déjà parmi les opposants, et le bouche-à-oreille se chuchotait de plus en plus fort.

Quant à Newton, après son triomphe des *Principia*, il avait préféré se retirer quelque temps à Woolsthorpe, pour y attendre avec prudence la suite des événements. C'est là qu'il reçut l'envoi de Locke. Il fut extrêmement flatté par la lettre d'accompagnement, où l'exilé montrait qu'il avait compris les *Principia* non comme une simple mécanique répondant à celle de Descartes, mais comme un principe actif du Créateur. Puis il lut rapidement les *Lettres sur la tolérance*, en une nuit, alors que tout le manoir dormait. Contrairement à son habitude, il ne prit aucune note, se demanda un instant où il allait les cacher en attendant des jours meilleurs, puis il se décida à les brûler. Newton avait décidé que les choses de la politique n'étaient pas faites pour lui, et quand on l'interrogeait sur le sujet, il préférait répondre par cette formule : « Je sais calculer le mouvement des corps pesants, mais pas la folie des foules. »

La nuit suivante, il entreprit la lecture de l'*Essai sur l'entendement humain*. C'était par là qu'il aurait dû commencer ! Une phrase, surtout, l'enchanta, une phrase qu'il aurait voulu écrire : « Dieu est pure activité, la matière est pure passivité, mais il est permis de penser que des êtres à la fois passifs et actifs ne sont ni pure matière ni pure pensée. »

La nature humaine n'avait jamais été le souci majeur de Newton. Toutefois, cette façon lumineuse d'exprimer l'éternelle action divine sur la matière était la définition même de cette cause première que Newton concevait dans son esprit, mais qu'il avait tant de mal à traduire par écrit. Locke lui apportait le langage. Leurs pensées s'accordaient aussi parfaitement que le violon à la flûte.

Newton resta prudemment à Woolsthorpe tout le temps de la Glorieuse Révolution, qui vit la fuite piteuse de Jacques II pour la France. Il ne fit son retour à Londres qu'au printemps 1689, quand il fut bien sûr que le nouveau régime de Guillaume d'Orange serait en place pour longtemps.

Locke, lui, était revenu en Angleterre dans la suite de la nouvelle reine Marie. Quand Newton et lui se rencontrèrent enfin chez Edmund Halley, en juillet 1689, l'entente fut immédiate. Les publications successives des *Lettres* et de l'*Essai* furent considérées presque aussitôt comme les actes fondateurs d'une Angleterre nouvelle. Newton avait enfin trouvé son égal. Et le seul véritable ami qu'il aurait durant toute sa longue vie.

13.

Un ange passe

En ce jour d'octobre 1689, le jeune homme qui vient de s'installer à côté du rapporteur, à la tribune de la Royal Society, possède une étrange beauté, un regard d'un bleu très pâle au-dessus d'un fin nez aquilin, qui lui donne un air d'une profonde intelligence.

Hooke est absent, malade comme d'habitude. On ne le voit plus en séance. Et le rapporteur qui le remplace lit d'une voix monocorde la présentation de l'intervenant et de sa communication, un texte interminable dont visiblement il ne comprend pas un traître mot. Aussi l'assistance bruisse-t-elle de conversations chuchotées. Mais trente chuchotements équivalent à un brouhaha.

— Quel âge a-t-il, ce Fatio ? demande Newton à l'oreille de Locke.

— Vingt-quatre ou vingt-cinq ans. Appelez-le plutôt Nicolas Fatio, seigneur de Duillier. Il y tient beaucoup, vanité de cet âge. D'ailleurs, tous les Suisses se prétendent seigneurs de quelque chose. Une étrange manie qu'ont les citoyens des Républiques. Ainsi, en Hollande, où j'ai d'ailleurs rencontré Fatio, chez Huygens…

— Vingt-quatre ans ! Cela me paraît tout de même bien jeune pour disserter sur la cause de la pesanteur.

— Ah oui ? réplique Locke avec malice. Et quel âge aviez-vous donc, une certaine nuit de pleine lune, pendant que vous preniez le frais dans votre verger ?

— Touché ! Qui donc vous a raconté cette histoire ?

— Halley, bien sûr ! Qui voulez-vous que ce soit ? Il a le don de vendre votre légende, comme son père vendait ses savonnettes.

— Moui ! Ma légende… Disons plutôt mes *Principia.*

— Cessez donc de récriminer contre lui, cher ami. Il faut bien qu'il se rembourse de ses frais. On dit que l'impression de votre œuvre l'a presque mis sur la paille. Ce cher Edmund a pour vous la plus grande admiration. En retour, vous devriez un jour lui témoigner un peu de reconnaissance.

Seul Locke peut se permettre ce genre de remarques à son endroit. Tout autre aurait vu s'abattre sur lui les foudres de la colère de Newton. Mais Locke a raison ; l'auteur des *Principia* se jure intérieurement d'avoir une attitude plus amicale vis-à-vis de Halley. Plus tard cependant. Car, pour le moment, il a besoin de ménager Flamsteed pour en tirer le maximum. Il détourne donc la conversation, tandis que le rapporteur continue sa lecture besogneuse et que, dans l'amphithéâtre, le brouhaha des conversations devient tohu-bohu.

— Ainsi, vous me disiez que vous aviez rencontré ce Fatio, seigneur du Duillier, chez Huygens, à La Haye…

— C'est exact. J'étais venu rendre visite à notre vieil ami pour qu'il traduise au piètre mathématicien que je suis la profondeur de vos *Principia.* Fatio était là. Il contribua à mon initiation, mais de façon plutôt brouillonne, au point que je dus lui demander de ne pas interrompre les explications de Huygens.

— Vous ne me donnez pas l'impression de l'apprécier beaucoup.

— Je ne le connais pas assez pour porter sur lui un jugement quelconque. Mais c'est un esprit étonnamment précoce. Ce fils d'un très riche libraire de Bâle, à l'âge de seize ans, avait écrit à Cassini à propos des anneaux de Saturne. Celui-ci l'a fait venir à Paris, où le garçon s'est montré éblouissant. Huygens, Bernoulli, Leibniz ont été fascinés. On dit qu'il parle vingt langues…

— Ça me paraît beaucoup.

— Ma foi, je ne suis pas allé vérifier. Mais, enfin, il s'intéresse à tout, et avec quel brio : lumière zodiacale, dilatation de la prunelle...

— Il travaille sur l'optique ?

— Oui, et Huygens m'a dit qu'il lui avait été d'une aide précieuse. Il a également contribué à la méthode de calcul des nombres infinitésimaux élaborée par Leibniz...

— Leibniz ? Quelle méthode de calcul ?

— Je l'ignore. Vous connaissez mes compétences en la matière... Bref, à vingt et un ans à peine, on parlait de lui avec insistance pour le faire entrer à l'Académie royale des sciences de Paris. Tomba alors le décret infâme du tyran Louis XIV : la révocation de l'édit de Nantes. Huygens, Leibniz, Fatio et bien d'autres durent fuir.

— Il est donc calviniste ?

— Quel Suisse ne l'est pas ?

— Sa moralité correspond-elle à ses croyances ?

— Au-delà de tout. Il est irréprochable. Pas la moindre maîtresse, pas la moindre amourette. Et nous nous disions, le vieux Huygens et moi, qu'à son âge, à Paris, et avec une telle gueule d'ange, nous aurions fait des ravages... Oh, pardon !

Locke se mord les lèvres. Dans l'ambiance quelque peu collégienne qui règne maintenant autour d'eux, il a oublié que son nouvel ami a horreur qu'on aborde devant lui ce genre de thèmes. Et il se demande comment il pourrait un jour inculquer à Newton cette notion qui lui est si chère : la recherche du bonheur.

Le malaise se dissipe car Fatio, avec un culot qu'on met sur le compte de sa jeunesse, réclame le silence. Le calme se fait, quoique quelques conversations se poursuivent ici ou là. D'une voix grave et forte, mais douce à la fois, sans aucun accent, il commence sa communication. On l'écoute et on le contemple. C'est un orateur né, il semble un prince d'Orient ou un nouvel Alcibiade, vêtu des habits sobres et élégants du gentleman anglais. Sa maîtrise de la langue est parfaite, il ne jette qu'un regard de temps à autre sur ses papiers. Il entame son discours par un hommage vibrant à l'auteur des *Principia*. Quelques-uns ont envie d'applaudir, bien que toute manifestation d'approbation ou de désapprobation en cours de communication soit interdite par le règlement. Les regards se tournent alors, comme celui de l'orateur, vers un Newton impassible, mais dont les joues ont légèrement rosi sans que personne ne s'en aperçoive, à l'exception de Locke. Quant à l'exposé lui-même, il est parfaitement clair et fort bien exprimé. Selon Fatio, l'univers est empli d'une matière subtile composée de particules se propageant en ligne droite. Toute planète ou tout grave subit sans cesse le bombardement de ces particules, sauf quand une autre planète fait interférence. Dans la zone d'ombre ainsi créée, leur force s'amenuise, permettant à la force d'attraction de prendre toute son ampleur. Il conclut son exposé par un autre hommage encore plus appuyé à Newton.

Quand l'orateur a fini, toutes les têtes se tournent à nouveau vers l'auteur des *Principia*. Avec une certaine cruauté, celui-ci attend quelques secondes, et, enfin, un sourire ironique aux lèvres, frappe deux ou trois fois dans ses mains. Le geste déclenche un tonnerre d'applaudissements. Cependant, Halley, qui est arrivé en retard et s'est installé à côté de Newton, place que nul autre que lui ou Locke n'aurait osé prendre, se penche vers lui et lui crie, pour dominer le vacarme :

— Eh, mon maître, vous approuvez donc ce tombereau d'inepties proféré par ce godelureau ?

— Un tombereau d'inepties, ces couronnes de lauriers que le seigneur de Duillier a tressées sur mon auguste front ? Ne trouvez-vous donc pas ces éloges mérités ? Vous n'êtes guère aimable à mon endroit, cher Edmund. C'est à cette apologie que j'applaudis et à rien d'autre. Attendez la suite ! Vous allez vous régaler.

Halley éclate de rire. Depuis l'immense succès des *Principia*, il ne reconnaît plus Newton. Cet homme, jadis austère et ennuyeux, est devenu drôle, plein de verve, ironique jusqu'à la méchanceté, mais sachant parfois se moquer de lui-même et de ses défauts. Du moins de ses petites manies.

Quand les applaudissements se calment enfin, le rapporteur demande :

— Est-ce que notre honorable confrère monsieur Newton a quelque précision à ajouter à la communication de M. Fatio de Duillier ?

Newton se lève. Il irradie. Sa longue perruque mordorée met plus en valeur encore son regard d'un noir profond au léger strabisme divergent, sous un fin sourcil perpétuellement froncé qui a marqué son front de deux profondes rides verticales. Son nez long, bosselé, masque presque sa lèvre supérieure, trop mince, dédaigneuse. Tout son visage, blême, émacié, semble courir vers ce menton extraordinaire, lourd, proéminent, soc de charrue plongé dans le terreau de la Vérité, qu'il creuse comme un paysan du Lincolnshire creuse son sillon.

— L'hypothèse de M. le chevalier Fatio de Duillier sur les causes de la gravité me paraît séduisante, dit-il enfin, bien plus que d'autres que j'ai entendues jusque-là. Pour ma part, je n'imagine jamais d'hypothèse. En tout cas, vous me voyez confus des compliments exagérés de l'orateur à mon endroit. Je l'en remercie. M. Fatio était empli, dans son discours, de la fougue et de l'enthousiasme, qui sont dans la nature de la jeunesse. Empli, oui... Car la nature de M. Fatio me semble avoir horreur du vide.

Il se rassied. On applaudit. Personne ne semble avoir compris que Newton accuse ainsi le Suisse d'être un émule de Descartes. Personne sauf Locke, qui, le coude posé sur sa tablette, masque sa bouche derrière sa main pour s'empêcher de pouffer. Personne sauf Halley, qui ne fait rien pour cacher son hilarité et qui, pris d'un fou rire inextinguible, exhibe sa dentition parfaitement blanche et bien plantée, tandis qu'un Newton impassible lui envoie des coups de pieds dans les mollets pour le calmer. Personne sauf Fatio, qui, livide, rassemble ses papiers, se lève, se courbe en deux pour saluer, et s'en va d'un pas précipité.

— Bon, alors, Locke, quand donc me le présentez-vous, votre prodige ? demande Newton alors qu'ils se dirigent vers la sortie d'Arundel Court.

— Demain, par exemple. Nous souperons ensemble, chez moi. Mais je vous préviens, il ne mange que des légumes bouillis et ne boit que de l'eau. En serez-vous, monsieur Halley ?

Celui-ci s'apprête à accepter quand Newton remue ses lèvres sans qu'un son sorte de sa bouche : « Flamsteed ! »

— Hélas non, dit alors Halley, Je ne pourrai être parmi vous car je dois me rendre à…

— N'en dites pas plus, le coupe Locke. La plus grande marque de courage est de décliner une invitation sans en donner la raison.

Lors de ce repas chez Locke, où Flamsteed, Wallis et Wren étaient présents, Nicolas Fatio, seigneur de Duillier, joua parfaitement le rôle qu'on attendait de lui. Devant ces dignes messieurs qui avaient tous largement dépassé la quarantaine et possédaient une notoriété universelle, ce jeune homme tout en grâce fut éblouissant d'insolence et de pertinence. Avec autant d'esprit que de venin, il leur fit des portraits acidulés de ces illustres savants étrangers qui l'avaient accueilli, protégé et conseillé lors de son périple en Europe : Cassini, Bernoulli, Huygens, et surtout Leibniz, contre lequel il s'acharna. Et Locke songea qu'il serait curieux de demander à l'ami Huygens quelle caricature Fatio ferait de lui et de Newton, quand celui-ci irait le visiter en Hollande. Ce garçon qui, lors de sa communication de la veille, pouvait passer pour plus cartésien que Descartes, s'était rangé avec une aisance incroyable du côté du philosophe anglais.

Newton, séduit, s'amusait franchement de cette virtuosité pétillante. Il se souvint qu'à l'âge de Fatio il n'était qu'un obscur étudiant revenant à Cambridge, après la peste, pour y subir les brimades de Francis Wilford, ce pervers. Étonnamment, d'ailleurs, il trouva que le jeune convive de Locke avait quelque chose de son ancien persécuteur, dans la vivacité du geste peut-être. Mais le chevalier de Duillier n'avait pas le vice marqué sur son visage. Au contraire, il était comme illuminé d'une soif gourmande de connaissance et de Vérité. Que ce garçon fût évidemment cartésien, cela lui importait peu. Après tout, lui non plus, à son âge, ne s'était pas encore débarrassé de l'influence néfaste du philosophe français. Oui, décidément, Fatio ressemblait à l'Isaac d'il y avait vingt-trois ans, un Isaac qui ne serait entravé ni par l'impécuniosité, ni par cette terrible timidité qui l'empêchait de s'adresser à ses maîtres More et Barrow comme Fatio s'adressait à lui :

— J'ai relevé une erreur dans vos *Principia* à propos de la vitesse de l'écoulement de l'eau : elle n'égale pas la moitié de celle d'un corps tombant du haut du réservoir, mais la totalité de la hauteur de l'eau.

Wren, qui connaissait l'incapacité de Newton à admettre la moindre critique, pensa que la foudre allait s'abattre sur le sémillant Bâlois. Il n'en fut rien, tout au contraire. Ce fut avec un calme sourire que Newton répondit :

— C'est tout à fait possible, cher monsieur. Il suffirait, pour vérifier cela, d'envoyer un petit jet d'eau du bas vers le haut du réservoir et...

— Je l'ai déjà faite, cette expérience, coupa Fatio. Elle est probante.

Cette fois, Newton se rembrunit :

— M'en disputeriez-vous l'antériorité, par hasard ?

— Certes, non ! Qui suis-je pour cela ? rétorqua le Suisse, pris d'un accès soudain de modestie. D'ailleurs, il n'existe d'antériorité que pour des documents dûment datés et lus en public, ou des expériences pratiquées devant témoins.

Newton se mordit les lèvres. Ce garçon avait raison. Un bref instant, il eut envie de repartir immédiatement à Cambridge pour reprendre et classer tous ses manuscrits. Il préféra revenir sur les *Principia* :

— Ce n'est pas la seule erreur que j'ai laissé passer dans mon ouvrage, et j'accumule actuellement les *errata*, grâce en partie aux observations que M. Flamsteed consentira à me communiquer.

Il avait insisté sur le mot « observations » pour bien faire comprendre à l'astronome du roi qu'il devrait s'abstenir de les accompagner de tout calcul. Flamsteed fit mine de ne pas s'en apercevoir, contrairement à Fatio, qui renchérit :

— Parfaitement ! À l'observateur, l'observation, et à l'homme universel, l'univers !

Flamsteed faillit se lever et partir, mais il resta comme soûlé par le tourbillon de paroles dans lequel Fatio les entraînait tous :

— Votre chef-d'œuvre, maître, mérite une bien meilleure édition que celle qu'on a commise. Savez-vous que mon père possède la plus fameuse librairie de toute la Suisse, donc du monde ? Je me fais fort de donner aux *Principia* la parure qu'ils méritent, si vous me donnez l'autorisation d'en faire une traduction en français et en allemand.

— Nous verrons, répondit Newton, enivré par cette idolâtrie dont il était l'objet. Je vous remercie de votre offre. Je compte d'ailleurs travailler plus profondément sur les *Principia*, en profitant de mes cours à Trinity College. Et je serais très flatté que vous y assistiez, monsieur Fatio. Ainsi, j'aurais au moins un auditeur.

— Hélas, je dois me rendre à Bâle pour affaire de famille. J'en profiterai pour passer par La Haye y visiter M. Huygens. Je me rendrai ensuite à Hanovre, car j'ai à faire avec M. Leibniz.

— En Allemagne ? Pendant que les hordes du tyran Louis XIV dévastent le Palatinat ? Vous n'y songez pas ! Et puis, quelle perte de temps !

Le ton avec lequel Newton avait prononcé ces mots fit sursauter John Locke : c'était celui d'une femme jalouse ou d'une mère trop possessive. Puis il dévisagea Fatio : celui-ci arborait le sourire fat du séducteur sûr de tenir sa proie. Il était temps d'en finir. Prétextant les prémices d'une crise d'asthme, il demanda à ses invités de prendre congé.

Sur la route de Cambridge, Newton élabora son plan de bataille. Les *Principia* l'avaient hissé au sommet de la notoriété, mais pourtant il n'était toujours que le modeste professeur lucasien du Trinity College, qui n'avait nulle autorité, sinon morale, pour peser sur le cours des choses, et proclamer enfin le règne de la philosophie et de la religion naturelles. Par manque d'habitude du monde, par fierté aussi, il n'avait pu se frayer un chemin dans la course aux postes et aux sinécures qui suivent inéluctablement un changement de règne. Tous ces grands messieurs de la nouvelle cour lui avaient témoigné une profonde admiration, même si visiblement ils n'avaient rien compris à son explication du monde. Mais dès qu'il s'était agi de leur suggérer une quelconque nomination à Londres, afin de mieux contribuer à en faire la capitale universelle du savoir, tout comme elle devenait celle du négoce, ils ne lui faisaient plus que de vagues promesses.

Il en percevait d'autant plus l'humiliation que ceux qui auraient dû l'aider et le soutenir, tel Wren, Pepys ou surtout Montague, se refusaient à constater la transformation qui s'était produite en lui depuis le succès de son chef-d'œuvre. Ils voulaient continuer à le cantonner dans le rôle de l'ours de Cambridge, travaillant pour lui-même à la seule quête de la Vérité. N'avaient-ils donc pas vu qu'avec les *Principia* le temps était venu pour lui de sortir de la tanière et de commencer la prophétie ? Quant à Locke, considéré comme le guide philosophique de la Glorieuse Révolution, Newton n'avait pas osé le solliciter, estimant qu'entre eux deux ne devait pas entrer ce genre de contingences.

Il lui faudrait donc repartir à l'assaut de Londres. Avec l'accueil réservé aux *Principia*, il avait remporté une incontestable bataille. Mais pas la victoire. Il devait d'abord se replier dans son fief : Cambridge. Depuis la mort d'Isaac Barrow et surtout celle de Henry More, deux ans auparavant, il était devenu le grand homme de la prestigieuse université. Il avait remarqué l'an passé, lors de son trimestre de cours qu'il avait consacré aux principaux thèmes abordés dans son livre en voie de parution, que l'auditoire s'était fait plus nombreux. Parmi le public, il avait repéré des professeurs des autres collèges ; certains l'avaient même félicité en affirmant qu'il allait d'un coup rehausser le prestige de Cambridge au point d'écraser la vieille rivale Oxford. Enfin et surtout, il n'était plus seul. À Londres s'était constitué autour de lui un bataillon d'hommes jeunes et savants, ses « apôtres », dont Gregory, son apôtre Pierre, Halley, son Thomas, et d'autres qui se disaient déjà « newtoniens », prêts à en découdre avec les tenants de Descartes, prêts à reconnaître dans tous les domaines l'antériorité de leur maître. Et puis, hier, il avait rencontré son apôtre Jean, le préféré : Nicolas Fatio de Duillier.

Après le repas chez Locke, Fatio, avec un aplomb charmant qui ne tenait pas compte de la différence d'âge, et comme s'il parlait à un vieil ami, l'avait invité dans une maison de thé. Si un Halley ou un Gregory lui avaient fait la proposition, l'ours de Cambridge l'aurait déclinée plutôt sèchement. Mais, cette fois, il ne sut résister.

Au fil de la conversation, il ne fallut pas longtemps à Newton pour faire un adepte convaincu de ce jeune homme, qui s'était pourtant montré cartésien devant la Royal Society. Mis en confiance, Newton lui déclara qu'il allait désormais revenir à ses études bibliques, qu'il jugeait complémentaires de ses *Principia.* Fatio s'emballa et affirma que lui-même s'y était adonné, et qu'il avait découvert que le serpent du Paradis était une prophétie annonçant l'Empire romain. Après s'être gentiment moqué de son vis-à-vis, Newton lui expliqua ce qu'il avait déjà expliqué à son disciple Richard Bentley, à Cambridge : il fallait traiter cette philosophie non pas poétiquement, mais avec toute la rigueur que peuvent donner les méthodes philologiques et historiques.

Fatio s'aperçut qu'il n'avait pas seulement face à lui un éminent mathématicien à qui il faudrait montrer ses propres talents ; il avait affaire à un penseur dont le regard portait sur tout le champ du savoir. Newton lui demanda ensuite de profiter de son voyage sur le continent pour saluer de sa part MM. Huygens et Leibniz, et de lui rapporter où en était le premier sur ses travaux d'optique, l'autre sur cette méthode de calcul infinitésimal qui, selon des personnes mal intentionnées, serait plus simple que celle des fluxions inventée par lui plus de vingt ans auparavant. Enfin, à Bâle, que Fatio examine avec sa famille la possibilité d'une nouvelle édition des *Principia.*

Dans l'intimité de ce petit salon de la maison de thé, Fatio se jeta à ses pieds, lui saisit les mains dans lesquelles il sanglota en lui demandant pardon pour sa communication devant la Royal Society, et le supplia de le considérer maintenant comme le meilleur de ses enfants. Newton le releva en l'appelant « mon fils », et lui enjoignit d'être le plus prudent possible quand il courrait les routes d'Europe, car il avait besoin de lui vivant. Ils se quittèrent après une longue embrassade, devant la porte vitrée aux rideaux de velours rouge de la maison de thé.

Newton doit maintenant dresser les autres piliers de son temple sans qu'aucun chien errant puisse lever la patte dessus. Ce roquet de Robert Hooke peut bien continuer d'aboyer au plagiat, il n'a plus de dents pour mordre ni personne pour écouter ses plaintes. Même Locke, malgré son universelle compassion pour les vaincus, se détourne de lui, le trouvant trop ridicule à la fin, et sincèrement persuadé que Newton n'est pour rien dans les récriminations de cet hypocondre. Quant à Flamsteed, David Gregory s'en charge. Le directeur de l'observatoire de Greenwich et astronome royal, en effet, commence à protester que Newton se serve trop à son aise de la somme considérable des observations qu'il a collectées grâce à ses nombreux correspondants dans le monde. Flamsteed, qui aurait aimé qu'on le considère comme un nouveau Tycho Brahé, ne livre lesdites observations qu'avec parcimonie, après maintes tergiversations, comme si le ciel était sa propriété privée. Halley l'appelle « l'eunuque de Greenwich », celui qui garde les étoiles avec une jalousie farouche mais qui n'en fait rien.

Oui, ils sont bien ses apôtres, ces jeunes gens – Halley a largement dépassé la trentaine, mais qu'importe –, ses enfants. Des enfants turbulents, et qui n'ont pas toute la rigueur morale que leur père aurait souhaitée. Il faut bien que jeunesse se passe ! Ils sont fort savants, et philosophes, mais avec légèreté, dans la joie. Pour eux, la découverte de choses nouvelles est à chaque fois un émerveillement, un jeu. Newton aussi est joueur. Mais lui, c'est pour gagner.

Son assistant Humphrey ne fait pas partie d'entre eux. Et surtout, il sait trop de choses du Newton d'avant la gloire. Certes, plus que tout autre, il adule son maître, mais à quoi peut servir une adoration qui ne sort pas des murs de Trinity College ? Aussi, dès son retour à Cambridge, Newton le congédie-t-il. Ou plutôt, il a pris la précaution, à Londres, de le recommander à l'un de ses admirateurs les plus huppés, un ancien étudiant peu assidu, Charles Montague, dernier fils du duc de Manchester, qui est devenu la tête de file du parti whig. Montague cherche un secrétaire.

C'est un Humphrey en larmes qui fait ses adieux à l'homme qu'il vénère à l'égal d'un dieu. Newton est sûr qu'il n'aura pas de meilleur héraut à Londres, pour chanter sa louange et bâtir sa légende. Surtout, il ne veut pas qu'un tel témoin puisse assister à la tâche qu'il a décidé d'entreprendre…

Sitôt Humphrey dans la malle-poste, Newton sort de ses rayonnages tous ses manuscrits concernant les mathématiques et la physique, depuis son entrée comme étudiant au Trinity College, et jusqu'en 1669, date à laquelle il avait fait sa première communication à la Royal Society, en décrivant son télescope. Il écarte naturellement toute copie de ses lettres, et se cantonne à sa correspondance avec le défunt John Collins. Humphrey l'a admirablement bien classée, et Newton se dit qu'il n'a pas menti en en faisant la louange à Charles Montague. Il se met à l'ouvrage. Il remonte le temps, en commençant par ses « cahiers d'ordures » des années estudiantines. Il en découd soigneusement la tranche. Chaque fois qu'il déniche une erreur ou une approximation dans les notes qui y sont jetées, il enlève la page et, sur un papier qu'il a fait vieillir par un procédé chimique de son invention, il la recopie, d'une encre volontairement pâlie, en rectifiant l'erreur. Il corrige surtout les années 1666 et 1667, quand la peste et la fermeture de Cambridge l'ont obligé à rester à Woolsthorpe. Il travaille ainsi durant un mois à ces palimpsestes, et quand ce sera fini, nul ne pourra plus contester une quelconque antériorité à l'étudiant, oisif par force et flânant une nuit de pleine lune dans son verger. Nul ne pourra lui reconnaître de prédécesseur. Il les a supprimés, plutôt que de s'inscrire à leur suite. Comme Œdipe, qui a rencontré à la croisée des chemins un père qu'il ne reconnaît pas, l'a combattu, vaincu, effacé du monde des vivants, puis a pris sa place, en s'emparant de sa femme comme de sa couronne…

Le temps s'arrête à nouveau, comme si rien ne s'était passé. De Cambridge, Newton continue de postuler à une charge publique digne de lui, à Londres, mais rien ne vient. En revanche, des piles de lettres affluent chaque semaine sur son bureau, toutes pour lui parler des *Principia*, en faire l'éloge, certaines pour se livrer à des élucubrations. Il ne répond qu'à celles dont l'auteur lui semble pouvoir être le plus utile pour arriver à ses fins, mais aussi à celles des jeunes savants qui se revendiquent de son œuvre et lui demandent des explications sur tel ou tel point.

Il a repris ses expériences alchimiques, mais avec un enthousiasme moindre que jadis. Il tente bien, par lettre, d'avoir un échange avec Locke sur le Grand Art, que le philosophe pratique également, mais en médecin : celui-ci ne se préoccupe que de trouver des remèdes pour soigner son asthme dans sa campagne d'Oates.

Un matin, dans une allée du Trinity College, Newton dessine avec le lourd bâton d'Euclide des figures géométriques sur le gravier, tandis que le jeune chiot, qu'il vient de se procurer pour tromper sa solitude, croyant que son maître veut jouer, envoie des coups de patte à l'embout.

— Hooke, allez-vous cesser, à la fin ? gronde doucement Newton. Je désespère à jamais de faire de vous un bon géomètre.

Le petit corniaud s'aplatit et, remuant la queue, lui lance un regard implorant.

— Je vous aime mieux comme ça, monsieur Hooke, vilain mathématicaillon. Prenez garde que je vous débaptise et vous renomme Cartes.

C'est une femelle, mais qu'importe. Une bande d'étudiants en troisième année, qui rentrent visiblement d'une nuit agitée, vient à le croiser.

— Tiens, lance l'un d'eux, voilà l'homme qui a écrit un livre que personne ne comprend. Même pas lui.

D'ordinaire, jouant de sa distraction proverbiale, Newton ne relève pas ce genre de quolibets, qui pourrait valoir un renvoi immédiat à son auteur. Mais, cette fois, la saillie lui semble drôle. Il est de bonne humeur et décide de s'amuser un peu.

— Jeune homme ! appelle-t-il d'une voix peu amène.

L'insolent se retourne, blêmit puis rougit, et s'approche, tandis que ses condisciples déguerpissent prudemment.

— Votre nom, je vous prie, poursuit Newton.

— William Whiston, maître.

— Ainsi, monsieur Whiston, vous n'avez rien compris à mes *Principia*. Les avez-vous lus, au moins ?

— Certes, maître, et plutôt deux fois qu'une. Ainsi votre hypothèse III du troisième livre : « Tout corps peut être transformé en n'importe quel autre corps et prendre successivement tous les degrés intermédiaires de qualités. »

Newton se raidit :

— Et alors, qu'en déduisez-vous ?

Whiston tourne la tête autour de lui, comme s'il craignait que quelqu'un entende ses propos ; enfin, il chuchote :

— Je crois bien que votre œuvre possède un sens caché. Seuls les initiés peuvent y accéder.

— Et vous en seriez, de ces initiés ? demande un Newton écrasant de mépris. À votre âge ?

— Comment oserais-je y prétendre ? Mais je lis, je lis beaucoup... Quant à ma grossière boutade de tout à l'heure, elle était pour détourner mes condisciples, ces ânes, de l'envie qu'ils avaient de faire entrer des marchands dans votre temple.

— Ainsi, monsieur Whiston, vous vous intéressez au Grand Art. Prenez garde ! Ce sont des chemins ardus et dangereux.

— Si vous pouviez m'y aider, maître, je serais le plus heureux des hommes. J'ai appris que votre assistant vous avait quitté...

— Les bruits vont vite, à Trinity, réplique Newton de plus en plus caustique. Postuleriez-vous pour m'aider à écrire des choses que je ne comprends pas ?

Whiston est pris de panique. Sa plaisanterie va le faire renvoyer du collège, lui, le boursier, à quelques mois seulement du diplôme tant rêvé de maître ès arts. Il faut trouver quelque chose, vite :

— Maître, soyez sûr que je suis le plus zélé de vos étudiants. Je n'ai été absent à aucun de vos cours. Ne m'avez-vous pas remarqué ? Je vous avais posé une question à propos de la comète de 1680... Votre réponse fut lumineuse, et je me suis permis de calculer, à partir de votre réponse et de vos *Principia*, quels étaient ses précédents passages. Et j'ai découvert... J'ai découvert... Son premier passage fut le dix-huitième jour de novembre de l'année 2365 avant l'ère chrétienne...

— À quelle heure ? ironise Newton.

Il en a assez. À nouveau, il a affaire à l'un de ces innombrables hurluberlus qui l'inondent de lettres, s'appuyant sur les

Principia pour assouvir leurs théories délirantes sur la marche du monde. Whiston est-il de ceux-là, ou tente-t-il seulement de faire oublier sa plaisanterie ? L'étudiant proteste, d'une voix suppliante :

— L'heure ? Mais il ne s'agit pas d'heure ! Il s'agit du jour où commença le Déluge ! J'ai tout écrit, tout calculé…

Et l'étudiant se met à fouiller dans sa serviette. Le Déluge… Newton change alors d'opinion. Il a devant lui un esprit brouillon – à vingt ans, quel esprit ne l'est pas ? – mais qui a les mêmes préoccupations que lui : lier dans un même ordre la physique, l'alchimie et l'étude biblique. En ce Whiston, il a peut-être trouvé un autre de ses apôtres.

— Vous êtes boursier ? demande-t-il abruptement en balayant du regard la toge un peu râpée de l'étudiant. Et vous servez sans doute un de vos condisciples en lui nettoyant ses seaux d'aisance, en rédigeant ses devoirs à sa place et en le faisant rire de vos bons mots – celui de tout à l'heure était excellent –, moyennant un salaire qui vous permet tout juste de vous acheter quelques livres ?

— Hélas !

— J'étais comme vous, à votre âge, ment Newton. Et si le défunt Isaac Barrow, paix à son âme, ne m'avait pas remarqué, qui sait ce que je serais devenu ? Votre audition est dans six semaines, c'est cela ? Patientez jusque-là. Vous deviendrez membre. Qui oserait s'opposer à ma voix ? Votre aide, alors, pourrait bien m'être précieuse… Non, non, je vous en prie, épargnez-moi vos larmes de gratitude, car, croyez-moi, mon garçon, assister Isaac Newton n'est pas une tâche de tout repos.

C'est ainsi que William Whiston devint le remplaçant de Humphrey. Puis arriva une lettre de Fatio. Il était de retour à Londres. À cette nouvelle, le cœur de Newton battit si fort dans sa poitrine qu'il crut en mourir. Il lui répondit immédiatement qu'il devait se rendre à la capitale, et que si l'autre pouvait lui prendre une chambre dans son auberge, ce serait parfait.

Ce ne fut pas à l'auberge qu'il fut reçu par le jeune Suisse, mais dans un vaste appartement que celui-ci venait d'acquérir. Newton eut la désagréable surprise d'y voir déjà installé un couple de Français, des exilés que Fatio lui présenta comme le pasteur Pierre Jurieu et son épouse Hélène. Ils ne parlaient pas anglais et Newton se refusait, depuis la révocation de l'édit de Nantes, à prononcer le moindre mot dans la langue de Louis XIV… et de Descartes, langue que d'ailleurs il maniait fort mal par manque de pratique. Fatio, très excité, fit office d'interprète. Il expliqua d'abord qu'il avait acheté cette demeure pour servir de refuge aux réformés fuyant les dragonnades, mais que le pasteur Jurieu, qui vivait à Rotterdam, n'était venu à Londres que pour aider à cette installation et surtout rencontrer le célèbre Newton, afin de s'assurer de son soutien.

Ce dernier lui confirma, un peu mollement, qu'il était de tout cœur avec les réformés français. En fait, il se méfiait d'eux, de leur côté belliqueux, de leurs querelles internes. Surtout, il avait rompu avec la doctrine de Calvin, depuis que Locke lui avait fait découvrir Michel Servet, brûlé vif par le maître de Genève. Il se sentait désormais en parfaite harmonie avec ce martyre du savoir. Comme Newton, la gravitation universelle, Servet n'avait-il pas découvert, longtemps avant Harvey, la circulation du sang ?

Fatio raconta alors que le pasteur Jurieu avait écrit de nombreux livres de théologie, dont le dernier, *L'Accomplissement des prophéties sur la délivrance prochaine de l'Église*, montrait que les événements se déroulant en France annonçaient le Jugement dernier et la Parousie.

— Très intéressant, très intéressant, dit un Newton imperturbable, qui ne tenait pas à entamer un débat métaphysique en deux langues.

Le prenant au mot, Jurieu se lança dans un long discours que Fatio traduisait vaille que vaille et que Newton n'écoutait plus. Son « apôtre Jean » était décidément fort influençable. Il faudrait tâcher de le ramener sur le chemin de la Vérité, de la même façon qu'il l'avait arraché à Descartes. Il avait d'abord voulu faire de lui son ministre en alchimie, mais ce rôle était désormais imparti à Whiston. Ce serait donc en théologie que le Suisse l'assisterait. Il serait facile de le convaincre que le sens des prophéties n'est pas de se livrer soi-même à des prédictions, comme semblait le faire le pasteur Jurieu, mais de témoigner de l'omniprésence divine, afin que leurs exégètes interprètent les événements qui se sont déjà accomplis, et non tenter de lire l'avenir selon sa fantaisie. Lui-même en était bien revenu, et depuis fort longtemps, de ce genre d'erreurs. En théologie comme en physique, la théorie doit toujours être vérifiée par l'expérience, contrôlée par la raison.

Le monologue du pasteur Jurieu, ponctué par les « très intéressant, très intéressant » de l'homme de Cambridge, cessa enfin. Le Français avait-il perçu l'ennui de son interlocuteur, ou croyait-il que le physicien n'avait pas la tête métaphysique ? En tout cas, au grand soulagement de Newton, il se leva et s'en fut, prétextant une visite à faire à des compatriotes réfugiés à Londres. Sitôt qu'il fut sorti, Newton sermonna longuement Fatio pour lui démontrer que Jurieu était dans l'erreur, et lui demanda de lire les manuscrits qu'il avait apportés : un essai sur deux corruptions des textes bibliques commises après le concile de Nicée, et une exégèse sur les prophéties de Daniel et l'Apocalypse de saint Jean. Avant même de les lire, Fatio fut converti et décréta que Pierre Jurieu était un imbécile.

Newton séjourna chez Fatio plus d'un mois. On les voyait partout ensemble, inséparables, à la Royal Society, dans le palais de Charles Montague devenu président de la chambre des Communes, et même dans les tavernes. Quand, par hasard, pour une raison ou une autre, Newton n'était pas avec lui, Fatio pérorait qu'il avait eu bien du mal à faire reconnaître à son « ami » telle ou telle erreur relevée dans les *Principia*. Halley, un peu jaloux, le baptisa « le singe de Newton », sobriquet qui fit fortune. Plus grave, une rumeur commençait à se propager, suggérant que leur relation ne serait pas seulement de maître à disciple, mais une amitié très particulière, qui leur aurait valu la prison, voire l'échafaud si elle était confirmée.

Averti du danger, John Locke, depuis sa campagne à Oates, envoya une lettre à Newton pour l'inviter à passer quelques jours avec lui. Il y mit les formes pour le prévenir de cette rumeur inquiétante, mais avec tellement de précaution que son correspondant, dans sa candeur, crut que son vieil ami voulait consulter son essai sur les corruptions bibliques d'Athanase. Il le lui envoya, en affirmant qu'il ne pourrait lui rendre visite qu'à l'hiver prochain.

Plusieurs mois s'écoulèrent ainsi, pendant lesquels Newton voyagea beaucoup de Cambridge à Londres, de Londres à Woolsthorpe et de Woolsthorpe à Oates, chez Locke. Il pensait que l'heure était venue de propager une pensée religieuse délivrée de toutes les superstitions et forfaitures qui s'étaient accumulées au fil des millénaires : miracles, culte des saints, culte marial, sacrements. Sa foi allait désormais au-delà même d'Arius, et tentait de retrouver la mystique simple de Moïse et de Noé : un Pantokrator, Seigneur de toutes choses, cause première et principe actif de l'univers.

Locke et lui s'accordaient sur cette religion naturelle, à laquelle s'était rallié un de ses disciples, le professeur de philologie à Cambridge, Richard Bentley, remarquable interprète des textes bibliques, mais aussi Huygens en Hollande et le vieil Hévélius en Pologne. Pas de règles, pas de dogmes, sinon la loi mosaïque, pas de cérémonial ostentatoire, chacun pouvait communier dans le temple de son choix. Newton ne serait jamais Luther, ni Fatio, Melanchthon.

Locke vivait désormais dans un charmant manoir que lui avait laissé lord Masham, à moins d'une journée de voiture de Londres. Souffrant de la goutte, il ne se déplaçait plus que rarement dans la capitale, préférant recevoir ses amis dans cette campagne, à l'orée de la forêt d'Epping, dont l'air était bien meilleur pour son asthme. Quand il venait le voir, Newton en ressentait un petit pincement de jalousie : Woolsthorpe était bien trop éloigné, et Cambridge mal commode pour y accueillir son propre cénacle. Que n'avait-il, comme son ami, de puissants protecteurs lui permettant de quitter enfin sa chaire lucasienne, qui lui pesait de plus en plus ? En même temps, son orgueil lui interdisait d'aller solliciter de façon trop flagrante un poste à Londres auprès de son ancien étudiant Charles Montague, président du Parlement, étoile montante du nouveau régime.

Il se rendit ainsi un jour de janvier 1691, en compagnie de Fatio, dans le joli manoir de Oates, où Locke voulait s'entretenir avec lui de l'essai sur les deux corruptions bibliques. L'impression d'être quelque peu « convoqué » lui fut assez désagréable, même si les ennuis de santé de son hôte justifiaient sa demande. Ce fut pour marquer son indépendance que Newton demanda à son principal disciple de l'accompagner.

Les deux plus grands philosophes de l'Angleterre ne parlèrent que peu des *Two Notable Corruptions* en tête-à-tête. Et quand Locke affirma qu'un imprimeur en Hollande était prêt à les diffuser, Fatio, un peu exalté, trouva le projet magnifique. Il se faisait fort d'en faire de même à Bâle. Newton répliqua qu'il allait y réfléchir, car il ne tenait pas à ce que son disciple montât sur l'échafaud, tel un nouveau Michel Servet.

Le jeune Suisse mettait fort mal à l'aise les autres invités de Locke, à commencer par la propriétaire des lieux, lady Masham, qui avait tant espéré assister à un dialogue entre ces deux grands hommes, dialogue sans cesse interrompu par les remarques papillonnantes de Fatio. Elle avait lancé la conversation sur l'éducation des enfants, car elle savait que c'était le sujet qui occupait le plus à ce moment-là son vieux protégé. Locke en tenait pour l'enseignement individuel et familial de chaque enfant. Newton, au contraire, vantait les mérites de son ancienne école de Grantham, où les plus méritants pouvaient se révéler, comme lui ou le défunt Henry More ; quant aux facultés, elles réclamaient une réforme de fond en comble. Newton en donna les recettes, sachant que parmi les invités les plus huppés, il en était de proches avec le chancelier des universités.

Fatio l'avait écouté parler, tout en le contemplant avec un visage transfiguré par une sorte d'extase. La gêne de l'assistance se faisait de plus en plus lourde. Quand Newton eut fini, Fatio, à la grande surprise des convives, prit l'avis contraire de son idole et soutint la thèse de Locke sur l'éducation individuelle. Et il ajouta, sur le mode de la plaisanterie :

— D'ailleurs, lady Masham, si vous avez besoin d'un précepteur pour vos délicieux Esther et Francis, je pourrai tout à fait leur apprendre quelques-unes des vingt langues que je possède.

Lady Masham fit mine de ne pas entendre, mais, s'adressant à Locke, d'une voix chargée de sous-entendus :

— Confier ainsi ses propres enfants à un homme célibataire, dont on ne connaît vraiment jamais la probité et les bonnes mœurs, a toujours quelque chose d'aléatoire…

— Pour cela, madame, s'exclama Fatio, je puis vous garantir que je serai irréprochable…

Sentant qu'un incident allait éclater, Locke préféra répondre à Newton en le taquinant un peu :

— Je conçois, cher Isaac, que vous vouliez diffuser l'instruction auprès du plus grand nombre, et cela vous honore… Mais pourquoi alors avoir rédigé vos *Principia* dans un langage que ne peuvent comprendre que quelques rares mathématiciens, et parmi les plus grands ? Moi-même, comme je vous l'ai déjà raconté, j'ai dû demander nombre d'éclaircissements à Huygens.

Fatio intervint à nouveau :

— C'est que ce langage-là est destiné aux seuls initiés…

— Cela suffit, maintenant, Nicolas !

Newton avait cru chuchoter cette réprimande, mais tout le monde l'avait entendue, à l'exception de Locke, qui devenait un peu sourd. On aurait dit un vieux mari tançant en société sa trop jeune épouse un peu écervelée. Puis il répliqua à son hôte qu'il avait choisi le vocabulaire le plus approprié à sa pensée, parce qu'il n'y en avait pas d'autre. Il ajouta que cela lui avait permis aussi de tourner en ridicule certains mathématicaillons qui n'avaient rien compris et poussaient malgré tout leurs jappements pour crier à l'antériorité sur des points de détail. Comprenant l'allusion à Hooke, on rit beaucoup, mais les invités ressentaient encore un profond malaise.

— En somme, conclut Locke, pour parodier le frontispice du lycée athénien : « Nul n'entrera dans les *Principia* s'il n'est géomètre. »

— Et théosophe, s'exclama Fatio, surtout théosophe ! Car comme l'a dit un jour mon maître au révérend Bentley, la gravité n'est pas générée par la matière mais, comme tout ce qui est, par l'Esprit subtil, par l'Habitant invisible.

Ce fut au tour de Newton d'être gêné. Cette allusion trop claire à l'alchimie, devant ces non-initiés... Il haussa les épaules comme si son jeune ami avait commis une bourde de plus, et répondit à Locke :

— Je songe effectivement à une nouvelle version des *Principia* accessible à un plus grand nombre. M'y aiderez-vous, cher John, vous qui avez déjà tant fait contre l'ânerie scolastique et pour l'enseignement de la philosophie naturelle ?

Quand s'acheva cette partie de campagne, Locke réussit à prendre Newton à part, sans que Fatio fût pendu à ses basques. Il essaya, le plus diplomatiquement du monde, de lui faire comprendre que cette intimité trop affichée avec son protégé risquait de lui nuire gravement, et que certaines rumeurs de plus en plus insistantes l'obligeraient peut-être un jour à prendre femme pour les faire taire. Newton fut d'abord furieux qu'un vain peuple puisse oser interpréter de façon aussi ignominieuse ce qui était exclusivement une filiation spirituelle et intellectuelle entre lui et son disciple préféré. Mais il promit quand même à son vieil ami de se faire plus distant.

Durant le voyage de retour à Londres, il commença par réprimander Fatio pour sa conduite impertinente durant ce séjour. Il lui expliqua que, dans ce pays, les rapports entre les individus n'étaient pas du tout aussi égalitaires que dans la République helvétique. Ensuite, qu'une réunion de philosophes n'était pas une horde de loups où les plus jeunes tentent de chasser les vieux chefs. Fatio prit l'air penaud de l'écolier pris en faute. Et Newton trouva cela charmant. Trop charmant. Il se tut et, le bras pendant à la portière, fit mine de se plonger dans la contemplation d'un paysage qu'il connaissait par cœur.

À cinquante ans, Newton ignorait tout des élans de la chair. Très vite, il avait posé comme principe que la recherche absolue de la Vérité était incompatible avec les plaisirs et les passions du corps et du monde. Dans son isolement, il avait fini par ne plus ressentir aucun désir charnel et n'y pensait jamais. Un repas parfois avec des convives choisis, quelques plaisanteries avec d'autres initiés, sur les principes alchimiques mâle, femelle et hermaphrodite, où l'on faisait copuler Mars le fer avec Vénus le cuivre, tels avaient été jusqu'alors ses seuls plaisirs. Mais la bonne chère et ses joyeusetés, dont il avait toujours usé modérément, n'avaient jamais nui à sa quête. Et puis, brusquement, avec les *Principia*, le monde avait ouvert la porte de son laboratoire, s'y était engouffré, l'avait ébloui, l'avait enivré. Le monde, et Fatio.

Arrivée à Londres, la voiture de Newton déposa le Suisse devant son appartement et repartit pour Cambridge. Sept mois durant, le professeur lucasien se replongea dans ses exégèses bibliques, en prenant bien soin désormais de ne pas faire lui-même de prophéties en étudiant les prophètes, de traduire leur langage symbolique sans idées préconçues, avec la froideur du géomètre, tout en démonstrations et en corollaires. Le savoir est un langage, que ce soit pour la quadrature du cercle ou la parole divine. Il lui fallait remonter aux plus lointains des textes anciens, qu'ils fussent en hébreu, en araméen, en grec, afin d'approcher au plus près de ce qu'avait été la première religion, la religion naturelle.

Par lettres, Newton demanda à Fatio de l'aider, lui qui comprenait tant de langues. Et puis, il avait besoin de l'enthousiasme de la jeunesse. Mais les réponses de son « fils » n'étaient que dérobades. Sa grande affaire était actuellement de faire entrer en Angleterre des réformés français, qui s'étaient battus contre les troupes de Louis XIV sous le nom de camisards, ainsi nommés à cause de leurs tuniques blanches. Tout comme les cathares avant eux, les camisards étaient partis du sud de la France, comme les cathares, ils s'opposaient avec véhémence à Rome, comme eux, ils mettaient en question la divinité de Jésus. Et, comme eux, ils avaient été réprimés par la force militaire, chassés du Languedoc comme hérétiques. Beaucoup cherchaient refuge à Genève et à Londres, et Fatio tâchait de les reconstituer en armée organisée. Il parlait de tout cela à mots couverts, disant surtout que cela réclamait beaucoup d'argent, se plaignant aussi d'ennuis de santé, affirmant également que sa mère, devenue veuve, était elle-même à l'agonie et qu'il ne savait comment se rendre en Suisse pour être à son chevet, car son action lui prenait tout son temps et sa fortune. Fatio ne parlait qu'argent. Et Newton ne comprenait pas ce qu'il lui demandait : de l'argent.

À la fin d'août, après la rentrée universitaire, il dut se rendre à Londres : selon les conseils de ses amis, il fallait être le plus présent possible aux réunions de la Royal Society, s'il voulait enfin obtenir un poste dans la capitale.

Quand, dans la cour de la demeure où Fatio a son appartement, Newton descend de sa voiture et voit son jeune ami accourir à lui, son cœur bat plus vite qu'il ne l'aurait voulu. Les deux hommes s'embrassent, mais l'étreinte de Fatio lui semble trop appuyée. Il s'en défait avec maladresse.

— Ah, mon père, mon père, s'exclame Fatio tandis qu'ils montent les escaliers bras-dessus bras-dessous, j'ai suivi vos conseils et me suis remis à l'étude. Je vous ai traduit de l'ancien français *La Table d'émeraude,* de Nicolas Flamel, et je prépare actuellement une version simplifiée et pédagogique des *Principia.*

— Nicolas, mon fils, laissez-moi au moins le temps de souffler.

Newton est aux anges. Pour la première fois, Fatio l'a appelé « mon père ». Il songe sur le moment à l'adopter. Nicolas Newton, seigneur de Duillier, cela sonnerait bien, et balaierait d'un coup l'infâme rumeur de relations sodomites…

Le lendemain, ils se rendent ensemble à la séance de la Royal Society. Fatio s'assied au côté de Newton, dans le fauteuil de Locke, toujours immobilisé par la goutte à Oates, ce qui provoque un murmure dans l'assemblée. Que ce Suisse, ce giton, ose prendre la place de celui qui a pensé la Glorieuse Révolution est comme une insulte à l'Empire britannique ! On entend même un « Tiens, voilà Newton et son singe ! ». Fatio y répond par un long regard circulaire de défi, comme s'il voulait provoquer quelqu'un en duel.

La communication du jour est assez réjouissante. Un des membres de l'auguste assemblée, un médecin, déclare que la pisse de vache, consommée avec modération, serait une panacée contre un certain nombre de maladies, dont la petite vérole et la peste bubonique, avant d'affirmer que c'est le meilleur des vomitifs.

À l'énoncé de cette communication, l'assemblée se mue en un troupeau de bovins du Sussex. On se met à pousser des meuglements assourdissants. Edmund Halley entre dans la salle à ce moment-là. Il ne vient plus aux réunions que pour faire acte de présence et justifier ses trente livres annuelles de clerc. Il s'apprête à s'asseoir à sa place, à la droite de Newton, quand il voit celui-ci, debout, les deux index dressés de chaque côté du front pour imiter des cornes et poussant des « meuh ! meuh ! » tonitruants. À sa gauche, Fatio fait de même. Halley préfère tourner les talons et se retrouve dans la rue, les larmes aux yeux.

14.

Ruptures

Newton revint quatre mois plus tard à Londres pour assister aux funérailles de Robert Boyle. Avec ce décès ne restait plus comme survivant du Collège Invisible que Robert Hooke. Un Robert Hooke qui, en apercevant Newton flanqué de Fatio, déclara qu'après l'avoir plagié Newton copiait maintenant Socrate. Le mot fit le tour du convoi funèbre.

Après la cérémonie, dans la maison d'Arundel Street où Robert Hooke venait de rendre un dernier hommage au principal fondateur de la Royal Society, on évita soigneusement ce qui avait toutes les allures d'un couple d'amoureux. Seul Locke, qui avait tenu à se déplacer aux funérailles de son vieil ami, vint bavarder avec Newton, pour lui annoncer qu'il lui avait trouvé un libraire prêt à éditer son *Histoire de deux notables corruptions des Écritures* et la traduction française qu'en avait faite Fatio. Newton allait se récrier que ce texte devait absolument rester confidentiel quand son jeune compagnon, vibrant d'enthousiasme, proclama que la diffusion de cet essai serait le fondement de la théologie naturelle. Très agacé, Locke, de façon délibérée et sur le mode de la plaisanterie, affirma que l'an passé, lors du séjour de Newton à Oates, lady Masham était tombée sous le charme de l'auteur des *Principia*, et qu'elle se languissait de lui au point de le rendre jaloux. Newton entra dans le jeu et, jouant le fat, affirma que, s'il l'avait voulu, toutes les femmes, même la reine Marie, se seraient bousculées pour entrer dans son lit. Fatio se renfrogna et, prétextant un besoin naturel, sortit de la salle.

— Mon ami, dit alors Locke, cet homme-là est en train de vous perdre. Soyez plus prudent, ou au moins plus discret.

Newton allait répondre quand vinrent à eux Samuel Pepys et Charles Montague. Pepys, l'ancien président de la Royal Society, n'était plus du tout en cour, et sa réputation de grand collectionneur de maîtresses, en ces temps qui exigeaient des mœurs presque aussi austères que du temps de Cromwell, n'était pas faite pour arranger les choses. Toutefois, il gardait ses réseaux et relations, à commencer par son cousin Montague, lui aussi très amateur de jolies femmes, et président de la chambre des Communes. Cet ancien étudiant de Newton avait été l'un des principaux acteurs du débarquement de Guillaume d'Orange et de la Glorieuse Révolution.

— Mon cher maître, dit-il à Newton, je pense à vous. Le Trésor royal aurait besoin, pour se redresser, de gens de votre trempe. Gardien de la Monnaie serait une charge qui vous conviendrait parfaitement... en attendant mieux. Hélas, les gens en place s'accrochent bec et ongles à ce qu'ils considèrent comme une sinécure. Il vous faudra encore patienter, et...

Fatio revint. Pepys prit Montague par le bras et dit :

— Croyez-vous, Charles, que ce soit le lieu et le jour pour parler de ce genre de choses ? Désolé de vous quitter ainsi, Isaac, mais nous n'avons pas encore salué le comte de Dorset, qui risquerait d'en prendre ombrage. À bientôt.

Locke, quant à lui, prétexta la fatigue pour s'en aller, de sorte que Newton et Fatio se retrouvèrent seuls. Halley et Gregory les avaient à peine salués avant les funérailles. Et, depuis le début de cette réunion dans les locaux de la Royal Society, les deux astronomes se tenaient ostensiblement à l'écart de leur maître et de son jeune protégé. Newton ne perçut pas les raisons de cet isolement. Il pensait que l'hommage à Robert Boyle n'était pas le meilleur moment pour des papotages mondains. Fatio, en revanche, comprit vite de quoi il retournait. Prétextant une terrible migraine, il demanda à son compagnon de le ramener chez lui.

De retour à Cambridge, Newton commença à s'interroger sur l'étrange comportement de ses amis à son égard. Il consulta son nouvel assistant, William Whiston. Celui-ci, qui venait d'obtenir sa maîtrise, avait tout intérêt à voir partir Newton à Londres, car il se posait déjà comme successeur désigné à la chaire lucasienne. À l'imitation de son maître au temps de sa jeunesse, il ne quittait jamais le Trinity College, consacrant son temps à poursuivre les expériences alchimiques de Newton dans son laboratoire. Aussi ignorait-il tout ou presque de Fatio.

— Pour obtenir la charge de gardien de la Monnaie, expliqua-t-il, il vous faudrait donner, sinon des gages de fidélité à l'Église d'Angleterre, au moins l'assurance de votre neutralité. Or…

— Pas la peine d'en dire plus, William. Prenez une plume et un papier.

Et il dicta une lettre à Locke, lui demandant instamment de lui rendre ses *Two Notable Corruptions*, et surtout de ne rien entreprendre pour leur publication. Le tout croulait sous les témoignages d'indéfectible amitié. Ensuite, il décida d'attendre, ici à Cambridge, que Montague lui envoie des nouvelles. Cela lui permettait aussi de tenir Fatio à distance, les avertissements de Locke le tracassant quelque peu. Il pensait qu'ils avaient trait à la façon désordonnée et peu discrète avec laquelle le Suisse avait apporté son aide aux camisards français. Or une fine partie, entre guerre et diplomatie, se jouait alors entre la France de Louis XIV et l'Angleterre de Guillaume. La débâcle de la marine française à La Hougue incitait le Roi Soleil à trouver une paix honorable, dont la condition principale serait l'abandon de son soutien à Jacques II, réfugié au château de Saint-Germain, et la reconnaissance du nouveau monarque à Londres. Qu'un trublion, bâlois de surcroît, vienne compliquer les choses en soutenant les camisards, n'était pas fait pour arranger les affaires des deux nations en conflit. Ni celles du protecteur dudit trublion, qui rêvait de décrocher ce poste très convoité de gardien de la Monnaie…

Newton se fit donc tout petit. Replié dans son laboratoire, il se replongea, avec Whiston, dans ses travaux alchimiques.

Puis, à la rentrée de 1692, il reprit ses cours. Il aborda le même thème que les années précédentes : la gravitation universelle. Whiston l'avait beaucoup aidé à éclaircir ses démonstrations, dans la mesure où, comme il l'avait dit sous forme de plaisanterie, il n'y avait pas compris grand chose, et son maître avait dû tout lui expliquer le plus clairement possible.

En entrant dans l'amphithéâtre pour son cours inaugural, Newton eut la surprise de voir, au fond de la salle, Fatio, bien droit, les bras croisés, comme un bon étudiant. Puis il se souvint que le jeune Suisse lui avait annoncé qu'après un voyage en Hollande où il communiquerait les errata des *Principia* à Huygens, il viendrait lui rendre compte de son séjour là-bas. En s'asseyant, Newton sentit ses jambes trembler un peu, et il dut se racler la gorge avant de commencer à parler.

À la fin de ce cours inaugural, le professeur se dégagea plus vite que de coutume du petit cercle qui s'était formé autour de lui. Pourtant, avec sa notoriété, maîtres et étudiants mêlés venaient assister à ses leçons. Il se déroba donc à leurs assauts et rentra dans son appartement avec Fatio, suivi de Whiston.

Naturellement, durant tout le séjour du Suisse, les rapports entre les deux disciples furent extrêmement tendus. Ils faisaient semblant de s'ignorer, voulant chacun monopoliser l'attention du maître. Newton, lui, ne voyait rien, trop heureux d'avoir chez lui deux de ses apôtres.

Pourtant, malgré cette hostilité muette entre les deux jeunes gens, Fatio relança un soir l'idée de créer un nouveau Collège Invisible à Cambridge, maintenant que la Royal Society était en pleine décrépitude. Autour de Newton se rassembleraient tous ceux qui voudraient, à partir des *Principia*, mais aussi de ses écrits théologiques et alchimiques, ériger un monument à la religion naturelle. Son enthousiasme se communiqua à Newton, mais pas à Whiston qui émit une objection majeure : le premier Collège Invisible avait été fondé par des professeurs tous en place à Oxford, et au temps de la République de Cromwell. La situation n'était plus du tout la même aujourd'hui, et des noms que Fatio avait cités, aucun sinon lui, Whiston, n'enseignait ici. Newton balaya l'objection : il avait maintenant suffisamment de pouvoir dans l'université pour faire nommer qui il voulait à Cambridge. D'ailleurs, l'appartement auprès du sien était près de se libérer, et il se faisait fort d'y loger Fatio.

Whiston se sentit perdu : la succession de son maître à la chaire lucasienne lui échapperait au profit du Suisse. Il se tut et laissa les deux autres élaborer des projets qui lui semblaient plus irréalisables les uns que les autres ; le plus jeune des trois était aussi le plus sage.

Quand Fatio repartit pour Londres, Whiston décida de défendre chèrement la place qui lui était promise. À vingt-quatre ans, il n'était pratiquement jamais sorti de Cambridge depuis le début de ses études, mais il savait quels étaient les intimes de Newton, ayant accès à sa correspondance. Maintenant qu'il était maître ès arts, il s'était lié avec un autre disciple de Newton : le philologue Richard Bentley, de six ans son aîné. Il l'alerta sur le risque de voir ce frénétique de Fatio s'introduire dans Trinity College. Bentley lui suggéra de se rendre à Londres pour y rencontrer les plus proches de Newton. Whiston trouva l'idée excellente, d'autant que rencontrer d'aussi éminents personnages ne pourrait pas lui nuire, bien au contraire. D'ailleurs il présentait bien, il savait plaire, moins brillant que Fatio certes, mais d'un esprit beaucoup plus clair et agréable.

Il plut donc au président de la chambre des Communes, Charles Montague, à Wren, à Halley, à Gregory aussi, qu'il avait déjà rencontré à Cambridge et qui lui servait de mentor dans la capitale. Tous étaient fort inquiets des étranges relations entre l'auteur des *Principia* et le Suisse.

Depuis six ans qu'avait été publié le plus grand livre de philosophie naturelle jamais écrit, Newton n'avait fait rien d'autre que de paraître lui-même en public, puis, depuis plus de deux ans, en la seule compagnie de Fatio. Aucun ne savait comment l'arracher à cette influence néfaste, qui risquait de tous les discréditer. Car tous étaient, sinon arianistes, du moins antitrinitaires, ou simplement déistes ou panthéistes, en ces temps où l'Église d'Angleterre, débarrassée définitivement de sa rivale papiste, risquait bien de se retourner contre ceux qui ne suivaient pas ses dogmes.

Cependant, au Trinity College, Newton vivait une grande euphorie, entre fourneaux et exégèse. Ses recherches portaient maintenant sur les qualités du mercure et du soufre. Ces deux principes du microcosme, agents de la coagulation et de la dissolution, n'étaient-ils pas le pendant exact des forces d'attraction et de répulsion à l'œuvre dans le macrocosme, l'une rassemblant et unissant, l'autre dispersant et divisant ?

En même temps, Newton faisait quelques démarches auprès du sénat de l'université, dont il était membre, pour qu'on lui mette à disposition l'appartement à côté du sien. Puis il se mit en quête d'un poste pour Fatio, dans les différents collèges de Cambridge. En vain. L'administration ne s'opposait pas à lui – comment aurait-elle osé ? –, mais elle mettait sur le compte des paperasseries la lenteur avec laquelle les choses se faisaient… Et Newton, d'ordinaire si suspicieux, trouvait cela normal.

Fatio revint au début de l'année suivante. Cette fois, il semblait très abattu. Il sentait, disait-il, sa mort prochaine. Des gens comme lui n'étaient pas faits pour vivre longtemps. Et puis, que faisait-il si loin de sa mère, toujours aussi agonisante que l'an passé ? Il exprima le vœu de finir ses jours là-bas, à Bâle, entre son frère, cet homme si tendre et tellement érudit, et la librairie familiale, où il éditerait avant de mourir tous les écrits de son maître adoré, seul être qu'il quitterait à regret quand il devrait abandonner ce monde.

La comédie jouée par Fatio était tellement mal interprétée, et les consolations de Newton tellement pitoyables, que Whiston préféra s'en aller tout le temps que durerait ici le séjour du Suisse. S'il était resté, il en serait venu aux mains. Son maître ne protesta pas et lui demanda de se rendre à Greenwich, auprès de Flamsteed, pour y travailler avec Gregory. Avant de partir, Whiston demanda à Bentley de surveiller de près les deux hommes afin de parer aux manigances du Suisse.

Le philologue trouva prétexte d'un *Court Traité* rédigé par un Juif hollandais du nom de Spinoza, mort une vingtaine d'années auparavant, pour rendre sa première visite. Il avait souligné dans cet ouvrage une définition qui aurait pu être de Newton : « Dieu, ou ce qui est pour moi la même chose : la

Vérité. » Newton dévora cet opuscule, mais, contrairement à ce qu'avait espéré Bentley, il en sortit furieux : Spinoza exprimait clairement sa propre pensée, à lui, Newton, mais sans méthode, sans étude réelle des Écritures.

Bentley avait le jugement assez fin pour comprendre les raisons de la colère de son maître : celui-ci ne tolérait pas que quelqu'un de son siècle puisse avoir une quelconque antériorité sur lui. C'était là une petitesse que les *Principia* rendaient pardonnable : cet ogre du savoir avait tout ramassé des mets épars qui traînaient dans les assiettes du grand banquet de la Vérité, et les avait faits siens.

En revanche, Bentley ne put supporter la façon dont Fatio se mit à renchérir sur son « père ».

— Ce Juif de Spinoza est un imposteur, proclama Fatio. Comme tous ceux de sa race ! Leibniz l'avait rencontré, à Amsterdam. Il m'a affirmé par la suite que cet homme, si l'on peut lui donner ce qualificatif, était un athée, un cartésien. Son principal disciple n'est-il pas l'infâme Pierre Bayle, que l'on dit juif lui aussi ?

— Nicolas, Nicolas ! répliqua un Newton visiblement très gêné par cette sortie. Oubliez-vous l'enseignement de notre ami Locke sur la tolérance ?

Alors, Bentley sortit de ses gonds. Comment Newton, le grand Newton, pouvait-il supporter ce genre de choses ?

— Fatio, vos propos populaciers sur les Juifs sont indignes. Indignes et stupides. On peut critiquer, comme l'a fait maître Newton, la pensée de Spinoza, mais une telle bassesse... Ah, je ne sais ce qui me retient de vous casser la figure !

— Faites donc, répliqua Fatio en se mettant en garde.

— Mes enfants, mes enfants, Nicolas, Richard, je vous en prie..., supplia Newton.

— Je ne resterai pas un instant de plus dans cette maison où l'on m'insulte, clama Fatio. James, faites mon bagage !

— C'est ça, grinça Bentley, fichez le camp avant que je vous étripe !

— Mes amis ! Mes enfants !

— Isaac, répliqua Fatio avec emphase, c'est à vous de choisir entre ces gens-là et moi. Vous avez choisi. Je m'en vais.

— Nicolas... De grâce...

Il est trop tard. Fatio tourne les talons, rentre dans sa chambre, aide James à faire ses bagages et s'en va sans un adieu. Newton s'effondre dans son fauteuil. Il pleure. Bentley, très embarrassé, lui prend la main et lui dit :

— Maître, je vous en prie, voyez les choses avec lucidité. Fatio ne peut et ne veut pas vivre à Cambridge. C'est un homme fait pour les voyages, pas pour le cabinet d'étude.

— Ah, mes enfants ! Vous qui prétendez m'aimer, pourquoi vous détestez-vous ainsi les uns les autres ?

Quelques semaines plus tard, Newton reçut une lettre de Fatio, annonçant qu'il avait pris froid durant le voyage de retour et qu'il sentait sa mort prochaine. En guise de don ultime, il lui demandait de prendre à son côté, pour le remplacer, son frère, un garçon bien plus savant et posé que lui. Newton pensa que la fièvre le faisait délirer car, quelques lignes plus loin, le jeune Suisse s'inquiétait de savoir si l'appartement voisin était enfin libre, puis qu'il ne pourrait pas vivre à Cambridge, car il n'avait pas suffisamment d'argent, puis qu'il devait impérativement se rendre à Bâle pour tenter d'y redresser la librairie paternelle, au bord de la faillite, puis...

Fou d'inquiétude, Newton lui répondit un mot quelque peu stupide, lui recommandant de consulter un médecin. Ensuite, durant plus d'une semaine, il tourna en rond dans son appartement, ne sachant quelle décision prendre. Et, soudain, un matin du début juin, il sauta dans sa voiture et partit pour Londres. Il y arriva en fin d'après-midi et, tremblant d'une angoisse qu'il avait remâchée durant tout le voyage, il se rua dans l'appartement de Fatio sans se faire annoncer.

Installé dans un grand fauteuil de son salon, en robe de chambre, Nicolas prend le thé en bavardant gaiement avec un jeune homme très pâle et très élégant. À l'irruption de Newton, Fatio se dresse, et sa tasse se renverse sur le superbe tapis d'Orient. Le jeune homme pâle disparaît de la pièce, comme un fantôme.

— Eh bien, dit Newton avec une ironie cinglante, je constate à votre teint frais que vous n'êtes pas encore à l'agonie. C'est votre médecin qui vient de sortir ? Il me semble bien tendre pour soigner le mal terrible qui vous accable…

Fatio se jette à genoux et, enserrant de ses bras les jambes de son visiteur, il se fait suppliant :

— Pardon, mon maître, pardon ! Non, ce n'est pas mon médecin, c'est mon frère, dont je vous avais parlé. Oui, je suis guéri… provisoirement, grâce à vos bons conseils. Ah, mon maître, mon maître ! Je m'apprêtais à vous écrire pour vous annoncer la nouvelle de ma rémission. Ah, mon maître, mon dieu, quel bonheur vous me faites de venir me voir, de vous inquiéter de moi ! Emmenez-moi avec vous, à Cambridge. Enlevez-moi ! Soyez mon Zeus, je serai votre Ganymède !

Cependant les mains de Fatio remontent des mollets jusqu'aux cuisses. Newton fait un pas en arrière pour se débarrasser de cette étreinte…

— Zeus, Ganymède, que me chantez-vous là ? Et lâchez-moi, à la fin !

— Je chante ce que chantait Platon dans *Le Banquet*, je chante l'union des corps, après celle des âmes…

Un voile se déchire. Locke avait raison… C'est donc cela, c'est cette horreur ! Newton se met à hurler de cette voix stridente qu'il prenait jadis quand il se fâchait contre sa mère :

— Vous êtes… vous êtes abject ! Vous êtes le diable ! Je ne veux plus vous revoir ! Plus jamais ! Vous êtes mort à mes yeux !

Et il s'enfuit d'un pas précipité, dégringole les escaliers quatre à quatre. Là-bas, sous le porche, il voit le jeune homme pâle qui sort dans la rue. Malgré l'état de confusion dans lequel est son esprit, il ne peut s'empêcher de demander au concierge :

— Est-ce bien le frère du chevalier de Duillier qui vient de sortir ?

— Le frère ? Monsieur plaisante ! C'est son… ami.

À la manière dont ce dernier mot a été prononcé, il a envie de vomir. Et pendant que, dans la nuit, sa voiture le ramène à Cambridge, Newton, effondré sur la banquette, sanglote.

« Des porcs ! Tous des porcs ! D'infâmes pourceaux qui fouissent dans les fanges du stupre et veulent m'y entraîner. Jamais… jamais ! Pouah ! Et quand ce n'est pas cela, on me demande de ramper devant les trinitaires, de me rendre à leurs hérésies. Locke ! Pepys ! Nains jaloux, qui n'avez de cesse que de tenter de m'avilir, de m'abaisser, faute de pouvoir vous hisser à ma hauteur, croyez-vous qu'Isaac Newton céderait aux tentations que vous jetez sur sa route ? Locke, qui veut mettre des femmes dans mon lit, Pepys, qui veut que je blasphème, que je renie mon Dieu, et Fatio, Fatio le diable, le diable lui-même qui… Horreur ! Whiston, qu'avez-vous à me regarder comme cela ? Vous m'espionnez, vous aussi, comme tous les autres, qui veulent me voler… Disparaissez ! »

Depuis un mois qu'il est revenu de Londres, Newton s'est remis à ses travaux alchimiques avec une sorte de frénésie, mais sans cette méticuleuse méthode qui caractérisait jadis ses recherches. Il passe ses jours et ses nuits dans son laboratoire, ne dormant plus que par bribes, dans son fauteuil, devant la cheminée qu'il alimente d'une flambée torride, habité par une sensation de fin du monde.

En ce début d'après-midi d'été, Whiston le retrouve ainsi, prostré, l'œil fixé sur la danse des flammes, tisonnant machinalement un feu qui n'en a pas besoin. Comme son assistant lui fait remarquer que la chaleur est étouffante et qu'il risque de prendre mal, Newton s'ébroue comme s'il sortait d'un rêve, et, d'une voix suraiguë, lui crie ses accusations contre Locke, contre Pepys et contre lui. Suffoqué par cette violence délirante, Whiston préfère s'enfuir et court alerter Bentley.

Newton se met alors à tourner en rond dans son laboratoire en soliloquant, répétant sans cesse les mêmes mots : « Des porcs, des porcs… » Puis, il s'arrête : « Je vais leur dire, moi ! Je vais leur montrer que je n'ai pas peur d'eux, que j'ai tout compris de leurs manigances et de leurs complots. Vous vouliez me détruire, mes beaux messieurs ? Eh bien moi, je vais vous écraser. »

Il prend sa plume et se met à écrire à Locke, l'accusant de vouloir le pervertir avec des putains dont il donne les noms :

Lady Masham, leur hôtesse à Oates, ainsi que la gouvernante maîtresse du vieux philosophe... Il signe, cachète, prend une autre feuille où il s'adresse à Pepys. Il y affirme avec véhémence que l'ancien président de la Royal Society se sert de son nom à lui, Newton, pour rentrer en grâce auprès du Parlement, tout en intriguant pour que Jacques II puisse revenir au pouvoir. Puis il fait le double de ces deux lettres, qu'il adresse à Charles Montague. Pour ne pas revenir sur sa décision de les envoyer, il descend, en robe de chambre, dans la rue, prend à gauche vers la ville, avant de s'apercevoir qu'il s'est trompé, revient sur ses pas, pénètre sous le porche et dépose ces trois lettres à la conciergerie du collège, devant des employés stupéfaits. De retour dans son laboratoire, il reprend sa marche de long en large, tisonne le feu, s'assied à sa table de travail, reprend sa plume, qui reste en suspens. Il se relève : « Non, ça ne se peut pas ! » Il se précipite vers la porte, s'arrête net : « Ah ! Et puis, tant pis. Ils n'auront eu que ce qu'ils ont mérité. Les porcs ! Les porcs ! » Il s'effondre dans son fauteuil.

Whiston le retrouva dans la même position, le lendemain matin. Il n'avait pas touché au repas que lui avait servi James. Le jeune maître ès arts s'assit au côté de Newton et commença à lui parler doucement, l'incitant à manger. Mais l'autre, avec la moue de dégoût d'un enfant, faisait non de la tête. Puis il s'enfouit le visage dans ses mains et se mit à sangloter :

— Vous aviez raison : Fatio est un démon qui, ne pouvant rien construire lui-même, cherche à détruire les autres. Par le mensonge, par la calomnie, il a voulu m'arracher à mes amis les plus sincères, Locke, Pepys, et à mes enfants, vous, Bentley, Gregory, Halley... Et à ces étrangers qui ont daigné prendre mon travail en considération : Huygens, Leibniz... Cet infâme sodomite m'a incité à écrire des lettres... oh, des lettres ! C'est affreux ! Je suis perdu !

Whiston tenta d'en savoir un peu plus et posa quelques questions prudentes, mais le discours de Newton devint encore plus confus, incohérent, ponctué de citations bibliques et de reniflements. Il fallait être ferme, faire preuve d'autorité. Mais comment l'oser avec celui qui avait été son professeur impérieux, et maintenant son maître, à qui il serait redevable un jour de la chaire lucasienne, Fatio désormais écarté ? Non ! Ce n'était plus son maître qu'il avait devant lui, mais – il chassa vite cette pensée – un homme en proie à un immense chagrin d'amour. Il ne fallait surtout pas renchérir sur les mille et un péchés dont Newton accablait maintenant le Suisse. Jadis, un ami avait tenté de consoler Whiston d'une femme qui s'était refusée à lui, en accablant la coquette de tous les défauts du monde. Le remède avait été pire que le mal, et les deux étudiants s'étaient fâchés à mort. Il décida donc de prendre Newton par le bout de la raison : il lui expliqua que cet accablement était dû à des années de travail incessant, aux soucis que lui donnait l'attente d'un poste plus prestigieux, à Londres, à sa lutte titanesque contre la superstition et pour l'instauration de la religion naturelle, aux vapeurs de soufre et de mercure… Qu'il quitte Cambridge pour le reste de l'été, qu'il aille se reposer au calme, dans sa campagne. Whiston l'y accompagnerait, s'il le désirait…

Newton se laissa faire comme un enfant obéissant. Il dormit durant tout le voyage et, à Woolsthorpe, sembla revivre, faisant visiter à son assistant ses différents domaines, qui semblaient bien prospères pour quelqu'un répétant partout qu'il était le fils d'un petit paysan pauvre. Tous les jours, ils se rendaient dans le verger, où le maître des lieux ressassait la fameuse chute de la pomme, en cette année 1666 qu'il appelait maintenant « *annus mirabilis* », l'année merveilleuse.

Au bout d'une semaine, constatant que son maître était ragaillardi par ce rôle de *gentleman-farmer* qui lui allait fort bien, Whiston le quitta, rassuré. Il lui fallait maintenant raconter aux amis de Newton que ces fameuses lettres n'étaient dues qu'à un excès de fatigue ayant provoqué le délabrement du corps et de l'esprit du grand homme. Mais il n'avait osé lui demander à qui il avait envoyé ces accusations délirantes. Aussi décida-t-il de contacter, à Londres, tous ceux à qui il aurait pu s'adresser.

Newton revint à Cambridge à la fin d'août. Il semblait parfaitement remis. Le visage, d'ordinaire si blême, s'était un peu hâlé du soleil du Lincolnshire. James raconta à Whiston qu'il avait passé son été dans de grandes promenades à cheval, inspectant son parc, ses pâtures et ses cultures, jardinant parfois lui-même, et expérimentant quelques greffes. Le domestique affirmait ne pas l'avoir pas vu ouvrir un livre ni écrire un mot.

Mais le maître ès arts recommença à s'inquiéter lors du cours inaugural du professeur lucasien. Les mots semblaient peser sur sa langue ; parfois, il restait de longs moments silencieux, lançant un œil éperdu dans l'assistance, comme s'il ne savait plus où il était, ou comme s'il cherchait quelqu'un. Toutefois, après la leçon, il bavarda aimablement avec quelques auditeurs choisis. Et Bentley chuchota à l'oreille de Whiston que celui-ci s'était trop alarmé.

Les choses semblèrent reprendre leur cours normal, jusqu'à la fin du trimestre. Newton avait mis beaucoup plus de soin et de clarté à ses conférences qu'à l'ordinaire, de sorte que l'on affluait à nouveau pour l'entendre.

En ce jour de la fin novembre 1693, il rentre chez lui, s'affale dans son fauteuil devant la cheminée où James a allumé une belle flambée. La chienne Hooke s'endort à ses pieds. Les fourneaux d'alchimie sont froids depuis longtemps, les cahiers et les livres, soigneusement rangés dans les étagères, prennent la poussière.

Que faire de tout ce temps qu'il a devant lui ? Un temps vide, un désert aride. Il sursaute : ces lettres à Locke et à Pepys, les a-t-il envoyées ou n'est-ce qu'un rêve ? Il n'a pas ouvert son courrier depuis bientôt trois mois. D'ailleurs, les lettres sont devenues rares. Il se rue vers le secrétaire. Le sceau de Pepys... Il décachète, le cœur battant.

Il est vite rassuré. L'ancien président de la Royal Society, après un préambule affable et bonhomme où il proteste de son admiration, lui demande de résoudre un problème de probabilités que lui pose une nouvelle loterie qu'il est en train de mettre en place. Comme exemple, il raconte l'histoire d'un condamné à mort à qui l'on donnerait la possibilité de se sauver par les dés. Pour avoir un six, qui l'épargnerait, aurait-il plus de chance d'en avoir un en lançant six dés, deux en en lançant douze, ou trois avec dix-huit ?

À l'énoncé de ce problème, Newton s'épanouit. Il se croit retourné vingt ans en arrière, avant le temps des querelles avec Hooke, avant les *Principia*, avant ce long tunnel obscur qu'il vient de traverser quand, avec le défunt Collins ou les collègues de Cambridge, ou seul le plus souvent, il jouait voluptueusement à ces délicieuses jongleries de chiffres. Il se met à l'ouvrage. Soudain, l'image de Fatio lui traverse la cervelle comme une lame de rasoir. S'il avait été là, comme ils se seraient amusés, tous les deux, à tenter de résoudre ce problème. Que de rires et de douces disputes ! Il oublie que Fatio ne riait jamais. Mais il fait comme si son ancien ami était présent. Il dialogue même avec lui : « Mais non, Nicolas, avec six dés… » Cela dure près d'une heure, avant qu'il s'aperçoive qu'il est seul. Il frappe du poing sur la table : « Ça suffit, maintenant, Isaac ! » Ô, la solitude ! Il l'a tant aimée jadis. Elle lui pèse si lourd, désormais.

Il sonne James et lui demande d'aller quérir sur-le-champ le professeur Whiston, pour s'amuser à résoudre un joli problème et souper ensemble. Le domestique n'a pas beaucoup de chemin à faire : l'assistant de Newton loge désormais dans l'appartement voisin, destiné naguère à Fatio.

Whiston avait prévu de festoyer à l'auberge avec quelques amis. Mais cette invitation, la première depuis longtemps, lui fait comprendre que Newton, convalescent, est encore fragile. Il ne lui faut pas décliner ce souper.

C'est effectivement un homme requinqué et de belle humeur qui l'accueille dans le salon, en brandissant une lettre. Le jeune maître ès arts en prend connaissance et s'exclame, joyeux :

— Eh bien, vous voyez ! Voilà ce que j'appelle des amis authentiques ! Vous avez bien de la chance de les avoir. Ils ont parfaitement compris votre maladie, la bile noire, la melancholia, et ne vous tiennent aucune rigueur de ce que vous avez pu leur écrire. MM. Pepys et Locke sont décidément des hommes admirables et bien dignes de vous.

Newton blêmit et se mord les lèvres pour ne pas crier. Whiston comprend qu'il a commis une bourde, sans savoir laquelle. Il préfère couper court et évoquer le problème posé par Pepys. Ils se mettent à table, et James, qui les sert, se demande pourquoi un condamné à mort jouant son destin aux dés excite autant deux aussi grands savants et provoque chez eux une telle hilarité.

Sitôt Whiston parti, l'angoisse tenaille Newton à nouveau, rage de l'âme aussi lancinante et douloureuse qu'une rage de dents. Il descend d'un pas lourd dans son laboratoire, la chienne Hooke sur ses talons. Malgré le froid glacial qui y règne, il entreprend de sortir de ses dossiers toute sa correspondance. Il passe longtemps à la trier. Puis il décide de brûler tout ce qui lui paraît compromettant. Il froisse en boule les lettres dont il veut se débarrasser, les entasse dans la cheminée et y porte le feu avec sa chandelle. Épuisé, il tourne le dos à l'âtre et se dirige vers la porte. Dehors, le vent qui souffle en rafales s'engouffre dans la cheminée et soulève un papier enflammé, qui va choir sur le parquet. Affolée, la chienne Hooke heurte le guéridon où est posée la chandelle, qui tombe sur le tapis. Un instant, Newton est figé de terreur. Il va mourir dans les flammes. Il ouvre la porte et hurle :

— James, au secours, au feu !

Dans l'appentis à côté, le domestique ne dormait que d'un œil : Whiston lui avait recommandé de rester très vigilant. Son premier geste est de prendre son maître, atteint d'un tremblement irrépressible, et de l'entraîner jusqu'à son lit, où il le couche et le borde. Puis, il redescend au laboratoire et ne parvient à éteindre l'incendie qu'au bout d'une heure. Les lieux sont dévastés ; la petite chienne Hooke est morte. Seule une grosse malle a été épargnée, car le premier geste de James a été de la jeter dehors pour qu'elle n'alimente pas les flammes.

— Ah, mon ami, gémit le lendemain Newton à un Whiston alerté par James. Ah, mon ami, quel mauvais sort s'acharne contre moi ? Je croyais être enfin sorti du gouffre sans fond dans lequel j'avais sombré, je croyais revoir la lumière. Et voilà que cette idiote de Hooke renverse une chandelle, brûle la moitié de mon courrier... Ah, mon ami, connaissez-vous un remède contre ce mal qui m'accable ?

— Je le connais : il s'appelle Woolsthorpe, répond Whiston.

Quand, cinq mois plus tard, Newton revint de son pays natal, le printemps était à son apogée. Au manoir, il n'avait pas perdu son temps. Quoi que cela lui en eût coûté, il avait envoyé à Locke et à Pepys deux très belles lettres d'excuses. Excuses qui lui furent accordées par retour du courrier, et de façon la plus chaleureuse. Puis il avait appris que sa sœur Hannah venait de perdre son mari, le révérend Barton, qui laissait sa famille dans le plus complet dénuement. Il vendit aussitôt quelques terres, en mit d'autres en fermage et assura ainsi l'avenir de la veuve et des orphelins, notamment de la petite Catherine, qui, disait-on, avait déjà les aptitudes de son oncle.

C'est donc d'un pas léger qu'il descendit de sa voiture devant le porche du collège. Son cœur bondit dans sa poitrine : au côté de Whiston se tenaient deux autres jeunes disciples, David Gregory et son compatriote écossais John Keill. La vie pouvait repartir, tout était oublié. D'un coup, de nouveaux grands projets affluèrent dans son esprit.

— Dites-moi, Whiston, dit-il en guise de salut d'une voix allègre, voulez-vous, je vous prie, aller me chercher le bâton d'Euclide ? Je l'avais oublié avant de partir. Si vous saviez comme il m'a manqué, là-bas.

— Le bâton de… Vous voulez dire votre canne, c'est cela ? Hélas, maître, elle a brûlé dans l'incendie.

IV.

Sous la patte du lion

15.

Une nouvelle vie

Il a cinquante ans, et il ne s'en est pas rendu compte. Cette plongée lente, poisseuse, dans ce qui lui a semblé un gouffre sombre et sans fond, est comme oubliée. Il en est ressorti avec le sentiment d'être purifié, rajeuni d'une sève et d'une énergie nouvelles. Cela ne fait aucun doute : le Seigneur lui a fait subir cette épreuve pour cela. Les autres prophètes, à commencer par Moïse, n'en ont-ils pas subi une, eux aussi, et de bien pires parfois ? Un Seigneur qu'il remercie plus souvent qu'à son tour de lui avoir épargné la perte d'une de ses malles, dans laquelle il avait rangé ses documents les plus précieux. James, quant à lui, a eu droit à quatre shillings de prime. En vérité, rien de son œuvre de philosophie naturelle n'a été perdu, et bien peu de sa correspondance, car il a toujours pris soin d'en faire systématiquement des doubles, rangés dans des endroits différents.

Il n'en demeure pas moins certain que Dieu lui a envoyé un message : la mort de la petite chienne Hooke lui signifie qu'il ne doit plus s'attacher à aucun être vivant, à commencer par Fatio. Et la réduction en cendres du bâton d'Euclide le conforte dans son orgueil de n'être le successeur de personne. Ni de Kepler, ni de Copernic, ni même de l'École d'Alexandrie. Il est seulement un traducteur de la Parole cachée sous les Écritures, dont il est l'ultime prophète, et il n'aura pas à transmettre l'antique canne à quiconque, puisque après lui, une fois son œuvre achevée, il n'y aura rien à ajouter, la Vérité étant enfin révélée dans sa totalité.

La tâche sera encore longue et ardue, car il devra encore se plonger dans la recherche du mystère de la matière inerte, à travers l'alchimie, et rédiger enfin le dernier volet des *Principes mathématiques de la philosophie naturelle*, qui aura trait à la théosophie, à travers une lecture purifiée de la Bible, des Septante et de la Torah hébraïque. Dieu lui donnera le temps. Ne l'a-t-Il pas donné aux Juges et aux prophètes ?

Newton refait son horoscope et constate qu'il a encore trente-trois ans de vie devant lui. Trente-trois ans ! « Ma vie commence à cinquante ans », jubile-t-il devant un David Gregory qui se demande si son maître a bien retrouvé la raison…

Mais, avant de s'atteler à l'ouvrage, Newton veut être sûr que le premier volet des *Principia*, celui qui a été publié, ne souffre pas de quelque imperfection. Il en cherche, et il en trouve, forcément ! Il s'agit de la théorie de la Lune : son explication du mouvement lunaire par la gravitation universelle ne parvient pas à expliquer toutes les inégalités observées de son orbite…

— C'est encore la faute de Halley, s'exclame Newton. S'il ne m'avait pas pressé autant, m'arrachant les pages des mains sans même que je puisse les relire et les corriger…

— Vous êtes injuste, maître, proteste Gregory. Il n'a cessé de vous défendre durant votre épreuve. On dit même qu'il s'est battu en duel pour vous. Mais je ne saurais le confirmer.

— Bien sûr que je l'aime, cet homme-là. Ce fils prodigue de la philosophie naturelle allant au bout de l'Atlantique pour y observer des étoiles et qui découvre des îles nouvelles, ou qui descend au fond de la Tamise dans une cloche à plongeur. Et modeste avec ça ! Si j'étais papiste, je demanderais au Vatican de le canoniser. Je ne suis pas sûr qu'il aimerait cela, ce mécréant. Je parle de Halley, bien sûr, pas du pape. Encore que…

Puis il prend l'air rusé d'un enfant qui veut voler des billes à ses camarades :

— Mais je dois rencontrer Flamsteed, pour lui voler ses observations sur la Lune, comme Kepler avait volé celles de

Tycho Brahé sur Mars. Et puisque Flamsteed hait Halley, je répète devant vous le rôle que je compte tenir devant lui.

— Voulez-vous que j'organise une rencontre à la Royal Society ?

— Non, j'irai moi-même lui rendre visite dans son observatoire. Ça le flattera, et il ira crier partout dans Londres que j'ai retrouvé toute ma raison, puisque je viens le voir en premier. Et puis, je suis curieux de visiter Greenwich, depuis le temps que j'en avais envie...

L'observatoire, construit par Wren, était planté au sommet d'une colline herbue aux pentes raides, dominant la Tamise. En l'escaladant à ses côtés, Gregory s'étonna du pas ferme et rapide de Newton. Durant tout le parcours en effet, l'auteur des *Principia* s'était complu à lui raconter son enfance de petit paysan pauvre et orphelin, né prématurément, tellement chétif qu'on aurait pu lui donner un pot de confiture pour couffin. Il crut même parfois entendre des réminiscences, presque mot pour mot, d'une biographie de Kepler qu'il avait lue quand il était enfant.

Si Newton se vêtait des langes misérables de Kepler, Flamsteed, lui, se prenait pour Tycho Brahé. Non dans sa parure, car il portait toujours les habits noirs et le collet blanc du *clergyman* qu'il était, mais dans sa façon de considérer Greenwich comme son royaume, à l'instar du très noble Brahé son île danoise, où il avait construit le château d'Uranie. Et comme ce grand seigneur au nez coupé lors d'un duel, Flamsteed amassait et collectionnait les étoiles qu'il gardait par devers lui, tel un chien de berger son troupeau, craignant toujours les loups et les voleurs.

Flamsteed avait quatre ans de moins que Newton, mais il faisait tout pour paraître un digne et austère vieillard blanchi sous l'étude, au contraire de l'ours de Cambridge qui avait des coquetteries un peu pathétiques de vieux fat portant beau, avec ses jabots et ses dentelles bouffant partout hors de son habit cramoisi aux parements dorés, sa lourde et haute perruque blonde et bouclée dissimulant son crâne dégarni par le soufre et le mercure de ses expériences alchimiques.

Pour se donner un regard profond, Flamsteed embroussaillait son sourcil déjà épais, d'où jaillissaient de longs poils blancs solitaires. Cela lui donnait des airs de vieil avare soupçonneux et jaloux, sans cesse aux aguets. Newton, tout au contraire, se les épilait, se les peignait et, probablement, se les teignait en blond. Mais aucun de ces artifices ne parvenait à éteindre l'étrangeté de ce regard fuyant, qui pouvait être celui d'un génie ou celui d'un fou.

Gregory redoutait cet affrontement entre le premier directeur de Greenwich, astronome du roi et observateur scrupuleux, le meilleur du temps, et l'homme qui avait, par le calcul et la démonstration, construit la réalité de l'univers. Il craignait surtout que Newton ne puisse supporter l'acrimonie de cet atrabilaire de Flamsteed, sans faire un éclat. Il n'en fut rien, même si, pendant qu'ils se saluaient, l'air pourtant doux de cette fin d'été semblait balayé par une bise glaciale au grésil piquant.

Après lui avoir montré une superbe carte du ciel qu'il avait construite selon une nouvelle projection de son invention, Flamsteed essaya de tourner un compliment sur les *Principia*. Newton l'interrompit. Les éloges lui étaient indifférents, car il n'en avait pas besoin : il savait ce qu'il valait.

— Je suis venu vous voir, monsieur, à propos de vos observations sur les inégalités du mouvement lunaire. J'ai en effet l'intention d'en user pour une prochaine édition de mon ouvrage.

— Une nouvelle édition ? Mes félicitations, cher collègue. Nous autres, observateurs, n'avons pas la chance d'avoir ainsi l'estime du populaire. Ni même du gouvernement d'ailleurs. Mon observatoire est dans un état lamentable, les instruments se détériorent et…

— Naturellement, je vous paierai. Si votre prix est raisonnable, bien sûr…

— Monsieur, vous m'offensez !

— Moi ? Mais ce n'était pas du tout dans mes intentions. Je pensais simplement qu'on procédait ainsi dans les établissements royaux…

Newton était sincère, tant il croyait que tout ce qui touchait à l'État anglican était vénal. Grégory jugea bon d'intervenir avant que le malentendu prenne de l'ampleur :

— Excusez M. Newton, maître, mais il ne sort guère de Cambridge, et la visite qu'il vous rend est tout à fait exceptionnelle, prouvant la haute estime dans laquelle il vous tient. Ses correspondants partout dans le monde lui envoient spontanément leurs observations sans qu'il ait besoin de les solliciter, mais lesdites observations sont toujours sujettes à caution. Tandis qu'avec celles du directeur de l'observatoire, m'a-t-il encore répété tout à l'heure, il était sûr de leur exactitude. Il connaît votre réputation de ne jamais vous tromper, ainsi qu'aime à le rappeler le président de la Royal Society.

Dans son for intérieur, Newton trouva que son disciple poussait un peu loin la flatterie, mais préféra ne pas intervenir : après tout, ce n'était pas lui qui s'abaissait ainsi devant Flamsteed. L'astronome de Greenwich, quant à lui, souffrait de ne pas être reconnu par ses pairs comme le nouveau Tycho Brahé.

— Comme je vous envie, monsieur Newton, de vivre loin des intrigues de ce qu'on appelle « le monde », dans lequel ma fonction m'oblige à patauger. C'est donc avec plaisir que je vais maintenant vous communiquer le fruit de mes observations sur la Lune. Pour tout salaire, je ne vous demanderai que le résultat de vos études, aussi gratuitement que je vous donne les miennes.

Il traitait ainsi l'auteur des *Principia* sur un strict pied d'égalité.

— Je vous demanderai une autre chose, monsieur Newton. Je ne veux pas que mon travail tombe dans de mauvaises mains qui l'utiliseraient à des fins impies allant à l'encontre des saintes Écritures.

— Je ne vous permets pas, monsieur…

— Il ne s'agit pas de vous, intervint précipitamment Gregory, mais de Halley, qui a mis en doute les dates de la création du monde…

Newton haussa les épaules avec mépris :

— C'est absurde ! Pourquoi confierais-je ces observations à Halley, ni à n'importe qui d'autre, d'ailleurs ? Dois-je vous répéter, monsieur, que je n'ai besoin de vos travaux que pour améliorer ma théorie de la Lune ? Je ne me suis pas déplacé jusqu'ici pour me laisser dire que je ne serais qu'un espion des gens que vous n'aimez pas. En voilà assez, à la fin ! Je connais suffisamment de personnes de par le monde qui sauront me donner ce que vous me refusez. Mais quelle perte de temps... Allons ! Adieu monsieur ! Restons-en là. Je suis curieux de savoir ce que penseront M. Pepys et lord Halifax de cette affaire.

Tout en essayant de préserver au mieux sa dignité et en prenant un air offusqué, Flamsteed tendit sans un mot à Newton un dossier qu'il avait préparé avant leur venue. Il n'y avait mis que la moitié de ses observations.

En redescendant de l'observatoire, Newton était très joyeux :

— Quel énergumène, ce Flamsteed ! Je n'ai jamais vu un fanatique pareil. Il en remontrerait à Torquemada. Dites-moi, franchement, mon vieux Gregory... suis-je un fanatique, moi aussi ?

— Certainement pas, mon maître ! Vous avez tous les défauts du monde, vous êtes égoïste, vous ne vous intéressez pas à autrui, vous êtes capricieux, rancunier, soupçonneux, colérique. J'en oublie certainement. Mais fanatique, non ! Un homme qui a dit un jour « les hommes construisent trop de murs et pas assez de ponts » ne peut pas être un fanatique.

— J'ai dit ça, moi ? Pas mal ! Je croyais que c'était de Locke.

Il passa un mois à Londres en mondanités, afin de montrer qu'il avait retrouvé tout son esprit, et que même il était devenu un homme de bonne compagnie. Il avait craint d'y rencontrer Fatio, mais celui-ci vagabondait sur le continent après avoir clamé qu'il abandonnait la philosophie naturelle pour lutter, les armes à la main, contre l'antéchrist Louis XIV. Il se trouva bien sûr quelqu'un, à la Royal Society, pour l'en informer, tandis que nombre de regards indiscrets guettaient sa réaction. Ils en furent pour leurs frais. Sa réponse fut dite sur le ton de la plus parfaite indifférence :

— J'ai souvent remarqué qu'en matière de mathématiques, les génies trop précoces se fanaient aussi vite qu'ils avaient éclos. Qu'en pensez-vous, Halley ?

— J'ai beaucoup plus de mal à sonder l'âme humaine que le fond des mers australes.

Il revint enfin à Cambridge et s'attaqua à la théorie de la Lune. Mais la belle Séléné, pourtant observée par les hommes depuis la nuit des temps, et qui avait été à l'origine lointaine, à Woolsthorpe, des *Principia*, semblait échapper, capricieuse, à la gravitation universelle. Il avait cru que la chose était à sa portée. Il réclama alors, par lettres, d'autres positions du satellite à Flamsteed, avouant ainsi malgré lui ses difficultés. L'astronome de Greenwich trouvait fort désagréable de recevoir ce qui avait tout l'air d'ordres de relever tel jour et à telle heure la position de l'astre des nuits. Aussi, quand il ne prétextait pas la maladie ou une mission urgente dans son lointain presbytère, il submergeait Newton de commentaires et de conseils. Des conseils, à Newton ! De plus, il était facile de voir que l'astronome de Greenwich n'avait pas tout lu des *Principia*, et ce qu'il en avait lu, il ne l'avait pas compris.

Il y avait pire : les missives de Flamsteed ne cessaient de dépeindre son ennemi Halley sous les traits les plus noirs. La gratitude n'était certes pas la plus grande vertu de Newton, mais il savait tout ce que sa renommée devait au marin de la philosophie naturelle, quand celui-ci s'était fait son éditeur. Dès lors, les calomnies de Flamsteed eurent l'effet contraire de celui qu'il désirait, semer la discorde entre les deux hommes. Et l'ours de Cambridge se reprocha de n'avoir pas eu suffisamment de gestes d'amitié pour Halley. Il ne répondit plus aux lettres de Flamsteed, lequel se contenta désormais de lui envoyer ses seules observations chiffrées, sans plus de commentaires ni conseils incongrus.

Pendant des mois, Newton s'acharna à résoudre le problème de la Lune. En vain : sa trajectoire observée continuait à s'écarter, bien que de peu, des calculs de la théorie gravitationnelle. Durant ses tentatives, il avait espéré être traversé à un moment ou un autre par l'une de ses fulgurantes intuitions de jadis, qui le mettaient dans un état d'extase. Mais rien ne venait. Le problème lui causait de forts maux de tête et le tenait réveillé des nuits entières. Alors, pour la première fois de sa vie, après toute une année de travail, Newton s'avoua vaincu. Il ne voulut pas admettre que l'âge en était la cause. Il estima plutôt qu'il était temps de changer de vie.

Cela faisait plus de trente ans qu'il demeurait à Cambridge, un quart de siècle qu'il y professait, ne sortant plus que rarement de son appartement, ne fréquentant plus ses collègues, ne mangeant jamais au réfectoire. Lors de son dernier séjour à Londres, après sa visite à Greenwich, il avait tenté de rencontrer Charles Montague, qui avait été son élève à Cambridge et dont la gloire était à son zénith, puisqu'il venait d'être nommé chancelier de l'Échiquier. Celui-ci s'excusa de ne pas lui accorder un entretien, sa nouvelle charge ne lui permettant pas de consacrer le temps qu'il faudrait à ses plus chers amis. En réalité, le scandale des relations avec le sulfureux Fatio et la crise de démence de l'ours de Cambridge étaient encore trop présents dans les mémoires, et risquaient de compromettre le nouveau ministre, alors qu'il avait lui-même une jeunesse fort agitée à faire oublier…

Depuis, un an s'était passé et, par ses communications à la Royal Society, Newton avait démontré qu'il était redevenu lui-même. Aussi, au début de l'été 1695, écrivit-il au chancelier de l'Échiquier, puis quitta Cambridge pour Woolsthorpe, bien décidé à ne jamais revenir dans ce Trinity College qu'il haïssait désormais autant qu'il l'avait aimé : excessivement.

Le lourd manoir avait gardé sur sa façade toute son austérité. Mais les prés alentour avaient été transformés en jardin d'agrément. Seul l'enclos de pommiers avait été préservé sur l'ordre d'Isaac Newton, seigneur de Mortimer. En revanche, l'intérieur avait oublié son aspect plus que rustique et prenait toutes les apparences de la villégiature campagnarde d'un Londonien cossu. Il n'y avait jamais invité personne de Cambridge ou de Londres, même parmi ses plus proches, comme Locke, ou naguère Fatio. Il préservait ainsi la légende qu'il avait bâtie du paysan pauvre, issu de rien, presque mort-né le jour de Noël, et qui, une nuit de pleine lune, avait découvert les lois de la gravitation universelle en voyant une pomme tomber dans son verger.

Pour les fêtes de la Nativité et l'anniversaire de ses cinquante-trois ans, il invita ou plutôt il convoqua sa famille, ce qu'il n'avait pas fait depuis huit ans, quand il avait distribué à son frère et à ses sœurs un exemplaire des *Principia*, et une petite rente pour l'aînée Hannah devenue veuve du révérend Barton.

Les choses avaient changé. Il était devenu le savant le plus célèbre du monde, qui avait mis l'univers dans sa forme définitive. Eux s'étaient contentés de vieillir, notables provinciaux qui ne semblaient pas réaliser qu'Isaac était autre chose que la gloire locale qui rejaillissait sur eux, ni plus ni moins qu'un autre qui aurait été remarqué par le roi pour une belle action.

Ce jour-là, dans le petit salon rouge, envahi par la fumée de tabac, un verre de brandy en main, Newton fait mine d'écouter avec un air bon enfant. Comme on pense qu'il n'a aucun sens des dures réalités de la vie, on lui dispense de sages conseils pour gérer au mieux son patrimoine, ou comment se comporter avec les grands de ce monde. Lui qui, en temps ordinaire, ne supporte pas la moindre contestation, approuve par moments d'un hochement de tête, en se laissant bercer par le ronronnement des voix et la chaleur de la cheminée. Sont présents dans le petit salon des fumeurs son demi-frère Benjamin Smith, flanqué de son fils à qui il a donné le prénom de Newton, l'époux de sa sœur Mary, le révérend Pilkinston, et enfin, le régisseur de ses terres avec rôle d'intendant, Edward Storer, qui n'est autre que son bourreau de jadis à l'école de Grantham.

Un domestique en livrée rouge pénètre dans la pièce enfumée pour claironner que le dîner est servi. Autour de la grande table ovale, ces dames attendent : Hannah Barton dans ses vêtements noirs de veuve, Mary Pilkinston, et enfin l'épouse de Benjamin. Un peu à l'écart, une jeune femme de vingt ans, dont les habits de deuil ne peuvent masquer la resplendissante beauté : la fille de Hannah.

— Catherine, lui lance Newton, venez donc vous asseoir à ma droite. Et toi, Junior, installe-toi à côté d'Edward.

Il ne peut se résigner à appeler son filleul Newton de son propre patronyme. Celui-ci prend un air furieux en se dirigeant à l'autre bout de la table, loin de sa belle cousine. Puis Newton poursuit :

— Asseyez-vous sans cérémonie et dispensons-nous de la prière. Le Seigneur de toutes choses a d'autres chats à fouetter que nos remerciements pour ce que ma cuisinière met dans nos assiettes.

Les convives se regardent, indécis et un peu scandalisés. Seule Catherine obtempère et s'assied avec une grâce infinie. Les autres l'imitent enfin, hésitants malgré tout. Autant, dans le petit salon, Newton avait supporté avec bonhomie les propos de lourd bon sens de ces messieurs, autant, durant tout le repas, il se comporte en maître de maison et ne s'adresse qu'à sa nièce. Les autres, silencieux, en sont gênés. Ils ont l'impression d'assister à un souper en tête-à-tête entre amoureux.

— Ma nièce, dit Newton sur un ton de doux reproche, comment supportez-vous après tant de temps de porter encore ces vilains habits de deuil qui cachent votre nature exquise ?

— Avez-vous oublié, mon oncle, que Grantham n'est pas Londres et qu'ici on n'a pas la même philosophie de... ma nature. L'attraction vers mes pauvres petits graves n'y est guère universelle.

— En plus, la belle a de l'esprit ! Je suis perdu !

— Je ne veux pas vous perdre, mon oncle, mais bien plutôt vous gagner à mon cœur. Je sais ce qu'il en coûte d'être de vos ennemis, même par-delà le tombeau. Ainsi le Français Descartes. J'ai lu son *Discours de la méthode* et je dois vous avouer, au risque de subir vos foudres jupitériennes, que sa pensée m'a plus que séduite. Convaincue.

— Ce maudit Cartes a construit toute sa réputation grâce aux femmes, qu'elles soient reine de Suède ou servante de taverne. Je n'ai pas perdu mon temps à consulter cet ouvrage... de dames. Peut-être, après tout, y a-t-il de bonnes choses là-dedans. Quant au reste, à la physique, je crois avoir démontré que l'idée mécaniste d'un univers fonctionnant seul une fois créé, comme une horloge, était aussi odieuse que stupide, et...

— Oui, mon oncle, Dieu... Principe actif... J'ai lu les *Principia* et je les ai compris. Mais, maintenant, quelle autre œuvre sublime et définitive allez-vous offrir à l'humanité ?

Newton se rengorge comme un vieux coq. Qu'une jeune femme aussi belle ait pu ainsi lui consacrer son temps, que ses immenses yeux bleus se soient posés sur ses mots, que ses longs et minces doigts blancs aient suivi sur le papier le chemin de sa pensée, l'emplissent d'une sensation de chaude volupté. Il devient fat :

— Je me penche actuellement sur le problème de la lumière, et je crois bien que ma future *Optique* aura un retentissement au moins aussi grand que ma démonstration de la gravitation universelle. J'ai d'ailleurs l'intention de quitter Cambridge et de m'installer à Londres. Ma nouvelle lutte sera encore plus rude que la première, et cette fois, je dois être au milieu du champ de bataille.

— Londres, vous ? Seul ? Qui vous choisira une demeure digne de vous ? Qui recevra et fera patienter tous ces lords et ces savants qui ne manqueront pas de vous rendre visite ? Un de vos assistants aux habits râpés, aux joues mal rasées et à l'haleine fétide ?

À l'autre bout de la table, le jeune Newton Smith écume. Quoi de plus insupportable, quand on a dix-sept ans, que de voir une fille qui n'a que trois ans de plus que lui, fût-elle sa cousine, roucouler pour un barbon, fût-il son parrain ?

— Quoi ? ricane-t-il, tu veux aller à Londres, Catherine ? Une oie blanche de Grantham telle que toi sera vite dévorée dans cet antre de loups !

— Pour ça, mon jeune ami, je ne me fais pas de souci. Je serai protégée par la patte du lion.

L'oncle Pilkinston, qui porte beau, s'agace lui aussi de l'attention exclusive que Catherine porte au petit homme au gros menton.

— « Une voix rugit dans le désert », tonne-t-il, essayant d'être drôle en caricaturant la voix qu'il a pendant ses prêches. J'ignorais, ma nièce, que vous aviez pris l'apôtre Marc pour patron.

— Vous vous trompez, mon oncle. Je ne faisais pas allusion à l'évangéliste, mais au mathématicien Bernoulli. Il avait lancé un défi à toutes les académies savantes de résoudre un difficile problème de géométrie. La solution fut lue presque immédiatement à la Royal Society. L'auteur en était un mystérieux correspondant anonyme. Bernoulli dit alors : « J'y reconnais la patte du lion. » Et ce lion-là n'était pas l'apôtre Marc, mon cher oncle, mais notre hôte.

Tout en laissant Catherine conter l'anecdote, et arborant un sourire benoît sur ses lèvres minces, Newton songea que s'installer à Londres avec une aussi belle et savante gouvernante aurait bien des avantages. Le premier serait d'étouffer définitivement la calomnie de sodomie qui courait toujours sur lui, depuis l'affaire Fatio. Par ailleurs, qui pourrait résister aux demandes d'un tel intermédiaire, afin qu'elle lui obtienne enfin la sinécure à laquelle il aspire désormais ? Certainement pas le chancelier de l'Échiquier, Charles Montague, bientôt premier duc de Halifax, à ce qu'on dit dans les couloirs du palais royal. L'ancien disciple de Newton, à Cambridge, n'a jamais rien refusé à la supplique d'une femme…

16.

À la monnaie

— Avec lui, c'en est fini de tous ces cuistres, tous ces imbéciles qui règnent de Greenwich à la Royal Society, et qui continuent d'ânonner les mêmes sottises scolastiques, alors que sur l'Empire britannique le soleil ne se couche plus jamais. Le vieux lion va tous les écraser de sa lourde patte.

Gregory pérorait ainsi depuis dix bonnes minutes dans le petit salon baptisé « Principia » du Café Jacobs, et les nombreux punchs qu'il avait ingurgités n'étaient pas étrangers à son excitation.

Halley, cependant, était beaucoup plus calme. Il avait d'autres soucis en tête que l'emménagement de Newton à Londres : il venait d'obtenir de l'Amirauté un solide navire qu'il commanderait, le *Paramore*, et qu'il allait transformer en Greenwich flottant afin d'explorer tout l'Atlantique sud, y étudier les vents, les courants, la déclinaison magnétique et atteindre peut-être en dessous du cap Horn, ce continent austral censé équilibrer de son poids les terres émergées de l'hémisphère Nord. Il venait déjà de passer plusieurs mois en mer afin d'y essayer les nombreux instruments de mesure qu'il emporterait avec lui.

Le reste de son temps, il le passait auprès de son épouse aimée et de son fils. Là, patiemment, il relevait sur les tables astronomiques tous les passages signalés de toutes les comètes depuis que l'homme s'était avisé de rédiger la grande chronique du ciel et jusqu'aux dernières observées, en passant par

Pline l'Ancien et Sénèque. Il voulait démontrer que les belles voyageuses n'étaient pas des accidents, ni des présages de malheurs pour l'humanité, mais des planètes liées au Soleil qui suivaient elles aussi des orbites elliptiques, orbites certes bien plus allongées que celle des grosses planètes, mais qui les faisaient revenir à leur point de départ avec la même régularité. Il n'avait pu encore l'établir, et les intervalles variaient souvent de plus d'une année. Travaux titanesques, qui lui donnaient la réputation d'un touche-à-tout, mais qui l'éloignaient surtout des mondanités et des potins londoniens.

— Vous êtes bien lyrique, mon cher David, dit-il en mélangeant dans sa pipe quelques grains d'opium à son tabac de Virginie. Hélas, je crains que notre cher grand homme n'ait quitté Cambridge que pour s'étourdir et fuir une amère constatation : avec les *Principia*, il a atteint le sommet. Maintenant, il lui faut redescendre. Ou tomber.

— Prenez garde, Edmund ! Vous tuez ce que vous avez adoré. Lui en voulez-vous donc encore de vous avoir écarté, quand il tentait d'arracher ses observations à Flamsteed ?

— Ce n'est jamais l'homme Newton que j'ai adoré… Il n'est d'ailleurs pas vraiment « adorable ». C'est l'œuvre que j'admire, que j'adule même. Mais cette œuvre est achevée. Et c'est à nous de la poursuivre. Je suis allé lui rendre visite, à Cambridge, il y a plus d'un an de cela. Très discrètement, bien sûr, pour ne pas l'embarrasser auprès de Flamsteed. Je voulais l'informer de mes soucis. J'espérais que, pris d'une de ses fulgurances du temps des *Principia*, en quelques mots griffonnés sur un bout de papier, il me donnerait la solution pour la comète que je poursuis en vain, à travers les âges et l'infini du ciel. Tout ce qu'il a trouvé à me suggérer, c'était de calculer si sa course n'était pas perturbée par d'autres comètes…

— Heureuse idée !

— Peut-être, mais complètement fausse. Et ce n'est pas Newton qui m'a donné la meilleure manière de procéder, mais les *Principia*.

— Que voulez-vous dire ?

— Ça, mon cher, vous le saurez peut-être un jour... Un marin en partance ne confie sa femme à personne, surtout pas à son meilleur ami !

— Je vois que la confiance règne entre nous. À propos de confiance, savez-vous que Newton est allé rendre visite à Flamsteed, dès son installation à Londres ?

Halley se rembrunit. Qu'avait encore à faire Newton avec l'eunuque de Greenwich ? Il en avait tiré tout ce qu'il voulait en tirer, c'est-à-dire ses observations sur la Lune, avant de l'écraser sous le ridicule. Est-ce que par hasard, maintenant, il n'allait pas chercher une nouvelle alliance, contre lui ? Halley avait peut-être été imprudent d'aller le consulter à Cambridge. C'était bien dans la manière du vieux lion de considérer le ciel comme sa propriété privée, et ses collègues comme des métayers. Newton pourrait bien profiter de sa longue absence pour reprendre à son compte ses travaux sur les comètes. N'avait-il pas fait la même chose, jadis, avec la lunette inventée par l'oncle de Gregory ?

— Et... Vous connaissez la raison de cette étrange visite ? demanda-t-il sur un ton faussement désinvolte.

— La Lune, toujours la Lune. Mais il n'a pas voulu que je l'accompagne, cette fois. Il s'y est rendu avec sa nièce.

— Sa nièce ? D'où la sort-il ?

— Sa nièce, sa gouvernante... Peut-être même un peu plus. Peut-on savoir avec ce diable d'homme ? En tout cas, Catherine Barton est une créature splendide. Et spirituelle avec ça. Tout Londres soupire déjà à ses pieds. Une nouvelle gravitation universelle, en somme. Il n'y a que vous qui, sur les deux rives de la Tamise, mon cher Edmund, en ignorez l'existence. Quand les loups se font ermites... De toute façon, vous arriveriez trop tard. Le chancelier de l'Échiquier en a déjà fait sa reine... ou l'un de ses pions.

— Ça ne m'étonne pas de Charles Montague. Il a toujours été le plus redoutable chasseur de jupons de tout l'empire. Le vieil oncle doit être furieux.

— Au contraire, tout au contraire ! s'esclaffa Gregory. Cette charge administrative solidement rémunérée derrière laquelle Newton court depuis des années, harcelant sans cesse son ancien élève, eh bien la nièce la lui a obtenue en moins de temps qu'il n'en a fallu à l'oncle pour résoudre le problème de Bernoulli ! Une nuit a suffi à la belle Catherine, disent les mauvaises langues, pour lui décrocher une sinécure en or... Voilà Newton gardien de la Monnaie !

Halley eut envie de pleurer. À moins que ce ne fût l'effet de l'opium. L'auteur des *Principia* devenu entremetteuse ! Il était temps d'appareiller.

Quand Charles Montague lui fit prêter serment de servir l'État à sa charge de gardien de la Monnaie, Newton était persuadé qu'on rendait hommage à ses mérites, et qu'il pourrait continuer ses recherches philosophiques en toute tranquillité. Et il espérait bien, quand le ministre le prit à part après la cérémonie, qu'il lui confirmerait que cette charge n'était qu'une sinécure.

— Vous me connaissez depuis bien longtemps, milord, dit-il avec juste ce qu'il fallait de respect à la fonction et de familiarité à son ancien étudiant de Cambridge. Ma distraction, mon désintérêt pour les affaires humaines feront de moi un bien piètre financier. Comme tous les philosophes.

— Eh, mon cher maître, vous oubliez un de vos illustres prédécesseurs. Copernic en son temps élabora une réforme monétaire qui sauva sans doute la Pologne des menées teutoniques et moscovites.

Montague savait son Newton sur le bout des doigts. En évoquant l'un de ces « géants » du passé, il avait fait mouche. De plus, il avait placé derrière son bureau une gravure représentant l'inventeur de l'héliocentrisme plaidant pour sa réforme devant la Diète de Cracovie. Au regard que lança Newton sur ce tableau, le ministre des finances comprit que la partie était gagnée.

— D'ailleurs, poursuivit-il, les mécanismes de la finance, création humaine, sont bien moins complexes que ceux qui régissent l'univers, création divine que vous avez pourtant si bien su démonter. Si vous me le permettez, je vais me faire un instant votre professeur. Et je suis sûr qu'à la fin de cette leçon le disciple aura dépassé le maître.

La situation monétaire et financière du royaume d'Angleterre était périlleuse. Pris dans une longue guerre contre la France, le Trésor n'avait trouvé d'autre solution que de frapper une énorme quantité de nouvelles pièces, dotées d'une tranche spéciale qui interdisait d'en rogner l'argent. Mais les prédécesseurs de Montague n'avaient pas pris soin de retirer les anciennes monnaies de la circulation. Celles-ci, dont le métal précieux avait été prélevé et remplacé par un alliage de cuivre par des orfèvres indélicats pour être fondu en billons, avaient perdu beaucoup de leur valeur. Le public préférait alors thésauriser la nouvelle monnaie, ou la fondre elle aussi. Les faussaires se multipliaient et avaient presque pignon sur rue. Par ailleurs, plus la valeur métallique des pièces diminuait, plus la vie devenait chère.

— La solution me paraît simple, dit alors Newton. Il suffit de retirer toutes les anciennes pièces de la circulation. Par exemple les gens pourraient payer leurs impôts avec elles, durant une période relativement courte, et à leur valeur nominale.

— Et ceux qui n'en paient pas ?

— Eh bien... On leur ordonnerait de les rapporter au Trésor, où elles seraient rachetées à la moitié de leur valeur nominale par des pièces nouvelles.

— On y a déjà pensé, mais cela me paraît justement un peu trop simple et brutal. Voyez-vous, la nouvelle dynastie est encore trop fragile pour s'offrir des émeutes populaires. Cher maître, faites-moi donc un petit mémoire sur le sujet.

— Allons, milord, je ne connais rien à la politique, mais je sais au moins que le petit mémoire en question ira vite se perdre dans un rayonnage poussiéreux de votre ministère. Je vais malgré tout vous le rédiger. Mais permettez-moi de solliciter également trois de nos collègues à la Royal Society, et non des moindres : MM. Locke, Wren et Wallis. La Glorieuse Révolution est aussi celle de la philosophie naturelle. Quoi de plus normal que ses quatre piliers participent à la grande réforme du Royaume ?

La partie était gagnée. Newton allait faire bouger les choses. Mais Montague se dit qu'il faudrait quand même garder un œil sur lui.

— Magnifique idée, mon maître. Toutefois... Je me permettrai de joindre à votre aréopage quatre financiers, des plus sûrs et des plus éminents. En tant que gardien de la Monnaie, vous me ferez la synthèse de tout cela. Et croyez-moi, nul grain de poussière n'aura le temps de s'y déposer avant que le Conseil de régence et le Parlement en prennent connaissance. Pour premier salaire, permettez-moi de vous offrir cette gravure intitulée *Copernic plaidant sa réforme monétaire devant la Diète de Cracovie*. Certains l'attribuent à Dürer, mais j'en doute. On ne prête qu'aux riches. Elle sera du meilleur effet au-dessus de votre bureau, monsieur le Gardien et cher maître...

Les locaux de la Monnaie étaient nichés dans la muraille intérieure de la Tour de Londres. On y avait accès par un chemin de ronde sombre et étroit, encaissé entre les remparts. Isaac Newton et Catherine Barton durent se plaquer contre la paroi pour laisser passer une carriole chargée de fumier, qui sortait de la cour principale fermée par un épais portail aux vantaux cloutés. La jeune femme se masqua le visage avec un mouchoir parfumé.

— Savez-vous, ma belle, dit Newton, combien la Monnaie dépense par an pour évacuer le crottin des chevaux servant à faire actionner les laminoirs ?

— J'avoue ma grande ignorance dans ce domaine passionnant, répondit Catherine. Mais je suis sûre que vous allez combler cette lacune impardonnable.

— Sept cents livres par an, ma chère. Parfaitement ! Deux cents de plus que mon salaire !

— Vous devriez demander à votre collègue de la Royal Society, John Ray, qui connaît si bien les plantes et les animaux, de vous concocter un fourrage constipatoire. C'est cela qui redresserait les finances de l'État...

— Oh, Catherine ! répliqua Newton avec une mine faussement scandalisée, quelle trivialité dans la bouche de celle que l'on dit la plus belle et la plus spirituelle des dames de tout le royaume. Entrons !

Le guichet d'une petite porte glissa sous les coups répétés du marteau. La tête barbue d'un *yeoman* apparut. Newton déclina son identité, mais le cerbère exigea un passeport. Newton, un peu affolé, fouilla en vain ses poches et ses basques. Ce fut finalement Catherine qui, après avoir non sans malice laissé s'empêtrer son oncle, sortit le document de son réticule. Le *yeoman* s'en saisit, referma le guichet sans même dire aux visiteurs de patienter.

— Ça me rappelle ma première arrivée au Trinity College, le même accueil chaleureux…

— Ainsi, vous serez bien gardé, monsieur le Gardien.

Ils durent à nouveau se tasser contre la porte pour laisser passer un nouveau tombereau de fumier.

— Pouah, gémit Catherine. L'empereur Vespasien se trompait en affirmant que l'argent n'avait pas d'odeur.

— Sept cents livres par an ! grommela Newton. Ça me paraît bien excessif. Où vont ces carrioles ? Leur contenu est-il revendu ? Au profit de qui ? Je ne tarderai pas à le savoir.

— Vous êtes sérieux, Isaac ?

— Ai-je l'air de plaisanter ? Il existe une gabegie extraordinaire dans cette institution. J'ai été nommé pour la faire cesser.

— L'Hercule de la philosophie naturelle nettoyant les écuries d'Augias ! Lord Montague en fera tout un poème.

Des clés grincèrent dans plusieurs serrures, et la petite porte s'ouvrit enfin. Derrière le *yeoman* apparut un homme de grande taille et de forte corpulence, très soigneusement mis, mais dont le visage affaissé, un peu veule, semblait comme rongé de l'intérieur, malgré le fard dont il était couvert. Il avait l'âge de Newton, mais paraissait dix années de plus. Il est vrai que Thomas Neale, le maître de la Monnaie, avait eu une vie pour le moins agitée. Il était de ces hommes que l'on dit « entreprenants », car doté d'un pouvoir de conviction tellement grand qu'il pouvait susciter des enthousiasmes exagérés pour des idées pour la plupart irréalisables : une loterie finançant la guerre, un service postal entre les colonies américaines, et bien d'autres choses farfelues qui ne résistaient pas longtemps à l'épreuve des faits, mais dont il savait tirer le plus grand bénéfice juste avant que l'entreprise en question ne s'effondre. Il en avait été ainsi de la Monnaie. Après la Glorieuse Révolution, Neale avait papillonné de salon en ministère, avec mille et un projets de redressement des finances, qui lui avaient valu son poste de directeur. Il ne mit en application aucun de ces projets, qui n'étaient que rafistolages, car il était enfin parvenu à ce qu'il voulait depuis tant d'années : une rente.

Newton avait déjà étudié son futur supérieur hiérarchique avec autant de méthode qu'un problème algébrique que lui aurait posé feu Collins. Il en avait fait de même avec le reste du personnel.

— Maître Newton, s'exclama Neale avec une chaleur vibrante dans la voix, vous auriez dû me faire prévenir de votre venue. Je ne vous aurais pas fait attendre. Ainsi surtout que votre charmante nièce. Mademoiselle Barton, ce qu'on m'a dit de votre beauté est très en-deçà de la vérité.

— Ici c'est vous le maître, monsieur, je ne suis que votre gardien, répliqua Newton.

Neale protesta que nul au monde ne pouvait se flatter d'être le supérieur de l'auteur des *Principia*, tendit son bras à Catherine qui y posa sa main, et entreprit de leur faire visiter les lieux. Avec son caractère soupçonneux, Newton avait deviné que le maître de la Monnaie, qui ne mettait que rarement les pieds ici, avait été alerté de sa venue par l'un de ses espions. Cela n'avait d'ailleurs pas d'importance. Selon Montague, Neale le laisserait en paix à condition que Newton ne lui cherche pas noise en regardant de trop près dans ses comptes personnels.

La visite fut brève, le maître de la Monnaie se contentant de faire entrer le Gardien et sa nièce dans ses propres logements de fonction qu'il lui abandonnait bien volontiers, ainsi que ses serviteurs. Le temps de boire une tasse de thé, nouveau breuvage à la mode qui faisait fureur à Londres, et Neale s'éclipsa après mille excuses, car des affaires urgentes l'attendaient. Newton ne devait plus jamais le revoir…

— Quel homme charmant, dit Catherine quand il fut parti. Une courtoisie aussi exquise est chose bien rare.

— Un charlatan mufle et rébarbatif serait un piètre charlatan, ma chère.

Ils étaient presque obligés de crier tant le vacarme provenant des presses et des laminoirs était assourdissant. S'y ajoutaient à espaces réguliers les ordres aboyés et les mousquetades des soldats de la Tour de Londres, de l'autre côté des fenêtres grillagées, étroites comme des meurtrières. Des ouvertures en vis-à-vis donnant sur la cour montaient des fumées âcres mêlées aux odeurs tenaces d'écurie.

— Nous ne pouvons vivre ici, Isaac. Il nous faut trouver à Londres une demeure digne de vous.

Newton protesta que ce seraient des soucis, des frais supplémentaires et une perte de temps considérable, alors que l'état des finances demandait des mesures immédiates. De plus, il lui faudrait montrer, par son train de vie modeste, que le nouveau gardien de la Monnaie ne serait jamais un corrompu, comme ses prédécesseurs. Catherine lui prit la main et, comme on parle à un enfant :

— Je m'en suis déjà occupée. Je ne veux pas, Isaac, que les basses contingences de ce monde vous détournent en quoi que ce soit de votre mission.

Il s'était tissé très vite entre l'oncle et la nièce des liens très forts, mais sans aucun rapport avec leur parenté. Sans aucun rapport non plus avec un quelconque désir physique ou amoureux. En public, ils laissaient pourtant planer l'ambiguïté. Par jeu, mais aussi par intérêt. « L'ont-ils fait ? Ne l'ont-ils pas fait ? » Telle était la grande question dont on débattait dans les salons londoniens. Il n'était pas non plus pour elle comme un père de remplacement, bien qu'elle eût perdu le sien très jeune, car il n'en avait pas la stature, la solidité, la sécurité. Quant à lui, cela faisait longtemps qu'il avait décidé de ne jamais avoir de descendant, son œuvre étant sa seule postérité. Ce qui avait un autre avantage, éluder la question : « Des enfants, oui, mais avec qui ? » Malgré la différence d'âge, ils se satisfaisaient d'être deux camarades, deux complices.

Comment cette jeune femme à peine sortie de la campagne de Grantham trouva-t-elle en quelques jours cette belle maison au cœur de la capitale, à Jermyn Street ? Isaac n'en sut jamais rien, et d'ailleurs il ne chercha pas à le savoir. L'endroit était à son goût, et le parcours pour se rendre à la Monnaie, très agréable. Il n'eut guère le temps de savourer sa nouvelle résidence, car quatre jours après son emménagement à Jermyn Street, Catherine l'emmena à Cambridge.

Lui dont la vie jusque-là avait été réglée comme une horloge, il se laissait entraîner avec ravissement dans ce tourbillon qui n'avait rien de cartésien. Durant tout le voyage, il ne cessa de raconter des anecdotes sur sa vie au Trinity College, en se donnant le beau rôle bien sûr. Lorsqu'ils pénétrèrent sous le porche d'entrée, il espérait secrètement que ses anciens collègues le vissent ainsi, élégant et gaillard, en compagnie de la plus jolie femme de Londres. Il déchanta. En ce mois d'avril 1696, il pleuvait dru sur l'université ; les jardins et les promenoirs étaient déserts.

Seul le domestique James les accueillit. Catherine lui avait donné ses consignes par lettre quelques jours auparavant, de sorte qu'ils avaient dû croiser en chemin un charroi rempli des meubles dont Newton avait usé près de trente ans durant. En revanche, pas un papier, pas un flacon n'avait bougé de son bureau ni de son laboratoire du rez-de-chaussée. James en fut félicité. Avec le temps, celui-ci était devenu le plus stylé des majordomes.

Dans sa frénésie de vouloir faire table rase de son passé, Newton déclara qu'il ne voulait pas s'encombrer de tout ce fatras. Et de jeter par la même occasion sa toge de professeur lucasien aux orties. Catherine le rappela à la raison en quelques mots : « postérité », « mission sacrée », « gloire éternelle ». Le fatras en question étant parfaitement classé, les deux portefaix engagés par James pour le déménagement n'eurent aucun mal à les ranger dans des caisses et à les déposer sur le deuxième charroi attendant dans la rue, malgré les ordres criés par Newton : « Attention, doucement, c'est fragile, vous le portez à l'envers ! » L'appartement étant vide, ils passèrent la nuit à l'auberge de la Rose, dans une suite que Catherine avait réservée. Et ce fut elle qui lui rappela, le lendemain, de signer à la conciergerie du collège ce qui serait son dernier bon de sortie. Personne à Cambridge ne s'était aperçu du départ définitif d'Isaac Newton…

Le lion avait bondi sur sa proie. Il la dépeçait maintenant méthodiquement, pour que la carcasse fût parfaitement nette de toute viande. L'argent, pour Newton, c'étaient des chiffres, rien que des chiffres, son univers. Les hommes qui s'en servaient, l'échangeaient, le fabriquaient ou en abusaient n'étaient que perturbations, aberrations, erreurs de calculs. De la chair périssable. Il lui fallait la nettoyer pour dévoiler enfin cette mécanique parfaite : le squelette.

Une année durant, il ne sortit que peu de la sinistre forteresse. Catherine avait eu beaucoup de mal à l'emmener au théâtre où l'on jouait *Didon et Énée*, à l'occasion du premier anniversaire de la mort de son compositeur, Henry Purcell. C'était la première fois de sa vie qu'il assistait à un opéra, et peut-être même à un spectacle. Dans sa bibliothèque, pourtant fort riche, on ne pouvait y trouver la moindre œuvre de Shakespeare, ni de Chaucer, ni de Milton, ni la moindre plaquette de poésie. À l'entracte, tout en répondant aux saluts des autres spectateurs, Catherine s'exclama, espérant qu'il avait été aussi ébloui qu'elle :

— Quelle beauté, n'est-ce pas, quelle beauté !

— Mouais ! L'opéra, c'est comme trop manger de trop bonnes choses à un banquet. J'ai entendu le premier acte avec plaisir, le deuxième m'a bien rempli. Mais... ma belle, pour le troisième, l'indigestion me guette et je préfère m'enfuir. Ce cher Gregory, que je vois venir vers nous, sera pour vous un meilleur convive. Adieu.

Il avait inauguré sa charge de Gardien par une algarade avec le gouverneur de la Tour, un des personnages les plus puissants du royaume. Il avait en effet exigé que la forteresse ouvre ses portes à quatre heures du matin, et non à cinq comme jusqu'alors, pour ne se refermer qu'à minuit. Et il obtint gain de cause grâce à l'intervention du chancelier de l'Échiquier. La trentaine d'ouvriers qu'il avait sous ses ordres ne lui tinrent pas rigueur de cette énorme surcharge de travail, car il leur versait des primes considérables, prélevées sur ce que se payait leur « patron » à tous, le maître de la Monnaie, Neale. Celui-ci essaya bien de protester, mais rendit vite les armes. Avec sa méticulosité habituelle, Newton s'était constitué un dossier sur lui, qui contenait la longue liste de ses indélicatesses et exactions.

C'est ainsi qu'il devint, en fait sinon en titre, le véritable directeur de la Monnaie, assumant toutes les tâches et toutes les prérogatives du Maître. Parmi celles-ci, l'ouverture temporaire de cinq hôtels de la Monnaie en province, afin d'accélérer l'écoulement des nouvelles pièces. Il désigna lui-même, parmi des gens qu'il savait intègres, les responsables de ces établissements.

Edmund Halley se vit ainsi nommé Maître de l'hôtel de la Monnaie de Chester. L'expédition de l'astronome navigateur avait été un désastre, son équipage et son état-major ayant refusé d'obéir à un terrien. Au bout de sept mois d'errances et avant qu'une vraie mutinerie éclate, le *Paramore* avait dû rebrousser chemin. Une nouvelle fois, Halley était ruiné, mais il n'avait pas renoncé : il repartirait, après avoir acheté un brevet d'officier de marine. Les quatre-vingt-dix livres annuelles, plus les à-côtés de sa nouvelle charge, tombaient donc à pic. Il déchanta vite. La refonte de la monnaie et la distribution des nouvelles pièces le prenaient jour et nuit. Il aurait préféré être galérien sur son propre navire. Dès qu'il le put, c'est-à-dire au bout d'un an, il abandonna, non sans remercier mille fois Newton, et, brevet de capitaine en poche, il reprit la mer.

Sous la houlette vigoureuse de Newton, la récupération des vieilles pièces, leur fonte en lingots dûment poinçonnés, la frappe et l'écoulement des nouvelles s'étaient achevés dans les délais pourtant serrés qu'il avait lui-même imposés. Le Parlement vota alors le renforcement des pouvoirs d'une toute jeune institution de trois ans d'âge, la Banque d'Angleterre ; les finances se redressèrent et le chancelier de l'Échiquier Montague, toujours accompagné de Catherine Barton, alla dire partout qu'Isaac Newton avait sauvé le royaume et la Glorieuse Révolution.

À la Tour de Londres, les presses cessèrent de tourner et les chevaux de tirer des carrioles pleines de leurs propres déjections. Jamais la forteresse n'avait été aussi reluisante. Alors, maintenant que la mission était accomplie, le chancelier de l'Échiquier suggéra à Newton d'abandonner les artifices de la finance pour revenir à la philosophie naturelle. À sa grande surprise, Newton refusa. Il venait de se découvrir un nouvel ennemi, un nouveau Hooke, un nouveau Descartes : le faux-monnayeur.

Durant la période euphorique de la frappe, nul ne s'était aperçu que des flans, ces disques destinés à recevoir l'empreinte des pièces, avaient disparu. Quand il avait réorganisé le travail, Newton avait fait une erreur : il avait pensé que les voleurs ne s'intéresseraient qu'au métal précieux, et il avait singulièrement renforcé la surveillance autour de la fonderie et de la salle où étaient enfermés les lingots. Quant aux flans, il s'était contenté de les faire ranger dans un cagibi attenant à son bureau, persuadé que nul n'aurait l'audace de s'aventurer dans ses appartements privés. Quand il s'aperçut de leur disparition, Newton interrogea tous ses employés ; ils se révélèrent parfaitement insoupçonnables. L'assistant qu'il avait chargé de les surveiller jusque dans leur foyer et de lui faire un rapport détaillé de leur train de vie n'avait pas remarqué de dépenses excessives chez ces gens, d'ailleurs fort bien payés afin de leur éviter les tentations. Newton se persuada alors que le voleur n'était autre que le maître de la Monnaie, Thomas Neale. Qui d'autre que lui aurait pu avoir accès à ses appartements ?

Il commença à s'acharner sur lui, comme il savait si bien le faire. Mais Neale eut l'heureuse idée de mourir cette année-là. Alors, pour la première fois depuis la fondation de cette institution, le Gardien fut nommé maître et directeur de la Monnaie. Newton avait désormais les pleins pouvoirs. On jasa beaucoup que Charles Montague avait nommé l'oncle Maître pour faire de la nièce sa maîtresse.

Il est vrai que son nouveau salaire, sur lequel s'ajoutaient ses gages de professeur lucasien de Cambridge et le revenu de ses terres, en faisaient le plus riche astronome depuis Tycho Brahé. De quoi susciter bien des jalousies. Alors qu'il aurait pu en jouir à son aise et se consacrer en toute quiétude à la philosophie naturelle, il préféra assumer la totalité de sa charge, pour démontrer qu'il ne la devait qu'à ses mérites.

Quand, au début, il avait appris que la poursuite des rogneurs et des faux-monnayeurs faisait partie de ses fonctions, il s'était récrié que c'était là tâche de basse police, et il avait chargé un de ses adjoints de cette mission. Celui-ci courait de taverne en prison, avant de remettre à Newton ses rapports détaillés et ses interrogatoires. Quand le nouveau directeur de la Monnaie s'aperçut de la disparition des flans, il décida de ne plus lui faire confiance, ni à personne d'autre d'ailleurs.

Et puis, les choses avaient changé. Il ne s'agissait plus de misérables grattant ce qu'il restait de métal précieux sur des pièces depuis longtemps dévalorisées, et revendant leur maigre récolte à des receleurs faméliques se prétendant orfèvres, mais d'une bande organisée dont les chefs devaient être très haut placés. Newton en était arrivé à cette conclusion en usant de la méthode de travail qu'il s'était imposée depuis ses premières années d'étudiant. Ici, il avait recopié des dossiers issus des archives de la Monnaie pour reconstituer une histoire de l'Institution durant les vingt-cinq dernières années. Et il partit en chasse.

Il commença par une visite à l'antique et sinistre prison de Newgate. Le directeur le reçut avec tous les égards dus à une personne d'un aussi haut rang. Newton lui présenta une liste d'une trentaine de personnes, toutes condamnées comme faussaires et rogneurs. Elles étaient classées par ordre d'importance. Après avoir consulté son registre, le directeur s'exclama :

— Hélas, docteur Newton, les vingt premiers prisonniers que vous me demandez ont été libérés, faute de preuve. Les juges sont d'un laxisme étrange avec ces crimes contre l'État. Il ne nous reste plus que du menu fretin.

Le directeur de la Monnaie n'en pensait pas moins, mais il se contenta de demander à rencontrer celui qui devenait le premier de la liste et celle qui en restait la dernière, en commençant par cette femme, Ilbury, coupable de rognure. Tandis que les gardiens allaient les chercher, le directeur s'essaya à donner quelques-unes de ses opinions sur la mécanique céleste. Newton ne prit pas la peine de lui répondre.

Un être sans âge, d'une maigreur affreuse, couvert d'une large blouse noire et la tête rasée, enchaîné aux chevilles et aux poignets, est poussé sans ménagement par ses deux gardiens dans la grande salle sombre. Newton s'est installé dans le fauteuil du directeur, derrière un bureau où pas un papier ne traîne.

— Vous êtes mademoiselle Ilbury ? demande-t-il sur un ton neutre.

— Et toi t'es qui, le bourgeois ? J'ai pas bien entendu ton nom.

Il n'a pas à relever cette insolence dite d'une voix éraillée. Cette femme n'est que le plus petit dénominateur commun du problème complexe qu'il a à résoudre. Il fait un geste pour que les deux geôliers et le directeur ne réprimandent pas la prisonnière. De cette voix bien posée qu'il prenait jadis devant une salle de classe, il poursuit :

— Je m'appelle Isaac Newton, et je suis le maître de la Monnaie. Je voudrais savoir de quel poids d'argent vous m'avez volé.

Elle paraît surprise et ouvre de grands yeux verts injectés de sang. Peut-être a-t-elle été jolie plus jeune, si un jour elle a été jeune.

— Vous avez l'air d'un homme bon, seigneur Isaac. Faut me croire, j'ai rien volé du tout, moi. Nous autres, les femmes, on grattait l'argent des pièces, parce que nous avons les doigts plus fins que les hommes. Mais plus ça allait, moins on en avait à gratter. C'était pas avec ça qu'on pouvait nourrir nos enfants, croyez-moi. Moi, j'en ai trois et...

Newton lui coupe la parole. Il lui faut des chiffres, rien que des chiffres, et surtout ne pas donner à son interlocutrice un tant soit peu d'humanité. En alchimie, Jupiter, c'est l'étain, pas le dieu de l'Olympe.

— Je vous demande, madame, le poids de l'argent que vous récoltiez par jour. Tenait-il, par exemple, dans cet encrier ?

Elle hausse les épaules avec indulgence, comme quand un enfant vous pose une question stupide :

— Ça dépendait des pièces qu'on nous apportait, pardi ! Et puis il fallait faire attention à ce qu'ce qu'on enlevait se voit pas trop. J'étais la meilleure pour ça. Et d'abord, par jour, ça veut rien dire… M'sieur Isaac, on travaillait la nuit, quand les argousins roupillent.

— Oui, bien sûr, murmure Newton pour lui-même, je dois d'abord connaître leur méthode de travail. Pas la quantité. Je suis stupide.

— Pour ça non, m'sieur Isaac, vous êtes pas stupide. Vous en avez même plein la caboche. Je vais vous dire, moi, comment ça s'passait.

La femme Ilbury ne savait pas grand-chose, car elle n'était qu'un rouage d'une machine parfaitement huilée et organisée. Elle et ses homologues passaient des nuits entières dans un atelier clandestin à gratter le métal précieux des monnaies anciennes qu'un homme dont elle donna le surnom, Ivy, venait leur distribuer le soir. Un autre, dont elle ignorait tout, venait à l'atelier au matin et leur donnait de vieilles pièces dont on avait remplacé la rognure par du cuivre. Elles devaient alors se rendre à la Banque d'Angleterre pour les restituer à la moitié de leur valeur nominale, les caissiers étant censés se méfier de ces femmes qui se prétendaient maraîchères ou poissonnières.

— Et c'est donc à la Banque que vous avez été arrêtée, dit Newton, sur dénonciation anonyme.

— Anonyme ? Je connais pas ce type-là, moi ! C'est Gibbons qui m'a vendue. Ce porc ! Parce que je voulais pas coucher avec lui.

— Gibbons ?

— Ben oui, le portier de la Banque. Pour nous laisser entrer, il touchait sa petite commission. Mais là, il m'en demandait un peu trop. On a sa vertu, pas vrai, m'sieur Isaac ?

— Avez-vous parlé de ce Gibbons à vos juges ?

— Bien sûr ! J'ai tout déballé. Qu'est-ce que vous croyez ? J'ai aucune envie de m'faire briser les os. Si vous saviez ce qu'ils ont inventé pour nous faire parler…

Newton la renvoie dans sa geôle. Il n'a plus rien à apprendre de la malheureuse. Le procès-verbal de son précédent interrogatoire était introuvable, la police n'était jamais venue inspecter l'atelier de rognage, et le dénommé Gibbons, portier de la Banque d'Angleterre, n'avait jamais été inquiété. Nul besoin d'être le plus grand physicien du monde pour comprendre que les faussaires jouissaient de solides protections.

L'interrogatoire du nommé Edward Jones, le premier de la liste, le confirme dans cette hypothèse. Malgré les chaînes qui l'entravent et les traces de tortures qui marquent encore son visage, cet homme aux allures de fouine se montre très à l'aise face au maître de la Monnaie. Dès qu'il est assis sur son tabouret en vis-à-vis de Newton, il croise les jambes et dit d'un ton badin :

— M'appelez pas Jones, seigneur Directeur, mais Ivy. C'est comm'ça que me nomment mes amis.

— Ivy ? N'était-ce pas vous qui livriez les vieilles pièces à l'atelier de Whitechapel ?

— J'vois que c'te putain de Cathy a beaucoup causé. Faites pas vot' étonné ! On sait tout ce qui s'passe, en prison. Eh oui, c'était moi qu'apportais la camelote. Savez-vous où j'allais la chercher ? À la banque. C'était le portier qui m'donnait le colis.

— Gibbons ?

Le reste de l'interrogatoire fait comprendre à Newton que le dénommé Ivy, ainsi que Gibbons, ne sont que des intermédiaires, ignorant tout des commanditaires de cette entreprise extrêmement cloisonnée. Newton décide alors d'agir seul, sans consulter personne, persuadé que la corruption remonte au plus haut niveau.

Il se rend chez un fripier, où il se procure des oripeaux identiques à ceux de son assistant chargé de la poursuite des contrefacteurs. Déguisé en faussaire, il se rend, de nuit, à l'atelier de Whitechapel. L'endroit est désert. Il pousse la porte. La grande salle dans laquelle il pénètre en écartant des toiles d'araignée est visiblement à l'abandon depuis longtemps.

Une voix poissarde dans son dos le fait sursauter.

— Eh, pépère, si c'est m'sieur Tom que tu cherches, t'arrives trop tard.

Une vieille femme édentée, puant la vinasse, se tient devant lui, les bras croisés.

— M'sieur Tom ? fait Newton.

— Ben oui, le patron, quoi, Thomas Holloway.... Dis donc, le vieux, avec ta gueule de bourgeois, tu serais pas un mouchard par hasard ?

Thomas Holloway ! Son propre assistant ! Newton est si stupéfait de cette révélation qu'il ne répond pas.

— Eh, le vieux, j't'ai causé ! Parce que si t'es un mouchard, les renseignements, c'est comme tout, ça s'paie.

— Hein ? Non, bien sûr. Tiens, deux shillings, ça te suffira pour me donner sa nouvelle adresse, à ce cher Tom.

— C'est pas des fausses pièces, au moins ?

À cette remarque, il manque éclater de rire. Au fond de lui-même, ce goût piquant du danger, ce déguisement, ces bas-fonds, ces individus sordides et hauts en couleur l'amusent presque autant qu'un problème mathématique.

— Tu peux y aller, la vieille. Y a pas de risque. J'suis de la partie, moi aussi. Alors, cette adresse ? C'est mon copain Gibbons qui m'a envoyé ici.

— Quoi ? Tu fricotes avec c'te ordure ? Eh ben, tu peux toujours courir... Tiens, reprends ton pognon. On a son honnêteté. Et un conseil gratuit : refous jamais les pieds dans le quartier. Un coup de lardoire est vite arrivé !

Newton s'en va sans demander son reste. Il tient la solution. Il en est tellement heureux qu'il ne sent pas la pluie fine qui l'imprègne, et qu'il ne voit pas, gisant à même le sol, de vagues formes humaines tentant de se réchauffer autour d'un maigre brasero.

Le lendemain, il fit arrêter la vieille femme et assista à son interrogatoire. Il prit un étrange plaisir à l'entendre crier de douleur, quand ses os se mirent à craquer sous la vis. Elle confirma que Thomas Holloway était propriétaire de l'atelier des rogneuses, mais Newton exigea que ce nom ne soit pas mentionné sur le procès-verbal, de même que celui de Gibbons. Avec ces deux-là, il tenait le bout du fil d'Ariane. Il s'agissait maintenant de ne pas le briser. De retour à la Monnaie, il consulta les dossiers qu'il s'était constitués sur l'ensemble des personnels de la Monnaie et de la Banque. Gibbons et Holloway avaient un point commun : ils avaient tous deux été recommandés à leurs emplois respectifs par un certain William Chaloner.

— Chaloner ! s'exclama Newton. Comment n'y ai-je pas songé plus tôt !

Cet individu, ancien vernisseur reconverti dans l'imprimerie, avait prétendu avoir inventé un nouveau procédé de frappe de la monnaie qui préviendrait toute contrefaçon. L'ancien directeur Neale avait chaleureusement soutenu ce projet devant la chambre des Communes, dont il était membre. Puis il avait demandé à Newton de faire visiter les ateliers à son protégé afin que Chaloner puisse apporter aux machines ses améliorations. Newton s'y était refusé : les ateliers étaient secret d'État, et seules les personnes assermentées pouvaient y avoir accès. Pour dédommager Chaloner de ses efforts, Newton avait accepté d'engager un de ses amis, Thomas Holloway, comme assistant chargé de la poursuite des faussaires. L'affaire en était restée là.

En relisant les actes du débat aux Communes sur cette prétendue invention, il constata que Chaloner avait été chaudement défendu par des parlementaires importants, mais parfaitement incompétents en matière monétaire. On touchait là à la politique. Il demanda donc audience à son ami le chancelier de l'Échiquier.

— Chaloner, un faux-monnayeur ! s'exclama Montague. Ça ne m'étonnerait pas de cette sinistre crapule. Mais il est intouchable. Il a en effet démantelé un réseau de conspirateurs qui manigançaient le retour du roi Jacques. Je vous souhaite bien du courage, mon cher Newton. Tout ce que je peux faire, c'est de demander à mon collègue de la Justice de vous ouvrir tout grand ses dossiers.

L'affaire Chaloner dura plus de deux ans. L'homme était habile, Newton était tenace. Il parvint à le faire emprisonner. L'ancien teinturier passa immédiatement aux aveux, ou du moins il dénonça ses complices, dont Holloway et Gibbons, qui prirent la fuite en Écosse. Il prétendit qu'il avait infiltré cette bande pour aider à la démanteler, comme il l'avait fait pour les conspirateurs partisans du roi Jacques. Il fut alors libéré sous condition de continuer à aider la police. Ce qu'il fit avec zèle en rapportant les flans volés par Holloway. Bientôt, il n'y eut plus dans tout le royaume ni contrefacteurs ni fausse monnaie en circulation.

Newton aurait dû s'en satisfaire. Montague le lui conseilla d'ailleurs fortement : trop de noms circulaient autour du faux-monnayeur apparemment repenti, dont ceux de parlementaires en vue. Ne voulant pas comprendre qu'à trop remuer la boue il risquait d'être éclaboussé, il s'obstina. Ses agents ne relâchèrent pas un instant leur surveillance autour de Chaloner. Le directeur de la Monnaie accumula les indices et les preuves contre l'escroc qui continuait, dans son imprimerie, de petites malversations et quelques chantages, mais n'ayant plus trait à la monnaie. Un jour enfin, Newton estima avoir suffisamment de preuves contre lui et le fit jeter une nouvelle fois en prison. Le procès fut bâclé, Chaloner pendu peu de temps après son arrestation.

Newton, lui, en garda un goût amer d'inachevé.

17.

Un tyran à la Royal Society

Un autre de ses ennemis mourut deux ans plus tard : Robert Hooke. Les deux hommes s'étaient rencontrés la dernière fois, peu après la nomination de Newton à la Monnaie, lors d'une séance de la Society ; Newton, inspiré par Halley, y avait présenté un sextant de son invention d'une précision bien plus grande que ceux en usage dans la Marine. Hooke, en tant que curateur, avait examiné l'appareil et déclaré sèchement qu'il avait déjà fabriqué exactement le même une trentaine d'années auparavant. Humilié, Newton n'avait plus remis les pieds aux séances de la Society, qui d'ailleurs se tenaient de plus en plus en comité restreint, dans les appartements de Hooke au Gresham College, celui-ci ne pouvant plus se déplacer.

L'hommage funèbre que rendit au défunt le secrétaire de la Society blessa profondément Newton. L'orateur évoqua d'abord les progrès considérables que Hooke avait fait faire à l'optique, puis il insista sur sa vie intègre, entièrement vouée à la philosophie sans jamais chercher les honneurs ni les charges rémunératrices.

Les honneurs, Newton croulait dessous. Outre son poste de directeur de la Monnaie, le sénat de l'université de Cambridge l'avait élu comme son député à la chambre des Communes de Londres. Il avait alors consenti à abandonner sa chaire de mathématiques du Trinity College au fidèle William Whiston.

Il avait siégé la première fois au Parlement, lors de la séance inaugurale. Le débat y était très houleux, entre Whigs et Tories : il s'agissait d'un traité de paix avec la France. À un moment d'accalmie, il leva le doigt, comme un bon élève.

— Laissez parler l'honorable M. Newton, hurla le speaker. L'avis du plus fameux de tous nos savants sera certainement des plus précieux.

— Non, chevrota-t-il, je ne voulais pas... Mais pourrait-on fermer cette petite fenêtre ? Il y passe un courant d'air très désagréable et je crains de prendre froid...

L'assemblée éclata de rire. Il devint rouge de honte, et se sentit tellement ridicule qu'il maudit en lui-même la gent parlementaire, se jurant qu'il ne réapparaîtrait plus dans ces lieux. Il ne tint pas sa promesse. Il lui fallait bien encaisser les jetons de présence. Et puis, il voulait épier les faits et gestes de certains députés, qu'il soupçonnait d'avoir trempé dans l'affaire de la fausse monnaie.

L'année qui avait suivi, il s'était ennuyé. La Monnaie, parfaitement réorganisée par ses soins, fonctionnait désormais comme une mécanique d'horlogerie. Il alla rendre visite à Locke dans sa campagne. Leurs liens d'amitié s'étaient quelque peu distendus. Le vieux philosophe trouvait inquiétante la frénésie avec laquelle l'astronome jouait son rôle d'argousin rôdant dans les bas-fonds à la poursuite de malandrins. Newton, quant à lui, n'appréciait pas les conseils de modération de Locke, qui le traitait encore comme un convalescent.

Sur la suggestion de Locke, quand il était revenu à Londres, il avait publié *La Théorie de la Lune*, qui dormait depuis trois ans dans un tiroir, mais où il ne parvenait toujours pas à résoudre le problème de la ligne des apsides en vue de faire concorder théorie et observations. Il y égratignait Flamsteed au passage, lequel constata cependant avec une satisfaction certaine que les positions théoriques de Newton et celles qu'il avait observées différaient jusqu'à dix minutes.

Puis Newton avait passé l'hiver à Woolsthorpe, seul, du moins sans Catherine. Il y avait fêté ses soixante ans en compagnie de ses sœurs, toutes deux veuves, et de son frère. Il n'était revenu à Londres qu'à la fin de février. Cinq jours plus tard, il apprenait la mort de Hooke. C'était le 3 mars 1703.

Il se sentit délivré. Hooke avait été le seul savant d'envergure à contester la primauté de ses découvertes, et pas toujours à tort, même si Newton avait fini par être profondément convaincu de n'avoir jamais eu vent qu'un autre eût fait ces découvertes avant lui. Sa prodigieuse mémoire avait en ce domaine quelques lacunes. Après quarante ans d'expérimentation et de contrôle de milliers d'inventions adressées au curateur de la Royal Society, Hooke n'avait nul besoin de chercher dans ses souvenirs pour savoir à qui revenait la propriété de telle ou telle invention. Elles étaient toutes scrupuleusement répertoriées de sa propre main. Cette pratique avait aiguisé son œil redoutable. Il ne laissait pas passer la moindre erreur. À commencer par celles de Newton, erreurs que celui-ci appelait « négligences », ce qui ne trompait que lui-même et ses adulateurs.

— Quel dommage, mon maître, disait Halley à Newton à la sortie du cimetière, de n'avoir jamais réussi à faire de vous deux sinon des amis, au moins des alliés dans la lutte pour les sciences de la nature. Il est vrai que lui était le voyageur de l'infiniment petit, et vous de l'infiniment grand. On ne réconcilie pas l'eau et le feu.

Newton trouva très désagréable qu'on le mette sur le même niveau que son ennemi défunt. En s'attaquant à lui, se dit-il en lui-même, l'auteur des *Micrographia* s'était engagé dans une partie l'opposant à quelqu'un qui, non seulement était beaucoup plus fort, mais qui lui survivait et qui, par là-même, pourrait changer à son avantage les règles du jeu. Et c'est selon ces nouvelles règles que le perdant serait jugé par l'Histoire. Cependant, la terre venait juste de recouvrir la dépouille de Hooke, et Newton préféra répondre sur un ton neutre :

— Nous étions surtout deux solitaires : ni femme ni enfants. Seule l'étude peuplait notre foyer, seule la Vérité était notre compagne. Et vous, capitaine Halley, quand repartez-vous ? Ah, voilà ma voiture… Je vous laisse. Ce genre de cérémonies m'épuise. Vous verrez quand vous aurez mon âge. À vous revoir, capitaine.

« La Vérité est ma seule amie. » Il avait écrit cette phrase en exergue du premier cahier de ses *Questions*, il y avait de cela bien longtemps, à Cambridge. Il le retrouva facilement dans ses rayonnages : il avait tout archivé avec un soin maniaque. Que de questions, et si peu de réponses après tant d'années ! En alchimie, les faussaires savaient mieux que lui transformer la matière vile en pierre sinon philosophale, du moins monnayable. En histoire du monde et en théosophie naturelle... « Élève Isaac, se dit-il, je vous donne la moyenne, mais pas plus. Travail inachevé. En astronomie... Excellent ! La meilleure note. Nul désormais ne pourra faire mieux. Quant à l'optique... »

— La lumière, s'écrie-t-il, la lumière !

La porte du bureau s'ouvre et Catherine, inquiète, entre précipitamment :

— Que se passe-t-il, Isaac, vous êtes souffrant ?

— Non, pourquoi ?

— Je vous ai entrevu tout à l'heure aux funérailles, en compagnie du capitaine Halley. Vous n'aviez pas vraiment bonne mine. Alors, quand je vous ai entendu crier...

— Mmm... Quand j'étais dans mon laboratoire de Trinity College, je pouvais beugler tous les « eurêka ! » que je voulais, loin des oreilles indiscrètes. Quant à ma mauvaise mine de tout à l'heure... Il est rare d'afficher une face réjouie durant ce genre de cérémonie. Ma chère Catherine, je viens de décider de reprendre et de retravailler tous mes travaux sur l'optique. Et de les publier.

— Enfin, vous y revenez ! s'exclame la maîtresse de Charles Montague, désormais premier duc de Halifax.

Elle ajoute non sans malice :

— Mais cette heureuse décision n'est-elle pas liée avec le décès du pauvre Robert Hooke ?

Il hausse les épaules :

— Je ne vois pas le rapport. Ou si, peut-être... Cette grande perte pour la philosophie naturelle m'a fait comprendre que moi non plus je ne suis pas éternel.

— Vous peut-être pas, mais votre œuvre à coup sûr. Nous en parlions tout à l'heure avec Charles...

— Charles ? Quel est donc ce jeune homme ? Quand présenterez-vous à votre vieux tuteur le jeune promis, je veux dire l'élu de votre cœur ?

Catherine fait une charmante grimace : elle n'aime pas que son oncle badine à propos de ses amours.

— Son Altesse le duc de Halifax trouve que vous prenez trop à cœur votre charge de directeur de la Monnaie, qu'il se reproche maintenant de vous avoir confiée. Vous y gâchez votre génie. Je partageais son opinion jusqu'à cette dernière minute où vous m'avez annoncé que vous alliez enfin reprendre vos travaux sur la lumière. Et j'estime désormais que ce qu'il veut vous suggérer est la plus heureuse des idées : présentez-vous à la présidence de la Royal Society.

— Qu'irais-je fiche à tenter de gouverner ce royaume du roi Pétaud ?

— Justement ! Vous avez prouvé à la Monnaie vos dons extraordinaires d'organisateur. Après avoir nettoyé les écuries d'Augias, Hercule refuserait-il d'affronter une hydre de l'Herne qui n'a plus toutes ses têtes ?

— Joliment dit, mais jusqu'à présent la Society a été dirigée, si j'ose dire, par des gents hauts placés. Des lords, des ducs, des politiques, parmi lesquels votre tendre Charlie n'a pas été l'un des plus actifs.

— Mais, mon cher oncle, l'honorable député whig de Cambridge que vous êtes, grand pourfendeur de courants d'air, n'est-il pas lui-même un éminent homme politique ?

— Encore cette histoire ! Il fallait bien que quelqu'un demande à ce qu'elle soit fermée, cette fenêtre !

Il chasse ce mauvais souvenir d'un revers de la main, puis semble s'abîmer dans ses pensées. Enfin, au bout d'un long moment :

— Et... vous pensez que j'aurais une chance d'être élu, maintenant que...

— Maintenant que Hooke est mort ? Je ne pense pas en vérité qu'il eût été votre plus farouche partisan. Charles... Je veux dire le duc, est persuadé que vous pourriez y parvenir, à la seule condition que vous n'interveniez pas dans la campagne pour votre élection. Avec votre caractère pour le moins rugueux… Ce genre de conspiration est affaire de femme…

— Affaire d'alcôve ?

— Ne soyez pas vulgaire. Je dirais plutôt de boudoir. Laissez-moi œuvrer dans l'ombre. Vous, travaillez sur la lumière !

On vit alors le secrétaire de la Society, le docteur Hans Sloane, fréquenter assidûment le « boudoir » de Catherine Barton, en réalité le salon très coté de Charles Montague, duc de Halifax. Ce Sloane n'avait pas obtenu son siège pour ses compétences en matière de médecine ou de pharmacologie, mais pour son soutien financier aux botanistes et aux zoologistes qui enrichissaient de leurs récoltes et de leurs chasses ses belles collections personnelles d'animaux empaillés et ses herbiers. Cette aimable occupation lui permettait surtout de ne pas avoir d'ennemis. Quant à sa tâche de secrétaire, elle consistait surtout à rédiger les procès-verbaux des séances et à pallier le plus diplomatiquement possible l'incurie des présidents. Cette dernière charge était devenue purement honorifique, une sorte de nouvelle médaille qu'accrochaient à leur col des ministres bien en cour, comme Charles Montague et maintenant lord Somers, premier secrétaire du conseil royal, qui venait d'annoncer qu'il ne renouvellerait pas sa candidature à la présidence de la docte Society.

Docte n'était d'ailleurs plus vraiment le mot adéquat. Désertée depuis longtemps par ses membres les plus compétents, tels Wren, Halley… ou Newton, la Royal Society était devenue la risée de toutes les académies étrangères. La mort de Hooke avait achevé de la faire sombrer. Feu le curateur en effet était le seul à prendre sa mission à cœur, examinant scrupuleusement toute invention qui, même la plus saugrenue, lui était soumise. Sa mort laissait un grand vide. Il était irremplaçable ; on ne le remplaça donc pas.

La reine Anne s'était personnellement inquiétée de ce naufrage, durant l'agonie de Hooke. Il est vrai que, cependant, l'Académie française des sciences brillait de tous ses feux ; même les petits cénacles des petites principautés allemandes pouvaient en remontrer à l'auguste Society. Sa Majesté en avait fait la remarque à Montague, qui pourtant n'avait pas été lui-même le plus diligent des présidents de la Society. Celui-ci avait immédiatement pensé à Newton, le sauveur de la Monnaie, à moins que ce ne fût Catherine qui lui ait tendrement susurré le nom de son oncle, sur l'oreiller.

Catherine Barton tenait donc dans l'un des hôtels particuliers de Charles Montague, un de ces « clubs » que les Français imiteraient bientôt sous le nom de « salons ». Les clubs, jusqu'à présent, n'étaient composés que d'hommes, et ce fut elle qui la première eut l'audace de s'y imposer comme hôtesse, ne cachant rien ainsi de sa liaison avec l'un des personnages les plus en vue du royaume, et laissant dire qu'elle en avait une autre avec le plus fameux astronome du monde, son oncle. On commença par venir à son club, pris d'une curiosité un peu malsaine, mais la beauté et l'esprit de Catherine firent ensuite qu'on finit par solliciter de s'y rendre rien que pour la voir et l'entendre. Les plus beaux esprits du temps y soupiraient en vain après ses charmes, à commencer par le plus caustique des écrivains de ce temps, Jonathan Swift. On pouvait parler de tout, à condition, disait l'hôtesse, de ne pas être ennuyeux.

— C'est peut-être pour ça qu'on ne voit pas Newton en ces lieux, chuchota un jour Swift à l'oreille de son voisin, assez bas pour que Catherine ne l'entende pas.

De fait, elle n'avait jamais demandé à son oncle de participer à son club. Non qu'elle craignît qu'il ne fît bâiller ses invités, mais parce qu'elle redoutait de sa part un éclat, ignorant que la violence de Newton n'avait jamais été qu'épistolaire. Et puis, elle le pensait incapable de concourir à sa propre gloire. Elle s'était donc donné pour mission de le hisser jusqu'au pinacle que son « grand homme » méritait. Par discrétion, mais aussi parce que les affaires publiques et le service de la reine le retenaient plus souvent qu'il ne l'aurait voulu, Charles Montague, quant à lui, n'était que rarement présent aux réunions de sa maîtresse.

Il y était pourtant ce jour-là, deux mois après la mort de Hooke, ainsi que Christopher Wren, l'architecte de Londres et de la cathédrale de Westminster, qui n'était plus guère en cour depuis la Glorieuse Révolution. Avec quelques autres invités, dont le secrétaire Hans Sloane, on aurait pu se croire à une réunion de la « Très Ancienne et Vénérable Confrérie des Maçons libres et acceptés d'Angleterre », s'il n'y avait eu une femme pour la présider et quelques jeunes gentilshommes qui n'avaient jamais entendu parler de l'influente société secrète.

— La situation de la Royal Society est désespérante, soupira Sloane. Nous n'avons plus de curateur, nous n'avons plus de président, il semble que nul n'ait le courage de se mettre au chevet de cette pauvre malade, que le médecin que je suis commence à croire agonisante.

— Il faudrait en changer radicalement les statuts, répondit Wren, et en faire une académie des sciences à la française, avec ses disciplines bien distinctes, mais où surtout le gouvernement et les choses de la politique n'interviennent pas. Pour cela, Paris a son Académie de lettres, où se retrouvent ses poètes courtisans, ses ministres les plus incompétents, ses évêques séniles et ses amiraux de bateaux-lavoirs.

— Je ne suis pas sûr, intervint Montague, que Sa Majesté accepte d'imiter son pire ennemi, le vieux tyran Louis XIV.

Il y eut un moment de silence. La guerre contre la France, à nouveau, menaçait.

— J'avais pensé, reprit Sloane, à un attelage bicéphale de rêve : vous, sir Wren, comme président, et le docteur Newton comme curateur.

— Vous connaissez mal mon cher oncle, répondit Catherine. Il refusera sans conteste de n'être que le remplaçant de M. Hooke. Il existe des rancunes que même le tombeau ne dissipe pas. Et puis, il nous prépare en ce moment un ouvrage sur la lumière qui sera aussi magistral que ses *Principia*.

— D'ailleurs, renchérit Wren, je vois fort mal le découvreur de l'attraction universelle examiner le bon fonctionnement d'une machine à éplucher les pommes de terre ou à coudre les boutons de culotte. Pour ma part, je suis très honoré de la proposition que vous me faites, mais vous oubliez mon âge. Soixante-dix ans. Et moi aussi, je suis un politique, à ma façon. Mais pas à la façon de Sa Majesté. Alors, président de la Royal Society, très peu pour moi. Le remède serait pire que le mal pour votre patiente, docteur.

— Eh bien, lança une voix juvénile, que le Dr Newton devienne le président de la Royal Society. Que le gardien de la Monnaie et le restaurateur des Finances devienne le gardien du Savoir et le restaurateur de l'Intelligence !

Le jeune Casteby était un botaniste plein d'avenir, à qui Sloane avait promis de financer son voyage pour qu'il aille herboriser dans les colonies américaines. Sa proposition n'était pas de pur enthousiasme; elle avait aussi pour objectif de complaire à la belle hôtesse. Mais Sloane se récria :

— Ce serait une révolution. Croyez bien que je ne suis pas atteint de ce genre de préjugés, mais... Malgré sa renommée universelle, votre oncle, miss, cet empereur de l'astronomie, n'est même pas chevalier.

— Croyez bien qu'il le deviendra, répondit Montague en faisant un clin d'œil à Catherine pour lui montrer que la partie était gagnée. Une révolution, vous dites ? Votre malade avait selon vous besoin d'un remède de cheval. Avec Newton à sa tête, ce sera un remède de lion. Je suis bien placé pour le savoir.

Avec d'aussi importants soutiens, Sloane ne tergiversa plus et partit à l'assaut de la Royal Society. Il lui fallait d'abord organiser les élections renouvelant ou confirmant les membres du conseil qui lui-même choisirait le président. L'affaire se présenta mal : en nombre de voix, Newton n'arrivait que dixième sur les dix-sept membres élus ou réélus. Puis, il obtint la majorité et accéda à la dignité suprême, mais avec seulement vingt-quatre voix, alors que d'ordinaire l'unanimité était de mise.

Le 30 novembre 1703, Isaac Newton fut élu par le conseil président de la Royal Society. Pourtant, il ne décolérait pas. Montague et Catherine eurent beau lui expliquer que les votes qui ne s'étaient pas portés sur lui n'étaient que servile courtisanerie envers les candidats qui semblaient mieux à même d'offrir en échange quelque bonne place, il décida, scandale inédit, de ne pas assister à la première réunion après son élection, la seule à laquelle ses puissants prédécesseurs n'avaient jamais manqué de se rendre.

En revanche, la semaine suivante, il fut présent, et bien présent. Dans son discours inaugurant sa présidence, qu'il ne laissa le soin à quiconque de lire, c'est à peine s'il remercia le conseil de l'avoir élu. Il s'agissait « d'un projet pour l'établissement de la philosophie naturelle à la Royal Society ».

— La philosophie naturelle consiste à découvrir le cadre et les opérations de la nature et à les ramener autant que faire se peut à des règles générales ou lois, à établir ces règles par observations et expériences, et ainsi à déduire les causes et effets des choses…

Halley, Gregory et quelques autres furent à peu près les seuls à comprendre les raisons d'un préambule aussi scolaire. En creux, cela signifiait que désormais la Society cesserait d'être considérée comme un cabinet des curiosités, où n'importe qui viendrait exhiber ses moutons à cinq pattes et autres monstruosités de la nature. Newton poursuivit en énumérant les principales branches, mathématiques, mécanique, astronomie, optique, anatomie, physiologie, botanique et chimie. Puis il annonça qu'il désignerait, pour chacune de ces branches, une ou plusieurs personnes spécialisées dans le domaine en question et ayant déjà fait leurs preuves, qui seraient pensionnées, à la condition qu'elles assistent régulièrement aux séances et qu'elles examinent toute demande de publication ou toute découverte dans ledit domaine.

— Mais alors, lança une voix, le curateur deviendra inutile !

— Rassurez-vous, monsieur Haukbee, vous ne perdrez pas votre emploi pour autant, même si on n'a pas attendu l'élection du nouveau président pour désigner le successeur du regretté Robert Hooke. Vous superviserez ces spécialistes, que nous nommerons ensemble, en compagnie de monsieur le secrétaire. Naturellement, vous poursuivrez comme avant, en attendant que cette réforme se mette en place, ce qui prendra du temps, non pas tant à cause de la mauvaise volonté de mes honorés confrères ici présents, mais à cause de la lenteur des ministères concernés à débloquer les crédits nécessaires, n'est-ce pas, Milord ?

Montague, à qui cette fausse question s'adressait, leva les bras au ciel en un geste comique de désespoir impuissant. Après les rires de rigueur, Newton poursuivit :

— Et pour bien vous montrer en quelle haute estime je tiens le rôle de curateur, monsieur Haukbee, je vais, tel le plus humble des postulants, vous soumettre un petit traité que je viens de rédiger sur l'optique pour que vous me donniez ou me refusiez votre imprimatur.

De nouveaux rires se firent entendre. La partie était gagnée. Il n'y eut plus la moindre opposition quand il conclut son discours en affirmant qu'il allait confier à Wren le soin de dresser les plans de nouveaux locaux, mieux adaptés aux réunions et aux archives de la Society que les salles délabrées du Gresham College. Et nul ne contesta que le choix du président se portât sur Halley, pour décider si l'*Optique* pourrait ou non être publiée.

Le livre parut en février 1704, un peu plus de deux mois après cette séance mémorable. Ce n'était en fait que l'édition de ses travaux d'il y avait une trentaine d'années. Peu de choses de nouveau depuis qu'il avait fait un trou dans le volet de sa chambre, à Woolsthorpe, depuis qu'il avait eu sa première et virulente polémique avec Hooke, à propos de la nature corpusculaire ou ondulatoire de la lumière. En revanche, le propos était d'une clarté parfaite, le style très pur, comme s'il s'était souvenu de cette remarque faite jadis par son étudiant Whiston : « Voilà l'homme qui écrit des choses qu'il ne comprend pas lui-même. » C'est sans doute en partie pourquoi l'*Optique* eut un retentissement bien plus grand que les *Principia.* Plus personne n'osa émettre la moindre critique. Plus personne, sauf Flamsteed.

Pour démontrer que, désormais, le président de la Royal Society ne serait pas un roi fainéant, la première démarche officielle de Newton, une fois son livre paru, fut auprès de Flamsteed. Il s'y rendit encadré par le secrétaire Sloane et le curateur Hauksbee. Le but de cette visite était d'exiger de l'astronome du roi la remise à la Royal Society de toutes les observations faites durant ses vingt-huit ans de direction à l'observatoire de Greenwich. Cela ressemblait plus à une saisie d'huissier qu'à une rencontre protocolaire entre les deux plus importants savants officiels du royaume. Flamsteed le comprit et promit de remettre les documents qu'on lui demandait aux fins de publication, mais eut une exigence qu'on lui concéda : être le maître d'œuvre unique de l'ouvrage, sans que ni Halley ni Gregory n'y aient le moindre droit de regard. Newton s'adoucit alors en demandant s'il avait bien reçu son *Optique*. Flamsteed prit cela pour une perfidie, car il n'avait pas répondu à cet envoi par le moindre mot de remerciement.

— J'ai lu votre ouvrage avec un grand intérêt. J'y ai toutefois relevé une importante erreur. Vous donnez à toutes les étoiles fixes cinq ou six secondes de diamètre, alors que quatre sur cinq d'entre elles n'en ont même pas une seconde.

— Quatre sur cinq, vraiment? répondit Newton d'un ton cinglant. Il s'agit sans doute de celles dont vous n'avez pas consenti à me communiquer les données.

Avant que les choses tournent mal, le secrétaire Sloane intervint en demandant à Flamsteed de communiquer ses tables, afin que la Royal Society puisse approuver la publication de l'atlas qui s'ensuivrait. Dès qu'elles furent reçues, Newton enjoignit à Halley et Gregory de se mettre au travail. Quelques mois plus tard il en ordonnait la publication. Flamsteed faillit en mourir de rage, tenta de s'en plaindre au prince consort et brûla les exemplaires qui lui étaient destinés. On ne disait pas impunément au président de la Royal Society qu'il avait commis une erreur.

Président, ou plutôt tyran… Sa première action fut un pur acte de vengeance : au cours du déménagement de la Royal Society dans ses nouveaux locaux de Crane Court, il orchestra la disparition du seul portrait existant de Hooke et de tous les objets scientifiques que celui-ci avait confectionnés. Newton avait la rancune tenace; le roquet aurait dû savoir choisir son ennemi, et ne pas mourir avant lui…

Durant les vingt années que dura sa présidence, Newton ne manqua jamais une séance, dont d'ailleurs il ne laissait le soin à personne de décider la date. Il traitait le curateur comme le dernier de ses valets, le convoquant chez lui, pour que celui-ci fasse une démonstration d'une pompe, confirmant devant ses amis Wren, Montague et Halley ce qu'il avait démontré sur la résistance de l'air dans les *Principia.*

Comme à la Monnaie, il ne faisait confiance à personne. Il vérifiait tout, dans tous les domaines, de la moindre dépense à la plus importante publication. Le secrétaire Sloane, qui n'était pas aussi souple que le curateur, essaya de résister pour garder ses prérogatives, en vain. Face aux autres membres, la première année, Newton agit encore avec prudence, sinon diplomatie. Puis, dix-huit mois après son élection, ce que l'on se disait depuis longtemps et que certains redoutaient arriva : à l'occasion de la rentrée des universités au Trinity College, la reine Anne le fit chevalier. Newton était anobli ; il se ferait désormais appeler « sir Isaac », sans patronyme. À quoi bon préciser ?

Dès lors, il usa sans frein de ses pouvoirs. Les résultats ne se firent pas attendre. L'absentéisme disparut ; les communications fantaisistes se raréfièrent, et surtout, peu à peu, ce que certains appelaient la Newton Society ne fut plus la risée des institutions étrangères de même nature. Malgré la guerre qui avait repris, des liens se retissèrent avec les savants étrangers, dans les domaines qui n'avaient pas trait aux intérêts stratégiques des partis en présence. Et surtout, à l'instigation du président, les vaisseaux partant pour les colonies se devaient d'avoir désormais à bord un botaniste et un astronome.

Mais d'éminents médecins, professeurs ou philosophes ne se commandent pas comme des policiers délégués à la Monnaie et des baronnets ; des chevaliers, des comtes et des lords ne s'envoient pas à la potence aussi facilement que des faussaires ou des rogneurs. Ses ennemis se firent ainsi de plus en plus nombreux. Les cabales se multiplièrent. Toutes les armes étaient bonnes, rumeurs, calomnies, tant sur sa vie privée que dans ses activités de directeur de la Monnaie. Mais sir Isaac restait inébranlable sur son socle. Il paraissait évident qu'il bénéficiait de soutiens occultes dans la franc-maçonnerie et chez les politiques – les Whigs, parmi lesquels il siégeait au Parlement.

Puisqu'il était whig, ses ennemis se firent tories. Puisqu'il était arianiste, donc lié avec les sociétés secrètes, on se fit anglican. Mais c'était à n'y rien comprendre : la reine Anne, pourtant soutien des conservateurs, le protégeait ; et l'archevêque de Canterbury était l'un de ses plus grands admirateurs. On se mit alors à guetter tout événement qui pourrait conduire à la défaveur du tyran de la Society.

Le premier d'entre eux aurait pu lui être fatal. En 1707, depuis quelque temps déjà, un illuminé français du nom d'Élie Marion écumait l'Angleterre, l'Irlande et l'Écosse en prophétisant le retour prochain du Christ pour un règne universel de mille ans. Ce genre d'énergumène était légion, mais Marion, ancien camisard d'origine des plus obscures, enflammait les foules par sa parole populaire. Bientôt les « Enfants de Dieu », que les Anglais appelaient les *French Prophets*, se comptèrent quelque quatre cents battant le pavé et les estrades. Les huguenots français, calvinistes de stricte obédience réfugiés depuis la révocation de l'édit de Nantes, voyant le danger que cela représentait pour leur sécurité, multiplièrent pamphlets et libelles contre ces fanatiques. Bientôt, ils en vinrent aux mains. Il y eut des morts. Cependant se répandaient des écrits de ces Enfants de Dieu, dont un *Cri d'alarme en avertissement aux Nations qu'elles sortent de Babylone, des ténèbres pour entrer dans le repos de Christ* et un *Quand vous aurez saccagé vous serez saccagés, car la lumière est apparue dans les ténèbres pour les détruire.* Tous deux étaient signés Nicolas Fatio de Duillier ! Celui qui avait été le jeune prodige des mathématiques, couvé par Leibniz, Huygens et surtout Newton, était devenu le « secrétaire » d'Élie Marion, qu'il avait réussi à faire passer en Angleterre. Et puis, à grande cause petits effets, le 1er mai 1707, la reine Anne signa l'acte proclamant l'union des royaumes d'Angleterre et d'Écosse, dans le Royaume-Uni de Grande-Bretagne. Petit effet : les adeptes des Enfants de Dieu furent tous arrêtés, à l'exception de leur chef, déjà parti prophétiser sur le continent. Il n'en fut pas de même pour son secrétaire.

À l'annonce de l'ouverture du procès, à la Royal Society on ne parlait que du malheureux destin de l'ancien membre du docte aréopage. Et l'on épiait le visage de Newton, qui affichait pourtant la même indifférence impériale à cet événement qu'à toute autre contingence de ce bas monde.

— Savez-vous, mon cher Flamsteed, disait un certain Dr Woodward à voix assez haute pour que le président l'entende, savez-vous ce qu'a dit ce grand philosophe prussien qu'est Leibniz quand il a appris l'arrestation de son ancien disciple Fatio ? Non ? Eh bien je vous en donne la primauté...

– Oui, oui... La primauté, Leibniz, parfaitement, je comprends, ricana Flamsteed dont l'esprit n'était pas la vertu cardinale.

– Eh bien il a dit, ce génial inventeur d'une élégante façon de calculer les infiniment petits, qu'il ne comprenait pas comment un homme si excellent en mathématiques avait pu s'embarquer dans une telle affaire. J'en connais d'aucuns qui pourraient le lui expliquer. Peut-être par l'effet de l'attraction des corps...

La main du capitaine Halley se posa rudement sur son épaule :

— Et moi, docteur, je pourrais vous expliquer l'irrésistible attraction de ma botte vers votre arrière-train.

L'incident en resta là. Woodward avait une réputation de fine lame, mais un vieux loup de mer comme Halley aurait réglé l'affaire au sabre d'abordage, sinon avec ses poings. Newton l'avait d'ailleurs supplié de ne pas faire de vagues, jusqu'au verdict. En effet, des rumeurs couraient que le président de la Royal Society aurait eu des rencontres secrètes avec le fameux prophète Marion. D'autres se contentaient d'évoquer les relations passées entre Newton et Fatio. Et la bibliothèque de la Society connut un regain d'intérêt pour les écrits religieux de son tyran. Mais, durant tout le procès, pas une fois le nom de Newton ne fut prononcé. Il y eut quelques pendaisons. Fatio, lui, fut condamné à être exposé quelques jours aux divers piloris de Londres avec cette pancarte pendue au cou : « Faux prophète terrorisant le peuple de la reine. » Puis on l'embarqua sur un bateau en partance pour les Indes.

Newton ne fut donc pas compromis en quoi que ce soit dans l'affaire des *French Prophets*. Ses ennemis ne se tinrent pas vaincus pour autant. Il leur fallut attendre sept ans avant de retrouver l'espoir : la reine Anne mourut. On crut qu'il avait perdu là la plus solide de ses protections, et l'on commença à entreprendre son successeur, George Ier. Celui-ci n'était devenu monarque d'Angleterre que pour éviter un retour du prétendant Stuart. Il débarqua de son Hanovre natal avec une seule idée en tête, revenir chez lui le plus souvent possible. Aussi laissa-t-il gouverner ses ministres, tous whigs, donc amis de Newton, car les Tories étaient partisans d'un retour des Stuarts. Le nouveau roi était parfaitement rétif à la langue anglaise, qu'il n'apprit jamais. En revanche, il était loin d'être insensible à ses nouvelles sujettes, pourvu qu'elles fussent jolies et qu'elles parlassent l'idiome de Luther. Catherine Barton s'y débrouillait à peu près ; elle approcha George Ier. Et cela suffit aux adversaires de son oncle pour répandre le bruit que « la putain des rois », comme on la surnomma désormais, avait accroché une nouvelle tête couronnée à son tableau de chasse.

L'année suivante, nouvel espoir aussi vite déçu : la mort soudaine de Charles Montague, duc de Halifax, qui avait fait jadis de son professeur à Cambridge le directeur de la Monnaie, puis avait été l'instigateur de son élection à la présidence de la Royal Society. On crut provoquer un énorme scandale quand fut ouvert son testament : il léguait une rente considérable à Catherine Barton, cette roturière, sans rien cacher de l'amour qu'il lui avait porté durant plus d'une décennie. Ils ne s'étaient jamais affichés en public, mais l'emploi qu'il lui avait donné dans sa maisonnée ne trompait personne sur la nature de leurs relations. En tout cas les apparences étaient respectées. Le scandale fit long feu. Mais pas Catherine.

Les derniers temps de la vie de Montague, leur liaison n'était plus qu'une tendre amitié, et l'ardent tempérament de Catherine ne pouvait s'y résoudre. Elle avait dépassé largement la trentaine et sa beauté rayonnait plus encore que jadis. Un homme passa, ou plutôt un jeune homme. Alors, elle s'embrasa.

John Conduitt n'avait que vingt-six ans quand il revint à Londres. Il avait servi dans les dragons au Portugal puis était devenu officier payeur des troupes en cantonnement à Gibraltar.

Il était jeune, riche et beau quand il se présenta devant le ministre des Finances, Charles Montague, et son directeur de la Monnaie, sir Isaac. Conduitt fit sa cour à ce dernier, car il espérait bien, une fois revenu à la vie civile, obtenir de lui un poste à la Monnaie. Il évoqua les applications militaires des découvertes du président de la Royal Society, puis les cours de mathématiques de John Whiston, son successeur à la chaire lucasienne de Trinity College, qu'il avait suivis. En apprenant que Conduitt était lui aussi un ancien de Cambridge, Newton fut conquis. Catherine ne le fut pas moins quand le sémillant dragon de huit ans son cadet lui fut présenté.

Puis Charles Montague mourut. Il n'avait que cinquante-quatre ans. Newton, qui n'était pourtant pas un expert dans les choses du cœur, ordonna à Conduitt et Catherine de cesser immédiatement toute relation. Il ne tenait pas à ce que l'on chuchote que cette passion avait été à l'origine de la mort prématurée du duc de Halifax. Les deux amants patientèrent deux ans, avant de s'unir devant Dieu à la cathédrale Saint-Paul. Dans la dot de la jeune épousée, il y eut, pour le marié, la charge de gardien de la Monnaie.

Quand Flamsteed mourut, en 1719, Newton n'avait plus d'opposants à la Royal Society. Sa gouvernance tyrannique en avait fait la plus prestigieuse académie savante du monde, par laquelle toute invention, toute découverte de quelque importance se devait de passer pour être reconnue. Ses nouveaux locaux de Crane Court devinrent le centre du monde de la science, de même que Greenwich était devenu celui du monde de la mer. Ceux qui avaient cherché les soutiens occultes de Newton s'étaient trompés. Son soutien, c'était l'Empire britannique, sur lequel désormais le soleil ne se couchait jamais.

Mais, au fond de lui-même, sir Isaac avait gardé l'âme d'un enfant. Un enfant joueur, mais aussi un enfant cruel, qui continuait de mettre des épingles dans le chapeau de ceux qui osaient s'opposer à lui. Comme un enfant, il abandonnait un jeu qui l'ennuyait ou qu'il ne pouvait gagner, telle l'alchimie ou la théosophie ; comme un enfant, il finissait par croire aux fables qu'il inventait ; comme un enfant, il n'imaginait pas la mort au bout du temps qui passe.

Sitôt qu'il avait été élu à la présidence de la Royal Society, il s'était fait faire son portrait par le peintre officiel de la reine. Puis il avait multiplié les poses devant les artistes, pour des bustes, des toiles, des médailles... Lui-même avait dessiné une série d'autoportraits tel qu'il s'imaginait au temps de sa jeunesse et jusqu'à son grand âge.

Quand il fut élevé à la dignité de chevalier par la reine, il commença à raconter à ses admirateurs sa naissance prématurée, sa pauvre famille de paysans analphabètes, ses travaux des champs, sa vie misérable de sous-boursier et ses découvertes du fonctionnement de l'univers au temps de sa jeunesse, par la simple observation de la nature. Il finit par y croire lui-même, et ce n'était pas Catherine qui lui aurait apporté la contradiction. Au contraire, elle surenchérissait dans la noirceur et la misère.

Sa légende se construisit donc ainsi, car quel berger, quel valet de ferme du Lincolnshire aurait pu la contredire ? Et puis, on était bien trop fier, là-bas, du côté de Grantham, de la gloire universelle de l'enfant du pays. Quant aux étudiants de ses premières années à Cambridge, ou bien ils étaient morts, ou bien ils ne se souvenaient plus de leur condisciple solitaire et râpé, sinon pour le donner en modèle à leurs petits-enfants.

Parmi le reste, depuis la mort de Hooke, nul en Angleterre n'aurait songé à contester l'antériorité des découvertes de l'auteur des *Principia* et de l'*Optique*. Le malheureux aurait été dépecé par les propres griffes du vieux lion, qui faisait régner sur la philosophie naturelle un régime de terreur.

Une voix s'éleva pourtant, et non des moindres : celle du baron Gottfried Wilhelm Leibniz. On disait, parfois assez fort pour que l'auteur des *Principia* entende, que Leibniz était l'égal de Locke pour la pensée, et celui de Newton pour la physique. Mais Newton ne voulait pas entendre. Du moins jusqu'au moment où, devenu président de la Royal Society, il jugea qu'il avait les armes suffisantes pour affronter son adversaire. Un adversaire qui en plus était séparé de lui par presque toute l'épaisseur de l'Europe continentale.

Leibniz avait été longtemps diplomate au service du grand-duché de Hanovre. Il était resté ainsi en poste à Paris durant quatre ans. Là, il avait rencontré de nombreux savants, dont Huygens. Brillant mathématicien, il avait conçu une machine à calculer permettant d'effectuer les quatre opérations et rédigé un texte sur la quadrature arithmétique du cercle. Profond physicien, il avait publié deux traités sur la théorie du mouvement, l'un dédié à l'Académie des sciences de Paris, l'autre à la Royal Society de Londres afin de ne pas créer de jalousie. Il s'y montrait un opposant à Descartes. Ce n'était donc pas un inconnu qui, à l'âge de trente ans, avait débarqué à Londres en 1676 pour y rencontrer notamment John Collins, avec qui il était en correspondance. Celui-ci lui avait fait lire les lettres de l'obscur professeur lucasien de Cambridge, Isaac Newton. Collins n'y voyait pas malice, puisqu'il s'était donné pour mission de servir de truchement entre les mathématiciens du monde entier, afin que l'art d'Euclide et de Pythagore progresse encore. Par courtoisie, il avait informé Newton de cette lecture, mais celui-ci, au cœur de sa querelle sur la lumière avec Hooke et plongé dans ses expériences alchimiques, ne voulait plus entendre parler ni de mathématiques ni surtout de Collins.

Cependant, Leibniz était revenu dans son Allemagne natale, où le duc de Brunswick l'avait nommé bibliothécaire de Hanovre. Sa réputation allait grandissant, car on voyait en lui la renaissance de la pensée germanique que, depuis Kepler, on croyait détruite par les guerres. Six ans après son retour, en octobre 1684, les *Acta Eruditorum*, qui étaient à l'Allemagne ce que les *Philosophical Transactions* étaient à l'Angleterre et le *Journal des sçavans* à la France, avaient publié sa nouvelle méthode de calcul infinitésimal. Il y exposait la solution définitive du problème des tangentes. À Cambridge, Newton expédiait son *De Motu* à la Royal Society. Deux ans plus tard, Leibniz révélait sa méthode de calcul différentiel et intégral. À Londres, Edmund Halley se faisait imprimeur, arrachant page à page le premier volume des *Principia* à l'ermite du Trinity College.

Newton, bien sûr, avait eu connaissance des travaux de Leibniz. Et c'est à cette époque que, se drapant dans sa dignité, il déclarait à qui voulait l'entendre qu'il ne s'intéressait plus aux spéculations mathématiques, les considérant comme stériles. Il ne réagit pas lorsqu'on lui fit lire un écrit où Leibniz raillait sa philosophie selon laquelle Dieu avait « besoin de remonter de temps en temps sa montre », et où un grain de sable sur Terre exerçait une force attractive jusque sur le Soleil. Puis était survenu Fatio.

En 1699, alors que la rupture entre le jeune Suisse et Newton était consommée depuis longtemps, et que l'on considérait Fatio comme perdu pour la philosophie naturelle, la Royal Society avait autorisé la publication de sa *Dissertation géométrique*, ouvrage dans lequel il déclarait que Newton était le premier inventeur du calcul différentiel, et que Leibniz, le second, lui avait beaucoup emprunté…

Leibniz avait violemment réagi, et exigé des excuses de la Royal Society. Puis il s'en était pris à Gregory, puis étaient parus dans les *Acta Eruditorum* de Leipzig des articles non signés établissant la liste des erreurs dans les *Principia*. Leibniz se montrait aussi teigneux et de mauvaise foi que Newton, mais celui-ci, malgré toutes les attentes, n'y répondit pas. Le nouveau directeur de la Monnaie avait trop à faire dans la poursuite des faux-monnayeurs. Et puis, être obligé de revoir Fatio l'épouvantait.

Cinq ans plus tard, Newton était élu à la présidence de la Royal Society. Peu de temps après, son *Optique* paraissait. C'est alors qu'il se déchaîna.

Leibniz, d'abord surpris par cette attaque violente, répondit coup pour coup. Ou plutôt coup bas pour coup bas. Des deux côtés, toutes les armes furent permises : des faux, des documents antidatés, des mensonges flagrants. Et personne pour se lamenter que les deux plus grands esprits du temps se montrent d'une telle mesquinerie. Au contraire, on applaudissait, on encourageait son favori comme un coq de combat. Un combat qui aurait dû s'achever quand mourut Leibniz à l'âge de soixante-dix ans. Mais Newton, qui en avait soixante-quatorze, poursuivit seul la querelle. Il protesta contre un *Éloge* de Leibniz rédigé par le Français Fontenelle, où ce dernier expliquait que les deux philosophes se rencontraient sur le fond des choses, en leur donnant seulement des noms différents, et se servaient de caractères différents pour exprimer leurs calculs : ce que Newton appelait « fluxions », Leibniz l'appelait « différences », mais les symboles par lesquels l'Allemand exprimait les infiniment petits étaient beaucoup plus commodes et d'usage plus général que ceux de l'Anglais. Newton tenta ensuite d'établir une chronologie de la dispute, que finalement il ne fit pas publier, puis il couvrit de sarcasmes un écrit de jeunesse de son ennemi défunt qu'on s'était avisé de publier sur le continent. Alors, même ses plus proches commencèrent à se dire que le Grand Homme se mettait à radoter.

Isaac Newton survécut près de onze ans à Leibniz. Il semblait avoir toujours bon pied bon œil, petit vieillard coquet, tout rose ; il était toujours présent aux réunions de la Society, même s'il la convoquait de moins en moins souvent et s'il n'y intervenait plus jamais. Lui qui naguère aimait tant marcher dans Londres, il ne se déplaçait plus qu'en calèche entre les locaux de Crane Court et sa nouvelle maison de Chelsea, puis de Kensington. Chez lui, entre deux séances de pose devant un artiste à la mode, il veillait avec le plus grand soin à la réédition des *Principia*, puis de l'*Optique*, qu'il corrigeait sans cesse. Pour l'édition améliorée, en anglais, de l'*Arithmétique universelle*, il attendit cinq ans après la mort de Leibniz. Les publications d'inédits se multiplièrent, et certains s'étonnaient qu'un aussi vieil homme puisse être encore fécond. Mais ceux qui le connaissaient bien savaient qu'il se contentait de sortir de ses cartons tout ce qu'il avait écrit jusqu'à l'âge de cinquante ans, et qu'il s'était refusé à publier par peur de la critique. Mais qui aurait osé critiquer aujourd'hui sir Isaac ?

Autour de lui, sa nièce Catherine, son mari John Conduitt et son médecin, le Dr Stukeley, formaient une forteresse où nul ne pouvait pénétrer. Puis, l'année de ses quatre-vingts ans, pour la première fois de sa vie, la maladie frappa celui qui, à l'en croire, aurait dû mourir à la naissance. La douleur de cette crise néphrétique l'épouvanta encore plus qu'elle ne le tortura.

Il n'était plus un pur esprit. La matière corporelle se rappelait à lui.

Une fois la crise passée, il se confia longuement à Conduitt, lui racontant sa vie telle qu'il voulait qu'elle soit écrite après sa mort. Puis, dès qu'il fut sur pied, il entreprit de trier ses archives. Un grand feu ronflait dans la cheminée de son bureau. Pourtant l'air était doux, en cette fin de mars 1722. Nul ne saura comment Catherine sauva de la flamme une malle entière de documents pris au hasard, et dissimula le tout dans le grenier.

Peu de temps après sa maladie parut, signé de lui, un *Abrégé d'une chronologie corrigée des anciens royaumes*. « Abrégé » parce que la Cour lui avait fait savoir que s'il publiait l'intégralité de cet ouvrage d'histoire biblique, cela lui vaudrait la radiation de son poste de directeur de la Monnaie pour hérésie. Ses datations étaient pourtant tout à fait en accord avec les dogmes catholiques, protestants et autres. Il eut même d'aimables discussions avec un abbé catholique sur le sujet. Il n'en eut aucune avec Halley.

Le 2 mars 1727, quand, après une longue absence, le président de la Royal Society pénétra péniblement dans la salle de réunion de Crane Court, les assistants se levèrent, mais leurs regards examinèrent avec curiosité les progrès de la sénescence sur cet homme qu'on avait autant craint qu'admiré.

Dix-huit jours plus tard, à la veille du printemps, sir Isaac Newton s'éteignit dans sa maison de Kensington. Il avait refusé les derniers sacrements. Le Dr Stukeley examina sa dépouille et déclara que le défunt était mort aussi pur qu'au premier jour. Mort puceau, dirent d'autres moins respectueux du dernier des géants. On ignore toujours sur quels symptômes le Dr Stukeley avait fondé son diagnostic.

Épilogue

Edmund Halley trouve quelque peu indécent le bavardage guilleret de ce petit Français efflanqué et sautillant qui se fait appeler Voltaire et se dit écrivain, comme se prétend d'ailleurs tout Français. A-t-il déjà oublié que l'Angleterre est en deuil ? Quelques heures auparavant, le pays entier vient d'enterrer Isaac Newton, le plus illustre de ses enfants. Et maintenant, dans le salon de M. Falkener, tout ce que Londres compte de savants, de philosophes, de membres de la Royal Society, s'est réuni après les funérailles. Du moins ceux qui lui ont été les plus proches, ceux qui se flattent d'avoir été les amis du Grand Homme disparu.

Mais sir Isaac eut-il un jour des amis ? Rien dans son caractère ne poussait à la sympathie, n'incitait aux élans de confiance, de partage et de complicité, toutes ces choses qui font l'amitié. Le marin astronome s'était toujours appliqué à n'avoir avec le tyran de la science britannique que des rapports professionnels emplis de respect et de courtoisie, n'hésitant pas à risquer pour lui sa fortune quand il s'était agi de publier son œuvre majeure, les *Principia*, mais n'attendant rien en retour de la part de cet homme convaincu, à raison d'ailleurs, que l'humanité était plus redevable à son génie que lui aurait pu l'être auprès d'un quelconque créancier. Halley, qui avait pourtant affronté sur mer bien des dangers dont une mutinerie, avait eu peur de cet homme qui ne lui arrivait qu'à l'épaule. Ou plutôt il avait ressenti une espèce d'horreur sacrée. Et quand il l'avait vu se perdre dans ses errances, ses délires, alchimie, prophéties et autres Fatio qui avaient entraîné sir Isaac jusqu'aux rives de la démence, Halley l'avait comparé en lui-même à une comète qui, dans son long voyage, modifie sans cesse sa trajectoire, tantôt attirée par les planètes lumineuses de la science et de la philosophie naturelle, tantôt vers les astres noirs de la superstition et de l'obscurantisme.

« ... Des astres noirs comme ce charlatan de Samuel Clarke », rage-t-il intérieurement en contemplant le personnage sentencieux que Voltaire entreprend maintenant.

Le Samuel Clarke en question, dont sir Isaac s'était entiché à la fin de sa vie, réussit enfin à se décramponner du virevoltant Français. Ainsi abandonné, Voltaire tourne la tête de tous côtés, pivotant sur lui-même en quête d'une nouvelle proie, cherchant qui dévorer de son esprit pétillant, mais aussi de sa logorrhée. Volontairement cantonné à l'écart, Halley est prêt à parier qu'il sera la prochaine victime. Il tente de se faire le plus transparent possible, recroquevillant dans son fauteuil sa haute stature, à laquelle l'âge et l'appétit ont donné de l'embonpoint. Rien à faire ! En bondissant, Voltaire se rue sur lui tout en gesticulant, s'empare d'une chaise sur laquelle il pose une fesse pointue, et s'exclame dans un assez bon anglais :

— Ah ! capitaine Halley, ah ! prophète de la comète, je viens de rencontrer un autre prophète. Quel homme, ce Samuel Clarke... Quel homme ! Quelle pensée hardie ! Quelle profondeur ! Il saute sans cesse dans l'abîme des mystères de l'univers. Oui, oui ! M. Clarke est un des plus grands métaphysiciens de ce siècle de fer, encore plus grand que ce génie universel qu'était Isaac Newton.

Halley a un imperceptible mouvement de recul. Comparer, le jour de ses funérailles, le géant de la philosophie naturelle à un théologien fumeux ! Ces Français, décidément, n'ont aucune retenue. Et puis, cette histoire de comète l'agace un peu : il a tant œuvré en soixante ans de vie, dans tous les domaines de la science, astronomie bien sûr, mais aussi étude de l'océan, du climat, amélioration des instruments de marine. Soit, la comète... Ce n'était pas prophétie de sa part, c'était calcul rigoureux, observation vigilante.

Pour dissimuler son trouble, il boit une gorgée de brandy. Une sorte de sourire lui plisse légèrement la commissure des lèvres. Puis, désinvolte, il réplique dans un français chantant :

— Sir Clarke, plus grand métaphysicien que Newton ? C'est comme si vous disiez que l'un joue mieux au ballon que l'autre...

La métaphysique, comparée à un jeu d'enfants... Halley a fait mouche. Il peut lire sur le visage mobile de Voltaire que celui-ci est tout décontenancé. Finalement, ce garçon est sympathique : il n'arrive pas à cacher ses sentiments. Ce Parisien de trente ans est la spontanéité incarnée, vraiment candide, faussement retors. Cela change le vieux marin des masques compassés de ses pairs de la Royal Society.

Voltaire a une sorte de ricanement qui se veut caustique, et réplique dans sa langue maternelle :

— Hin, hin ! La métaphysique, un jeu de ballon ! Voilà sans doute ce que vous autres Anglais appelez « humeur ». Belle chose que cette « humeur », autrement plus civilisée que notre cruelle ironie. Mais enfin... Un jeu de ballon ! Diable, diable, capitaine Halley, vous sentez fichtrement le fagot. Dans ma douce France, on vous aurait pendu pour moins que cela, ou tout au moins exilé. Mon dos en sait quelque chose !

Halley a un fin sourire. Il sait, comme tout le monde, ce qui a obligé Voltaire à quitter la France : cet écrivain de cour à la mode, mais roturier, a disputé une actrice à un prince, et celui-ci l'a fait bastonner par ses laquais puis jeter en prison, avant de le contraindre à l'exil.

— J'ai dû moi-même, jadis, me faire oublier quelque temps sur le continent, monsieur Voltaire. Et j'ai eu l'honneur de rencontrer vos éminents compatriotes, Cassini et Huygens.

— Sans vouloir vous contredire, sir Edmund, ces deux grands savants étaient l'un italien et l'autre, hollandais. Mon pays possède cet étrange talent de chasser les meilleurs des siens, comme s'il voulait se transformer en désert de la pensée, puis, assoiffé de savoir, il va puiser ailleurs un peu d'eau pure, à grands frais.

« Les meilleurs des siens... » Halley ne peut réprimer un sourire devant cette fatuité inconsciente. À cette mimique, le visage émacié de Voltaire rosit légèrement.

— Pardonnez ma stupidité... Elle n'est due qu'à mon ignorance de la langue anglaise, pourtant si simple et si précise qu'elle génère des Newton et des Locke... Elle est due aussi à mon admiration pour une nation qui honore ses philosophes défunts comme on célèbre un roi qui aurait fait du bien à ses sujets, alors qu'à Versailles naître duc ou comte, avec ou sans cervelle, vous donne sans partage le statut de philosophe.

— Prenez garde, monsieur, que l'exil ne transforme votre enthousiasme pour notre pays en amertume vis-à-vis du vôtre.

Oubliant le lieu où il est et le triste jour de funérailles, Voltaire éclate de rire, se lève de son siège et, tout en mimant de ses mains maigres chacun de ses mots, il dit en gesticulant :

— Pour cela, n'ayez crainte : entre vos nuages et notre ciel, entre votre – euh, quel mot employer ? – disons « nourriture » et nos mets, entre vos sages épouses et nos maîtresses dissipées, mon cœur choisit sans hésiter la France. Mais ma raison, elle, choisit votre gouvernement et vos églises, qui ont compris que la prospérité de leurs sujets et ouailles ne peut être assurée que quand les philosophes et les géomètres ont toute liberté de bâtir et d'enseigner l'univers. À Londres, Descartes aurait connu son apothéose. À Versailles, on aurait pendu Newton. La France tend la coupe de ciguë à Socrate, l'Angleterre la couronne de lauriers d'or.

Edmund Halley a du mal à ne pas éclater de rire devant tant de verve et de grimaces comiques. Mais il ne se sent aucune envie de poursuivre longtemps la conversation avec ce pétulant jeune homme, comme celui-ci semble lui demander. En fait, il en a assez. Il estime être demeuré ici suffisamment de temps, et pense que la meilleure manière d'honorer son cher défunt, c'est de rentrer à Greenwich, dont il est devenu directeur après la mort de son ennemi Flamsteed.

— Vos propos vous honorent. Tenez, j'aperçois le révérend Swift, qui a fait le voyage d'Irlande pour suivre le cortège funèbre. Après la philosophie de M. Clarke, allez donc humer la fine fleur de la littérature anglaise...

Le congé, bien que courtois, est évident, mais Voltaire fait mine de ne pas comprendre. C'est Halley, l'éditeur de Newton, l'homme de la comète, qu'il veut, il ne le lâchera pas.

— La littérature du docteur Swift est pour moi le plus vif objet d'admiration. N'a-t-il pas plaisamment écrit, dans ses *Voyages de Gulliver*, que sir Isaac était le compagnon le plus maussade du monde ? Je le lui ai d'ailleurs signifié tout à l'heure. Mais voyez-vous, les gens de lettres sont ainsi faits qu'ils ne peuvent échanger trois mots sans avoir envie de se mordre...

Soudain, Voltaire se fait grave. Ses yeux immensément noirs, brûlants d'intelligence, se mouillent en se voilant d'une infinie tristesse. Il saisit les mains de Halley et dit d'une voix vibrante :

— Ah, sir Edmund, sir Edmund ! Qu'est-ce que le génie ? Comment Galilée, par ses découvertes astronomiques, Kepler, par ses calculs, Descartes, dans sa dioptrique, et Newton, dans tous ses ouvrages, ont-ils vu la mécanique des ressorts du monde ? Je ne suis qu'un géomètre amateur qui s'émerveille devant les prodiges réalisés par votre grand homme, mais je suis bien incapable de suivre la voie royale qu'il a ouverte... Je ne suis qu'un mauvais poète qui bute sur la phrase tentant d'exprimer l'idée qui bout dans sa cervelle... Un petit homme dont les mots légers ont fait rire Versailles, et dont les mots profonds ont fait geindre la Bastille. Qu'est-ce que le génie, sir Edmund ?

Halley retire doucement ses mains. Il a horreur qu'on le touche. Du moins qu'un homme le touche...

— Je ne sais pas ce qu'est le génie, monsieur Voltaire. Je sais seulement ce qu'est le travail, car c'est à lui seul que j'ai consacré ma vie. Au travail... et au plaisir aussi. Travail, plaisir, l'avers et l'obvers de la même pièce.

Voltaire hoche la tête et prononce avec ce sérieux que les Français appellent « mi-figue, mi-raisin » :

— Vous êtes un maître, sir Edmund.

— Non, pas un maître, cher ami... Un apprenti, tout simplement.

— Apprenti, vraiment ? répond le Français d'un ton léger. J'en suis, alors. Je préfère apprendre que savoir. Découvrir plutôt que connaître. Questionner plutôt qu'affirmer.

— Isaac Newton n'a pas su, durant longtemps, où se trouvait son génie. Ou plutôt, il pensait qu'il s'étendait à toutes les connaissances humaines. Il a passé plus de temps à mener des expériences alchimiques, à étudier la théologie et la chronologie des religions anciennes qu'à pratiquer les sciences naturelles. Il a exploré chaque galerie de cette immense mine obscure, il s'y est perdu, jusqu'au jour enfin où il a découvert le filon qu'il se devait d'exploiter : la physique, la grande mécanique de l'univers. C'est par ce seul filon qu'il est devenu universel.

— Contez-moi cela.

— Ce ne me semble pas être le lieu, cher monsieur. Passez donc me voir demain matin à Greenwich. Vous pourrez y constater que nous avons rattrapé le retard considérable que nous avions sur votre observatoire royal de Paris.

— Je n'en doute pas. Comment pourrait-il en être autrement, dans la nation de la liberté, dans la nation de Newton… et de Halley ? Votre invitation est la plus belle chose qui me soit arrivée depuis le début de mon exil.

Et Voltaire s'en va, dans les immenses salons du palais de M. Falkener, butiner d'autres fleurs.

Le lendemain, il était exact au rendez-vous. Le directeur de Greenwich lui fit visiter « son observatoire » qui, par le fait, avait encore quelques leçons à recevoir de son homologue du jardin du Luxembourg, lui raconta le pari avec Wren et Hooke, sa première rencontre avec le professeur de Cambridge, puis lui expliqua longuement les extraordinaires découvertes de Newton regardant le système du monde, la lumière et l'infini.

Maintenant, assis en face de Halley, Voltaire caresse machinalement le bois chaud et verni de la petite lunette astronomique qui trône sur le bureau du successeur de Flamsteed à Greenwich. Il sait bien que ce n'est qu'une copie de l'invention de Newton, mais ce contact l'émeut. En même temps, lui qui se croyait au-dessus de tout préjugé, il se surprend à ressentir une certaine blessure d'amour-propre : son vieux Descartes vient d'être, selon le récit de son hôte, singulièrement mis à mal. Il balaye vite cette pensée qui lui semble aussi stupide que mesquine ; la science doit faire fi des frontières.

— Ainsi, dit-il songeur, en à peine deux ans, alors qu'il n'avait pas atteint la trentaine, Isaac Newton avait découvert les lois de la gravitation, la réfraction de la lumière et le calcul infinitésimal… Si jeune !

— La précocité n'est pas en soi, dans notre domaine, quelque chose d'extraordinaire. Au contraire, les découvertes mathématiques majeures sont faites le plus souvent par de très jeunes gens. Sir Isaac lui-même appelait cela « la fleur de l'âge créatif ».

Voltaire prend un air faussement désespéré :

— Me voilà donc perdu pour la science. Il faut une âme neuve pour remarquer que la lune tombe, alors que nul autre, de Ptolémée à Kepler, ne s'en était aperçu. Je me croyais jeune philosophe, je ne suis qu'un vieil amateur des chiffres et des mots des autres. Il ne me reste qu'à me faire le chantre du plus grand homme qui ait jamais été. Oui, le plus grand, un Atlas qui porte le ciel, de façon que les géants de l'Antiquité sont auprès de lui des enfants qui s'amusent à la fossette. Avec votre aide, capitaine, je le traduirai en français.

Edmund Halley a accroché sans façon sa longue perruque à l'ancienne sur le dossier de son fauteuil. Les lumières du lustre se reflètent sur son crâne parfaitement poli.

— Atlas… Connaissez-vous le mot de sir Isaac ? Je cite de mémoire : « J'ai vu plus loin que les autres parce que je me suis juché sur les épaules des géants. »

— Admirable humilité ! Reconnaître ainsi que sans Copernic, sans Galilée, sans Kepler, sans Descartes même, il n'eut été rien.

L'astronome a une moue dubitative :

— Je ne suis pas bien sûr qu'il songeait à ces géants-là… Il se voyait plutôt comme un continuateur des prophètes de l'Ancien Testament, voire de Moïse ou de je ne sais quel mage égyptien. Et puis, il y avait dans son propos une certaine perfidie. La personne à qui était adressée cette formule n'était autre que son pire ennemi, Robert Hooke. Or celui-ci était de très petite taille, presque un gnome. Alors, cette allusion aux géants…

Les jambes de Voltaire s'agitent d'agacement. Pourquoi Halley s'acharne-t-il ainsi à rabaisser cet esprit universel, à en faire tout à la fois un être mesquin et un hurluberlu, à moitié dément, en proie à toutes les superstitions ? Serait-il envieux de la gloire du défunt ?

— Vous vouliez savoir ce qu'était le génie, cher ami, poursuit l'astronome comme s'il avait lu dans les pensées de son interlocuteur. Eh bien, il est fait aussi de ces petitesses. Croyez, monsieur Voltaire, croyez que je vénère sir Isaac plus que tout au monde.

Il respire un grand coup, puis, comme pris d'un accès de timidité, il rosit légèrement :

— Pardonnez mon impudeur et ma vanité. Mais la plus grande fierté de ma vie, l'acte pour lequel j'abandonnerais toute ma contribution à la science, c'est d'avoir sauvé sir Isaac de ses démons. C'est de l'avoir obligé à publier, quitte à me ruiner, ce livre qui a bouleversé le monde : *Philosophiæ Naturalis Principia Mathematica*. Que m'importe à moi si c'est en voyant une pomme tomber à terre, comme lui-même aimait à le raconter, qu'il découvrit la loi universelle ? Que m'importe à moi qu'il eût puisé dans d'autres grands savants les pièces qui constituèrent l'immensité de son œuvre ? Que m'importe tout cela !

La petite idée qui, depuis l'enterrement, trotte dans la tête de Voltaire, commence à grandir : raconter, à la manière dont Plutarque avait écrit celle des « Grands Hommes », la vie de ces gens qui avaient bâti le ciel, non comme il devrait être, mais comme il était. Les Copernic, les Kepler, les Galilée, les Newton, c'est dans leur vie que se trouve leur secret, le secret de leur génie. Pour Newton, il a la chance de faire parler les témoins, ce qui est sans doute bien plus vivant. Mais est-ce plus fiable ? En effet, le portrait que Halley a tracé de son compatriote ne correspond pas du tout à l'idée qu'il s'était faite. À en croire son interlocuteur, ç'aurait été un mystique fébrile et exalté, à moitié fou, au comportement puéril, s'égarant dans des recherches moyenâgeuses de sorcellerie.

— Je ne comprends pas, avoue-t-il. Vous me dites que Newton exerçait sur des hommes aussi éminents que More, Barrow ou Boyle, un pouvoir de fascination, un pouvoir, pardonnez le jeu de mot, d'attraction extraordinaire. Pourtant, à l'époque que vous m'évoquez, il n'avait rien fait, rien révélé de ses prodigieuses découvertes. Vous me le dépeignez comme un obscur professeur à l'université de Cambridge, un excentrique, une sorte d'ours mal léché, un misanthrope égoïste qui refuse de communiquer aux autres le fruit de ses travaux. Quand il consent enfin à communiquer son traité sur le calcul infinitésimal, il approche malgré tout de la trentaine, âge de la maturité. Ces années-là, Newton n'est rien. Et ces grands philosophes estiment déjà pourtant qu'il est tout. Je ne doute pas un instant que son *De Analysi* fût fort ingénieux, mais enfin, ce n'était qu'abstraction stérile, qui n'apportait rien au progrès de l'humanité et à la compréhension de la nature…

— « Nul n'entrera ici s'il n'est géomètre », cite Halley. Ces grands philosophes, comme vous dites, étaient tous fervents lecteurs de Platon. À l'exception de Robert Hooke, et peut-être de Boyle, ils ne se souciaient absolument pas des applications pratiques de leurs recherches. Voilà pour votre progrès de l'humanité. Quant à la compréhension de la nature, ils étaient plutôt en quête de celle de Dieu. Et c'est sir Isaac qui, malgré lui je pense, a inventé une nouvelle vision de la science, en bannissant toute hypothèse, mais en se fondant exclusivement sur l'expérience.

Se grattant sa perruque, Voltaire prend comiquement l'air embarrassé de quelqu'un qui va proférer une sottise :

— Au fond, cette manière de refuser l'hypothèse comme départ de toute théorie n'est-elle pas quelque peu aventureuse ? Après tout, même les lois de la pesanteur, dûment étayées par la preuve, ne restent-elles pas une création de l'esprit humain ?

— Ouh la la ! comme vous dites, vous autres Français ! Voilà des propos qui dépassent largement mon intelligence concrète de Britannique ! Mais, au fond, pourquoi pas ? Le fameux « Je n'imagine pas d'hypothèses » de Newton pourrait bien être un nouvel assaut contre Descartes et son non moins fameux « Je pense, donc je suis ». Vous m'entraînez bien loin, cher ami, et hors de mon modeste territoire. En tout cas, je vous suis sur un point : pour ces grands penseurs des siècles passés, de Platon et Aristote à Descartes et Newton, méditer sur la nature humaine, sur la religion et tenter de découvrir les lois physiques qui régissent les astres, la matière, les plantes et les animaux, n'était qu'une seule recherche. Pour ma part, je n'ai ni le goût ni la capacité de philosopher. Je suis, sans fausse modestie, un bon calculateur et un bon expérimentateur, mais je me sens parfaitement incapable de visiter la Caverne de Platon. Et je pense qu'il en sera désormais ainsi dans les sciences naturelles, car Newton a laissé derrière lui un monde dans lequel la rêverie n'est plus aux commandes.

— Vous voulez donc dire que, par exemple, commettre des vers et observer les comètes sont devenues deux choses incompatibles ? Qu'on ne peut plus être en même temps homme de lettres, comme je me targue de l'être, et homme de science, comme je rêvais de devenir ?

— Je n'ai pas affirmé cela. Mais souvenez-vous de maître Jacques, dans *L'Avare* de votre Molière. Dieu, que j'ai ri quand cette pièce fut jouée à Londres ! Tantôt, quand il est cocher, il met son tablier de cuir, tantôt, quand il est cuisinier, il se coiffe de son bonnet blanc. Ce sont deux métiers différents, voilà tout. La même personne peut les pratiquer tous deux, à condition qu'ils ne se mélangent pas.

— Bien sûr, bien sûr, murmure Voltaire en se caressant le menton.

S'ensuit un long silence où ils vagabondent chacun dans leurs méditations. Puis, quand le Français juge que ce silence se fait trop pesant :

— Finalement, je crois que je me contenterai de rédiger quelques lettres philosophiques à propos de votre grand homme, ou plutôt de son œuvre. Car raconter d'une autre manière son histoire, ou celle de ses illustres prédécesseurs, est un projet irréalisable. Leur vie est tellement plate, tellement unie, uniquement consacrée à l'étude. Pas d'amours tourmentées, pas de belles batailles, pas de complots ni d'intrigues pouvant faire frémir délicieusement de belles lectrices… Copernic n'était qu'un chanoine timoré, enfermé dans sa tour et tremblant de révéler au monde sa prodigieuse découverte ; Kepler, un tâcheron impécunieux, obligé de dresser des horoscopes imbéciles pour nourrir sa marmaille ; quant à Newton, selon le portrait que vous m'en avez dressé, il me paraît difficile d'en faire un personnage d'épopée. Allons, il vaut mieux s'en tenir aux héros homériques, aux dieux de l'Olympe et aux empereurs romains.

Halley sourit de cette petite comédie du poète dépité et dit :

— Quel dommage ! Avec de la verve et de l'imagination, ce serait une manière plaisante d'expliquer au commun des mortels, et comme en passant, leurs recherches ardues, et pour tout dire rébarbatives. Mais les gens n'aiment pas qu'on gratte un peu le vernis doré de ses idoles pour faire apparaître la chair qui est en dessous. Tiens ! Un jour, je me souviens, dans le salon de Mme Conduitt, M. Swift proposait que le gouvernement alloue à chaque mathématicien ou astronome un valet chargé de les sortir de leurs spéculations et de leurs rêveries à l'heure des repas ou de leurs besoins naturels. Il voulait faire allusion à sir Isaac et à sa distraction proverbiale – distraction un peu jouée, à mon sens ; mais je le pris pour moi, et lui rétorquai que je savais parfaitement faire la distinction entre ma vie quotidienne et mon travail. « Rappelez-vous, lui dis-je, que Copernic aussi a eu vingt ans et qu'il séjournait alors dans la Rome des Borgia et la Florence des Médicis. Je ne pense pas qu'il ait passé son temps sur la terrasse du palais Farnèse à se demander si oui ou non la Terre tournait autour du Soleil. » Alors Swift, plein de verve, se mit à inventer les exploits amoureux du chanoine polonais, en compagnie de la fille et de la maîtresse du pape. C'était drôle. Seule une dame de haute naissance et qui se piquait de belles lettres s'en offusqua, non par pudibonderie – elle était même fort dévergondée – mais…

Jugez plutôt de son intervention : « On a du mal à croire, monsieur Swift, que le très sérieux inventeur de l'héliocentrisme se roulait dans les bras de Giulia Farnèse ! » Très sérieux ? Quelle sottise ! Quelle image toute faite ! Mais, bon sang, quand nous calculons, quand nous observons, nous jouons, monsieur Voltaire, nous jouons ! Tenez, lisez ceci. C'est un texte de sir Isaac, qui pour une fois se livrait sincèrement :

> *À mes yeux il me semble n'avoir été qu'un enfant jouant sur le rivage, réjoui de trouver de temps à autre un galet mieux poli ou un coquillage plus joli qu'à l'ordinaire, tandis que le vaste océan de la Vérité s'étendait devant moi, inconnu.*

— Le jeu, voilà la clé, poursuit Halley. Même si, en l'occurrence, je ne suis pas sûr que sir Isaac ait un jour vu la mer. Mais il l'imaginait. L'imagination est le meilleur chemin pour arriver à la Vérité. Comme des enfants qui se racontent des histoires. Des histoires qui vont au plus profond de l'âme humaine ou au plus profond du ciel, pour y découvrir la réalité des choses.

— À propos d'histoire… Le Dr Clarke m'a parlé d'une certaine canne…

— Vous voulez parler du bâton d'Euclide ? La première fois que j'ai rencontré sir Isaac, à Cambridge, il tenait effectivement en main cet objet d'aspect fort antique. C'est Wren, très friand d'ésotérisme, de sociétés secrètes et autres fables pythagoriciennes, qui m'en a raconté l'histoire. Mais j'ai du mal à croire que la vraie canne du géomètre alexandrin ait pu traverser intacte autant de siècles. Il s'agissait sans doute d'une imitation.

— Imitation ou pas, quel dommage en tout cas que ledit bâton ait brûlé dans l'incendie qui a ravagé son appartement de Cambridge. Je suis persuadé que c'est à vous, capitaine Halley, qu'il l'aurait remis en héritage…

— À moi ? Oh non, je ne le pense pas, mon cher ! Sir Isaac se voyait comme l'ultime bâtisseur du ciel, le dernier prophète ou le dernier magicien. Comme le messie, en somme. Et j'aime à croire que la destruction du bâton d'Euclide fut volontaire de sa part. Car, au fond de lui-même, Newton savait que, désormais, la recherche de la Vérité ne serait plus l'affaire de quelques initiés, mais de l'humanité tout entière.

ANNEXES

1. Table des personnages principaux

Les notices biographiques qui suivent sont celles, véridiques, des personnages principaux apparaissant dans le roman. Elles sont destinées aux lecteurs curieux de faire la part entre la réalité historique et l'invention romanesque.

« Les géants du passé »

Copernic, Nicolas (1473-1543), astronome polonais né à Torun, mort à Frombork. Après des études de mathématiques, d'astronomie, de médecine et de droit, effectuées à Cracovie et en Italie, il fut nommé chanoine de Frombork. Il consacra son temps libre à l'astronomie et s'intéressa, à partir de 1507, à la question des mouvements planétaires. Il mit en évidence le fait que le système géocentrique ne permettait pas de prédire correctement les mouvements. Abandonnant la théorie de Ptolémée, Copernic proposa la théorie héliocentrique, dans laquelle la Terre n'est pas fixe au centre de l'univers, mais tourne sur elle-même et autour du Soleil, comme les autres planètes. Il publia ses théories juste avant sa mort en mai 1543, dans *De Revolutionibus Orbium Cœlestis*. Cette conception nouvelle, corroborée au siècle suivant par les travaux de Kepler et Galilée, favorisa l'émancipation de la cosmologie par rapport à la théologie.

Brahé, Tycho (1546-1601), astronome danois, qui se fit connaître par la description de l'étoile nouvelle apparue en 1572. Il put ensuite mener ses travaux grâce à l'octroi par le roi Frédéric II du Danemark d'un domaine sur l'île de Hven, où il fit construire le mythique observatoire d'Uraniborg. Là, entouré d'étudiants, de savants et de princes, Brahé accumula pendant vingt ans des mesures à l'œil nu d'une incroyable précision, notamment sur les positions de la planète Mars. N'admettant pas le système de Copernic, il chercha un compromis et le combina à l'ancien système de Ptolémée : pour lui, les cinq planètes connues tournaient autour du Soleil, l'ensemble faisant lui-même le tour de la Terre immobile. Dépossédé de ses biens, il quitta le Danemark et, en 1599, devint le mathématicien impérial de l'empereur Rodolphe II à Prague. C'est là qu'il fut assisté par Johann Kepler, au cours d'une collaboration orageuse. À sa mort brusquement survenue en 1601, il fut enterré en grande pompe à Prague. Johann Kepler lui succéda comme mathématicien impérial et utilisa ses données pour développer ses propres théories sur l'astronomie.

Kepler, Johann (1571-1630), mathématicien, astronome et physicien, le plus prolifique de l'histoire avec Newton et Einstein. Il est surtout connu pour avoir découvert que les planètes ne tournent pas en cercle autour du Soleil, mais en suivant des ellipses. Ses innombrables découvertes passèrent à peu près inaperçues des autres savants de son temps, notamment de Galilée. Mais Newton en comprit toute la valeur, et elles lui fournirent la base de la découverte du principe de la gravitation universelle.

Issu d'un milieu extrêmement défavorisé, et après une enfance difficile marquée par la pauvreté et les maladies, Kepler réussit à rejoindre l'université de Tübingen, où Michael Maestlin l'initia aux doctrines de Copernic. Après avoir enseigné les mathématiques à Gratz, il fut appelé à Prague auprès de Tycho Brahé pour devenir son principal assistant et donner forme à ses milliers d'observations astronomiques. Mais Tycho Brahé n'étant pas copernicien, leur collaboration fut une longue discorde. À la mort de ce dernier en 1601, Kepler lui succéda comme astronome de l'empereur Rodolphe II. Il conserva la même fonction auprès de l'empereur Mathias (1612-19), puis auprès de Ferdinand II en 1619, et en 1628 auprès du duc de Wallenstein. Pris dans la tourmente de la guerre de Trente Ans, il mourut épuisé par la fatigue et la misère.

Embarras pécuniaires, persécutions religieuses et soucis domestiques ont torturé toute son existence (il a notamment dû sauver sa mère du bûcher, accusée de sorcellerie). Il reste l'immortel auteur de trois lois (lois de Kepler) qui résument admirablement l'harmonie des mondes, bases de l'astronomie moderne. Ses autres travaux ont trait à l'optique (c'est lui qui le premier comprit le fonctionnement de la lunette astronomique de Galilée), à la pesanteur de l'air, aux éclipses, aux comètes, au mécanisme de la vision, aux marées. Il s'est aussi assuré une place parmi les grands géomètres pour ses travaux sur les logarithmes, le jaugeage des tonneaux (qui préfigure le calcul infinitésimal de Leibniz et Newton) et la cristallographie. Il est même l'auteur du premier récit de science-fiction : *Le Songe ou l'Astronomie lunaire*.

Galilée, ou Galileo Galilei (1564-1642), physicien et astronome italien. D'abord professeur de mathématiques à Pise, il étudie les mouvements du pendule, la chute des corps et pose les bases du principe de relativité. En 1609, il effectue les premières observations télescopiques, qu'il présente en 1610 dans *Le Messager astral*, et se met à défendre opiniâtrement la conception copernicienne de l'univers. Ses ennemis passent à l'offensive dès 1612, les théologiens jugeant notamment le système copernicien contraire aux Écritures. En 1616, l'ouvrage de Copernic est mis à l'index et Galilée est prié de ne plus professer de telles hérésies. Il reste prudent jusqu'à la publication de son *Dialogue sur les deux systèmes du monde* (1632), où il prend ouvertement parti pour Copernic. Accusé par l'Inquisition d'avoir enfreint l'interdiction de 1616, il est jugé coupable, doit abjurer ses erreurs et est assigné à résidence. Il s'installe alors dans la banlieue de Florence et y séjournera jusqu'à sa mort. Devenu aveugle, il rédigera en secret un ouvrage sur la nouvelle science de la mécanique. Galilée est toujours resté hermétique au génie de Kepler, avec qui il a entretenu une brève et curieuse correspondance.

Descartes, René (1596-1650), mathématicien, physicien et philosophe français, l'un des fondateurs de la philosophie moderne. Il eut une jeunesse aventureuse, s'engageant notamment dans les troupes de Maximilien lors de la guerre de Trente Ans. Il rencontra Kepler à Ulm au début de l'année 1620, puis abandonna la carrière militaire. Par la suite, il élabora un système philosophique nouveau d'une portée considérable, prônant la mathématisation des sciences physiques et la séparation du corps et de l'esprit. Selon lui, l'univers s'étendait dans toutes les directions jusqu'à des distances indéfinies et était entièrement rempli d'une matière continue et tourbillonnaire. Toutefois, échaudé par la condamnation de Galilée, il ne laissa pas publier son *Système du monde* avant sa mort. Isaac Newton, après s'être abreuvé aux traités d'optique, de physique et de géométrie de Descartes, n'eut de cesse d'en démontrer les erreurs.

Les contemporains de Newton

Anne Stuart (1665-1714), reine d'Angleterre, d'Écosse et d'Irlande en 1702 et première souveraine du royaume de Grande-Bretagne en 1707, elle fit Newton chevalier en 1705. Anne fut le dernier monarque de Grande-Bretagne issu de la maison Stuart. George de Hanovre, arrière-petits-fils de Jacques Ier d'Angleterre (lequel avait rendu visite en 1590 à Tycho Brahé dans son île et résidé une semaine au palais d'Uraniborg) lui succéda sous le nom de George Ier de Grande-Bretagne.

Ayscough, famille du Lincolnshire. **Hannah** (1623-1679), fille de **Margery** et mère d'Isaac Newton, épousa Isaac Newton père en avril 1642, mais ce dernier mourut en octobre, trois mois avant la naissance d'Isaac au manoir de Woolsthorpe. Hannah se remaria avec le révérend **Barnabas Smith** en 1645 et partit vivre avec lui, abandonnant l'éducation de son enfant à Margery. Elle eut avec le révérend trois enfants, Benjamin, Mary et Hannah. À la mort de Smith (1653), Hannah revint vivre à Woolsthorpe, où elle voulut faire de son fils âgé de dix ans un fermier. L'oncle maternel de Newton, le révérend **William Ayscough**, décela heureusement le génie de son jeune neveu et s'arrangea pour le faire envoyer à l'école de Grantham, puis à l'université de Cambridge, où lui-même avait été diplômé.

Babington, Humphrey (1615-1692), beau-frère de l'apothicaire Clarke – le logeur du jeune Isaac Newton à l'École de grammaire de Grantham. Administrateur du Trinity College, il aida Newton dans ses premiers pas de boursier à l'université de Cambridge.

Barrow, Isaac (1630-1677), philologue, mathématicien et théologien, connu pour son travail sur le calcul différentiel et intégral moderne. Il voyagea durant plusieurs années en France, en Italie (où il rencontra le dernier élève de Galilée) et à Constantinople. De retour en Angleterre, il fut l'un des premiers *fellows* de la Royal

Society, et en 1663 le premier occupant de la chaire lucasienne de mathématiques à Cambridge. Il démissionna de cette dernière en 1669, en faveur de son élève Isaac Newton en qui il reconnut des capacités supérieures. Pour le restant de sa vie, il se dévoua tout entier à la théologie. Devenu chapelain du roi Charles II, il fit en sorte que Newton soit dispensé de prendre les ordres au sein de l'Église anglicane. Il fut nommé maître du Trinity College en 1673 et tint le poste jusqu'à sa mort. Son premier ouvrage fut une édition complète des *Eléments* d'Euclide, qu'il fit paraître en latin et en anglais. En 1669, il publia ses *Lectures optiques et géométriques*, que Newton corrigea et révisa, y ajoutant de sa propre matière.

Barton, Catherine (1679- après 1740), nièce et gouvernante de Newton, la seule femme que ce dernier affectionna à l'âge adulte. Réputée pour sa grande beauté, louée par Jonathan Swift et Voltaire, elle fut la maîtresse de Charles Montague, alors chancelier de l'Échiquier. Après la mort de ce dernier, elle épousa John Conduitt en 1717, qui devint le principal biographe de Newton. Après la mort de Conduitt, Catherine se remaria en 1740, âgée donc de soixante et un ans…

Bentley, Richard (1662-1742), théologien et critique littéraire anglais, Maître du Trinity College. D'un caractère difficile, il eut de vifs démêlés avec ses contemporains. Lors de ses premières conférences patronnées par Boyle, il s'efforça de présenter la physique newtonienne de façon accessible, et voulut l'utiliser pour prouver l'existence d'un Créateur. Bentley et Newton échangèrent ainsi une correspondance quasi théologique. Newton lui écrivit notamment que les « mouvements des planètes ne pourraient provenir d'une source naturelle isolée. Ils leur ont été imposés par un agent intelligent. »

Boyle, Robert (1627-1691), physicien et chimiste irlandais, considéré comme l'un des pères de la philosophie naturelle moderne. De riche et noble famille, il parcourut l'Europe dans sa jeunesse et prit connaissance de l'œuvre de Galilée, s'initiant ainsi à la méthode expérimentale qui marquera toute sa vie scientifique. De retour en Angleterre, maître d'une fortune considérable, il se consacra à l'avancement des sciences naturelles. Dès 1645, il appartint au Collège Invisible, un groupe précurseur de la Royal Society.

Pionnier dans le domaine de l'expérimentation des gaz, il fabriqua avec l'aide de Hooke une pompe à air. Aussi ardent ami de la religion que de la science, il fut un puissant promoteur du christianisme, militant pour l'étude scientifique de la nature en tant que devoir religieux. À sa mort, il légua de quoi financer une série de conférences annuelles visant à défendre le christianisme contre l'athéisme. Richard Bentley en fut le premier bénéficiaire.

Charles II d'Angleterre (1630-1685), roi d'Angleterre, d'Écosse et d'Irlande. Lorsque son père Charles Ier fut décapité en 1649 lors de la guerre civile et la monarchie remplacée par la dictature de Cromwell, il se réfugia en Hollande. Après la prise de Londres par le général Monck, Charles II rentra à Londres en 1660 et se fit aussitôt proclamer roi. Avide de plaisirs, il employa toutes sortes de moyens pour se procurer de l'argent. Le mécontentement soulevé par ses turpitudes donna naissance au parti des Whigs, opposé à celui des Tories. La Grande Peste de Londres en 1665 et le Grand Incendie en 1666 ajoutèrent aux malheurs de l'époque. On doit néanmoins à ce prince la fondation de la Royal Society en 1660.

Clarke, William (vers 1609-1682), apothicaire à Grantham, logeur du jeune Isaac Newton tandis que ce dernier étudiait à l'École de grammaire du roi. Par son second mariage, il était devenu le beau-frère d'Humphrey Babington, administrateur au Trinity College, et le beau-frère d'Edward et Arthur Storer, camarades de classe d'Isaac qui fut leur souffre-douleur. Il était également le beau-père de Catherine Storer (plus tard Mme Vincent), pour qui l'adolescent Newton éprouva quelques émois amoureux mais platoniques. Les leçons de Clarke éveillèrent l'intérêt de Newton pour l'alchimie et la pyrotechnie.

Collins, John (1626-1683), mathématicien autodidacte, élu membre de la Royal Society en 1667. Il contribua, par sa correspondance active avec les savants de son époque (dont Newton), à la promotion des connaissances.

Conduitt, John (1688-1737), membre du Parlement britannique, maître de la Monnaie et biographe de Newton. Après avoir servi plusieurs années au Portugal, il revint en Angleterre en 1717 et fit la connaissance de Newton et de sa nièce Catherine Barton, avec qui il eut d'abord une aventure amoureuse tandis qu'elle était encore la maîtresse de Charles Montague, duc de Halifax. Après la mort de ce dernier, il épousa Catherine. Il fut élu *fellow* de la Royal Society sur proposition de Newton. À la mort de ce dernier, il lui succéda au poste de maître de la Monnaie. Il fut enterré à l'abbaye de Westminster à la droite d'Isaac Newton.

Fatio de Duillier, Nicolas (1664-1753), géomètre et astronome suisse, né à Bâle. Dès 1683 il vit à Paris, rencontre Leibniz à Hanovre et les Bernoulli à Bâle, part à La Haye où il rencontre Huygens, puis pour Londres où il se fixe en 1687, et est reçu membre de la Royal Society à l'âge de vingt-quatre ans. On lui doit des recherches sur la distance du Soleil et l'aspect des anneaux de Saturne, sur la façon de polir les verres de télescope, de percer les rubis et de les appliquer au perfectionnement des montres. Surnommé « le singe de Newton » par ses détracteurs, Fatio fait en effet la connaissance du grand homme à une réunion de la Royal Society en 1689. Il a vingt-cinq ans et Newton quarante-six. Newton s'enthousiasme pour le jeune Suisse, mais leurs relations sont orageuses, au point de s'interrompre brusquement en mai 1693, à la suite de quoi Newton tombe en dépression.
Plus tard, Fatio sera à l'origine de la querelle entre Leibniz et Newton, en attribuant à ce dernier l'invention du calcul différentiel. Né protestant, Fatio se montre partisan enthousiaste des camisards des Cévennes réfugiés à Londres, se croit lui-même inspiré et se fait mettre au pilori à Londres en 1707 pour ses extravagances. Dans la suite, il entreprend un voyage en Asie pour convertir l'univers. Il revient en Angleterre peu de temps après la mort de Newton et s'installe dans une petite ville au nord-ouest de l'Angleterre, où il mourra très vieux, écrivant parfois pour le *Gentlemen's Magazine* des articles sur l'horlogerie – ce qui est bonne philosophie naturelle, pour un Suisse.

Flamsteed, John (1646-1720), astronome britannique, révérend (1675), premier directeur de l'Observatoire royal fondé en 1674 à Greenwich par Charles II, membre de la Royal Society (1677). Soucieux d'être l'équivalent britannique de Tycho Brahé, il accumula une somme considérable d'observations précises, rassemblées dans deux ouvrages posthumes, *Historia Cœlestis Britannica* (1725) et *Atlas céleste* (1729), où il introduisit la désignation numérique des étoiles encore utilisée de nos jours. En 1680, il comprit le premier que les deux comètes apparues successivement n'en faisaient qu'une. Il eut à ce sujet de nombreuses controverses avec Newton, ainsi que sur la théorie de la Lune et sur la publication de ses observations. Il voua aussi une haine particulière à Edmund Halley, lequel lui succéda cependant comme astronome royal.

Foxcroft, Ezekiel (1629-1674), mathématicien et alchimiste, *fellow* au King's College de Cambridge. Traducteur du célèbre manifeste rosicrucien *Les Noces chymiques*, il initia Newton à l'alchimie.

Gregory, David (1659-1708), mathématicien et astronome écossais. En 1690, durant une période de trouble politique et religieux en Écosse, il partit en Angleterre et fut élu professeur d'astronomie à Oxford, en grande partie grâce à l'influence de Newton. La même année il devint membre de la Royal Society. Gregory compta parmi les plus fervents soutiens d'Isaac Newton et fut le premier à enseigner ses nouvelles théories. Il supporta aussi Newton dans sa controverse avec Leibniz sur la paternité du calcul infinitésimal.

Gregory, James (1638-1675), mathématicien et astronome écossais, oncle du précédent. Professeur à l'université d'Édimbourg, il publia en 1660 un ouvrage où il décrivait un modèle de télescope qui attira l'attention de plusieurs scientifiques, dont Robert Hooke, qui le construisit, et Isaac Newton, qui travaillait sur un projet similaire. Admirateur enthousiaste de Newton, Gregory entretint avec lui une correspondance amicale, et il incorpora ses idées dans son propre enseignement. Newton chercha cependant à faire passer l'invention du télescope pour la sienne propre.

Guillaume III, prince d'Orange (1650-1702), roi d'Angleterre, d'Écosse et d'Irlande, célèbre pour avoir conduit l'invasion néerlandaise de l'Angleterre en 1688 (la Glorieuse Révolution), à la tête d'une armée composée de troupes néerlandaises, de mercenaires allemands et de huguenots français. S'appuyant sur des ingénieurs, des financiers et des artistes, Guillaume III instaura de profondes réformes, avec la liberté de la presse, la séparation de l'Église et de l'État, la création d'une banque centrale, l'aménagement du réseau fluvial et le financement de la Royal Navy, qui connut alors la plus forte expansion de son histoire.

Halley, Edmund (1656-1742), astronome et ingénieur britannique, scientifique pluridisciplinaire. À vingt et un ans, il s'embarqua pour l'île de Sainte-Hélène afin d'y dresser la première carte du ciel austral. À son retour, il publia un exposé sur la méthode à utiliser pour déterminer la distance Terre-Soleil lors d'un transit de Vénus, sans avoir l'occasion d'y procéder de son vivant (voir *Le Rendez-vous de Vénus*, du même auteur, éd. JC Lattès, 1999). Il fut élu à la Royal Society en 1678 à l'âge de vingt-deux ans, devenant son plus jeune membre. En 1684, Halley discuta avec Wren et Hooke sur la loi du carré inverse, se demandant si elle pouvait expliquer les orbites elliptiques des planètes, mais ne parvint pas à le démontrer. Il alla rendre visite à Newton pour lui exposer le problème et vit que ce dernier l'avait résolu depuis longtemps, mais sans rien publier. Halley sut reconnaître le génie mathématique hors normes de Newton et le pressa d'écrire les *Principia*, paya de sa poche les frais de publication, corrigea les épreuves et suspendit ses propres recherches durant tout le processus d'édition.

Halley et Newton se vouèrent une estime profonde, et se passionnèrent pour les comètes. S'appuyant sur la loi de la gravitation, ils démontrèrent que les comètes devaient avoir les mêmes orbites que les planètes. Halley s'attaqua alors au problème qui plus tard lui assurerait son plus grand titre de gloire : il entreprit de recenser tous les passages cométaires d'un passé récent et lointain. Après un travail de titan, méticuleux et de longue haleine, il publia en 1705 les résultats de son travail dans lequel il prédisait le retour de la comète de 1682 pour Noël 1758. Halley savait qu'il ne verrait jamais de son vivant la confirmation de ces calculs, le prochain passage devant se réaliser l'année de ses cent deux ans. Lors du retour effectif de cette comète en 1758, elle fut baptisée de son nom.

Savant universel, Halley réalisa en 1690 une cloche de plongée et réussit à se maintenir sous l'eau pendant plus d'une heure et demie. Il effectua plusieurs missions d'exploration océanographiques, étudiant les variations du compas, les alizés, les courants océaniques, la déclinaison magnétique, et concevant la première carte météorologique. Il étudia également l'archéologie, la géophysique, l'histoire de l'astronomie et les équations polynomiales !

Hooke, Robert (1635-1703), figure-clé de la révolution scientifique de l'époque moderne, surnommé le « Léonard de Vinci de

Londres » par ses contemporains. Théoricien de la mécanique, de la gravitation et de l'optique, il a développé des hypothèses en géologie, botanique, cartographie, anatomie, a construit des télescopes, des microscopes et un grand nombre de machines. Également peintre et architecte, il a dessiné les plans d'engins volants.

D'abord assistant de Robert Boyle à Oxford, il découvre la loi d'élasticité qui porte son nom. En 1662, il est nommé curateur (démonstrateur) de la Royal Society récemment fondée, puis éditeur des *Philosophical Transactions* en 1663. En 1665 il publie son œuvre maîtresse, *Micrographia*, ornée de gravures sur cuivre particulièrement spectaculaires et présentant ses observations réalisées à l'aide de microscopes et de télescopes. Hooke y décrit une cellule végétale, un œil de mouche et divers insectes, aussi bien que des corps planétaires lointains, et expose une théorie ondulatoire de la lumière. Nommé secrétaire de la Royal Society en 1677, il s'attira la haine de Newton pour de terribles querelles d'antériorité, portant notamment sur la construction du télescope à réflexion, sur la nature de la lumière et sur la découverte de la loi du carré inverse.

Huygens, Christiaan (1629-1695), mathématicien, physicien et astronome hollandais, l'un des plus importants savants de son siècle. En mathématiques, il joua un rôle fondamental dans le développement du calcul moderne et écrivit le premier livre sur la théorie des probabilités. En physique, il travailla sur les chocs, sur les oscillations du pendule en vue de réguler les horloges, sur la nature ondulatoire de la lumière et sur le moteur à explosion. En astronomie, il découvrit les anneaux de Saturne et le satellite Titan, et fit des conjectures relatives à la possibilité d'autres formes de vie dans un univers où chaque soleil est un autre monde. Exception remarquable parmi les grands savants contemporains de Newton, il fut estimé de ce dernier et entretint avec lui une correspondance plutôt cordiale…

Jacques Stuart (1633-1701), deuxième fils du roi Charles Ier et dernier monarque catholique de Grande-Bretagne. Roi d'Angleterre et d'Irlande sous le nom de Jacques II de 1685 à 1689, il succéda à son frère Charles II. Renversé par la Glorieuse Révolution, il se réfugia en France.

Leibniz, Gottfried Wilhelm von (1646-1716), mathématicien et philosophe allemand, qui développa les notions modernes du calcul différentiel et intégral. Lors d'un séjour de jeunesse à Paris, il s'occupa de mathématiques et fréquenta Huygens (alors protégé de Colbert). Il communiqua à l'Académie des sciences plusieurs découvertes importantes, dont celle d'une machine à calculer arithmétique ; l'Académie l'admit en son sein en 1675. Vers la même époque il visita l'Angleterre et fut nommé membre de la Royal Society de Londres. À partir de 1676, Leibniz se fixa à Hanovre comme conseiller aulique, où il fit marcher de front politique, mathématiques et philosophie. Il fonda à Leipzig la revue scientifique *Acta Eruditorum*, dans laquelle il publia sa découverte du calcul différentiel. En 1700, il fut nommé président perpétuel de l'académie de Berlin, fondée par le roi de Prusse à son instigation.

Newton lui disputa la priorité de l'invention du calcul différentiel. Leibniz critiqua aussi la notion d'action à distance prônée par son rival de Cambridge, ironisant sur le fait que le monde n'avait pas besoin d'un grand horloger pour remonter de temps à autre les pendules.

Leibniz tient une place importante dans l'histoire de la philosophie, cherchant dans la vie intérieure et psychique des choses l'explication fondamentale du mécanisme universel.

Locke, John (1632-1704), philosophe anglais, l'un des premiers et des plus importants penseurs du Siècle des lumières. C'est un représentant de l'empirisme, considérant que toute connaissance vient de l'expérience. Sur le plan politique, il est l'un des fondateurs intellectuels du libéralisme. Réfugié en Hollande en 1682, où il fréquenta Huygens, il revint dans son pays en 1689 à la faveur de la Glorieuse Révolution. C'est alors qu'il rencontra Newton et devint l'un de ses rares amis (voire le meilleur).

La philosophie de Locke est considérée comme une étape fondatrice de la pensée libérale, tant sur le plan politique que sur le plan économique. Dans sa *Lettre sur la tolérance* (1689), il fait la distinction de l'État et des églises. Dans le domaine de la pédagogie, il expose ses idées sur la manière de former un *gentleman*. Il peut être considéré comme le fondateur de l'empirisme moderne et l'initiateur de la psychologie expérimentale : son ouvrage le plus célèbre est un *Essai sur l'entendement humain* (1690).

Marie II d'Angleterre (1662-1694), reine d'Angleterre, d'Irlande et d'Écosse à partir de 1689. De confession protestante, Marie accéda au trône à la Glorieuse Révolution qui renversa son père Jacques II, catholique. Elle régna conjointement avec son mari et cousin germain Guillaume III d'Orange, lequel régna ensuite seul de 1694 à 1702.

Mercator, Nicolaus (1620-1687), mathématicien et astronome allemand. Installé en Angleterre à l'invitation de Cromwell, il devint membre de la Royal Society en 1666 sans trouver cependant de poste officiel, ce qui le fera retourner en France en 1682 et participer au projet de construction des fontaines du château de Versailles. Il est principalement connu pour la publication des premières tables des logarithmes des fonctions trigonométriques (qui, à l'ère du non-électronique, étaient les seuls outils de calcul performants pour la recherche de puissances, de produits, de racines carrés, de sinus, cosinus ou tangentes). Il est aussi à l'origine du développement en séries de la fonction logarithme népérien, et peut être considéré avec Newton comme l'inventeur des suites infinies.

Montague, Charles (1642-1715), homme d'État et poète britannique. Cet élève de Newton au Trinity College, issu d'une famille d'aristocrates, fut chancelier de l'Échiquier en 1678. Il fit nommer Newton gardien de la Monnaie en 1695, et entreprit avec lui de réformer le système financier britannique. Président de la Royal Society de 1695 à 1698, il fut fait premier comte de Halifax au cours de la même cérémonie où Newton fut fait chevalier, en 1705. À sa mort, il légua à sa maîtresse Catherine Barton, nièce de Newton, un important héritage.

More, Henry (1614-1687), philosophe anglais de l'école des platoniciens de Cambridge. Scolarisé dans sa ville natale de Grantham dans le même établissement que plus tard Isaac Newton, il entre en 1631 au Christ's College de l'université de Cambridge, où il se consacre à l'étude de la philosophie. Dans ses œuvres majeures, *Philosophical Poems* (1647) *et Divine Dialogues* (1668), il défend l'idée d'un espace et d'un temps absolus et infinis, « organes sensibles » de Dieu. Newton en sera grandement influencé dans sa pensée théologique.

Newton, Humphrey (?-1720), parent lointain d'Isaac Newton, il devint son assistant et copiste après le départ de John Wickins, durant cinq ans. Il fournit un précieux témoignage sur la vie quotidienne du Newton des années 1680.

Oldenburg, Henry (1618-1677), diplomate et homme de science d'origine allemande. Devenu premier secrétaire de la Royal Society en 1662, il établit un vaste réseau de coopération et d'échanges entre savants européens. Peu après la parution en France du premier numéro du *Journal des sçavans*, il fonda à son compte en 1665 le journal *Philosophical Transactions*, dans lequel il publia les lettres que lui adressaient les savants de l'Europe entière. Il soutint les travaux de Newton et de Flamsteed, tout en s'opposant férocement à Robert Hooke.

Pepys, Samuel (1633-1703), haut fonctionnaire de l'Amirauté anglaise, membre du Parlement, connu de nos jours pour son extraordinaire *Journal* qui couvre la période 1660-1669. Rédigé en utilisant une sorte de sténographie, il y relate notamment l'épidémie de peste et le grand incendie de Londres (1665-1666). Il fut, avec John Locke, l'un des plus proches amis de Newton. Quand, en septembre 1693, alors président de la Royal Society, il reçut une lettre de Newton l'accusant de vouloir « mettre des femmes dans son lit », il comprit la gravité de la dépression nerveuse de son ami et lui répondit de manière fort aimable.

Starkey, George (1628-1665), médecin et alchimiste anglais, célèbre par ses traités écrits sous le pseudonyme de Philalèthe. Né aux Bermudes, il fit ses études à Harvard, pratiqua la médecine à Boston et en Angleterre à partir de 1650, où il se lia aux cercles ésotériques et à Robert Boyle. Son œuvre alchimique la plus célèbre est *L'Entrée ouverte au palais fermé du roi.*

Stokes, Henry (1624-1665), directeur du Collège royal à Grantham, qui persuada la mère du jeune Isaac Newton de laisser son fils y achever son cursus scolaire.

Swift, Jonathan (1667-1745), écrivain satyrique irlandais, auteur des célèbres *Voyages de Gulliver* (1726), où il cite Sir Isaac Newton comme « le compagnon le plus maussade du monde ». Dans *Voyage à Laputa* (1727), l'écrivain indique l'existence de deux satellites de Mars, donnant leur période de rotation et leur distance par rapport à la planète. Ces satellites ne furent réellement découverts qu'en 1877. En réalité, Swift avait lu Kepler, qui avait proposé l'hypothèse des deux lunes martiennes en 1610 et leur avait appliqué les lois qui portent son nom.

Voltaire, François Marie Arouet, dit (1694-1778), écrivain et philosophe français, symbole des Lumières, qui a marqué le XVIIIe siècle en inaugurant la figure de l'intellectuel engagé au service de la vérité, de la justice et de la liberté de penser. De son imposante œuvre littéraire, on lit aujourd'hui essentiellement ses contes et romans (*Candide, Micromégas, Zadig*).

À la suite d'une interdiction de séjour, Voltaire partit pour Londres en 1726, et assista l'année suivante aux funérailles nationales de Newton. Devenu fervent partisan de la philosophie newtonienne, il s'en fit le chantre dès ses remarquables *Lettres philosophiques.* De retour en France, Voltaire publia en 1738 les *Éléments de la philosophie de Newton*, le premier ouvrage qui introduisait véritablement en France l'œuvre du savant anglais. Il poussa également sa maîtresse, Émilie du Châtelet, à étudier puis à traduire en français les *Principia*, qui paraîtront en 1756 accompagnés d'une préface de Voltaire.

Wallis, John (1616-1703), mathématicien anglais, professeur de géométrie à l'université d'Oxford. Il a été l'un des fondateurs de la Royal Society. Ses travaux concernent principalement le calcul différentiel et intégral, et préfigurent ceux de Newton. On lui doit le symbole de l'infini (∞) que l'on utilise de nos jours. Il est également précurseur de la phonétique, de l'éducation des sourds et de l'orthophonie.

Wickins, John (1640-1727), *fellow* du Trinity College, compagnon de chambre et assistant de Newton à partir de 1663. Il le quitta en 1683 pour se marier et devenir pasteur.

Wren, Christopher (1632-1723), architecte, mathématicien et astronome anglais, connu pour les bâtiments qu'il fit construire après le grand incendie de Londres. Trente ans avant Newton il suggéra, avec Hooke, la loi du carré inverse pour rendre compte des trajectoires elliptiques de Kepler. Il joua un rôle de premier plan dans le Collège Invisible, qui deviendra la Royal Society, où l'étendue de ses intérêts et son expertise sur des sujets très divers favorisèrent l'échange d'idées entre les différents savants. Wren fut président de la Royal Society de 1680 à 1682. Newton, dans les *Principia*,

cite Wren, Wallis et Huygens comme les meilleurs mathématiciens de son temps (à part lui-même bien sûr).
En architecture, influencé par l'art de Vitruve, Wren conçut de nombreux bâtiments, chapelles et jardins, d'abord dans les collèges de Cambridge et d'Oxford, puis comme architecte en chef de la reconstruction de Londres après le Grand Incendie. Il refit les plans de la ville, supervisa la reconstruction de cinquante et une églises, la cathédrale Saint-Paul, l'observatoire royal de Greenwich ou l'abbaye de Westminster. Il mourut à l'âge de quatre-vingt-dix ans.

Whiston, William (1667-1752), a suivi les cours de Newton à Cambridge, ordonné prêtre en 1693. Encouragé par David Gregory à étudier les *Principia* de Newton. Auteur d'une *New Theory of the Earth* (1696), où il voulait démontrer que les récits bibliques de la création et du déluge avaient une explication scientifique, faisant notamment intervenir les chutes de comètes. Il devint l'assistant salarié de Newton en 1701. En 1702 il lui succéda comme titulaire de la chaire Lucas de mathématiques de Cambridge. Avec l'accord de Newton il publia en 1707 les cours d'algèbre de ce dernier sous le titre *Arithmetica Universalis*.
Comme Newton, il fut antitrinitaire et osa publier ses opinions en 1709, ce qui lui valut d'être accusé d'hérésie et d'être démis de ses fonctions à l'université de Cambridge. Il alla vivre à Londres, donnant des cours de physique dans les maisons de café (le concept aujourd'hui à la mode de « café des sciences » vient donc de lui). Quand sa situation s'améliora, il proposa au Parlement, avec l'appui de Newton et de Halley, d'encourager les travaux sur le problème des longitudes par une forte récompense financière. L'acte officiel, le Longitude Act, fut signé en 1714, mais le prix ne fut attribué qu'en 1773 à l'horloger John Harrison, inventeur du chronomètre de marine.

2. Les systèmes du monde de Copernic à Newton

Les astronomes ont depuis toujours bâti des « systèmes du monde » pour tenter de rendre compte des mouvements célestes et de l'organisation générale de l'univers, en fonction des connaissances de leur temps.

Les diagrammes ci-après illustrent le système héliocentrique de Copernic, son adaptation par Galilée après la découverte des satellites de Jupiter, et le système géo-héliocentrique de Tycho Brahé, adopté par les jésuites et qui restera en faveur jusqu'au milieu du XVIIe siècle avant d'être détrôné par la vision héliocentrique.

Ces trois systèmes supposent un univers fini, enclos par une ultime sphère, celle des « étoiles fixes ». Le passage du monde clos à l'espace infini est une révolution progressive, due à Thomas Digges (1576), Giordano Bruno, René Descartes (1633) et Isaac Newton.

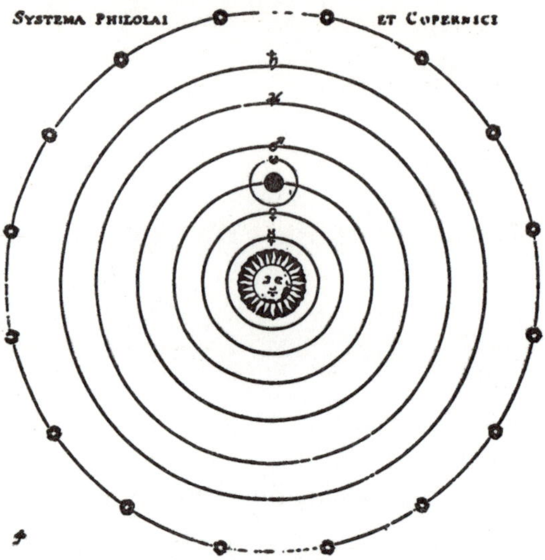

Système de Copernic (1543)

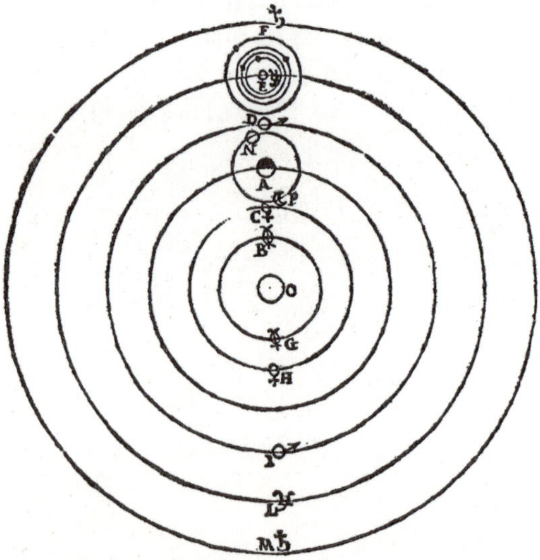

Système copernico- galiléen (1632)

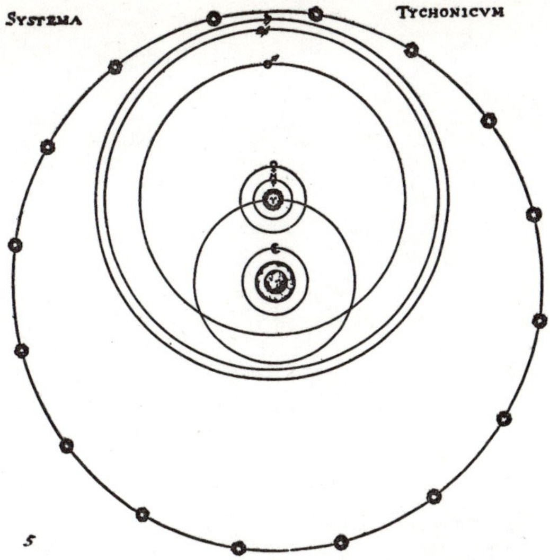

Système de Tycho Brahé (1589)

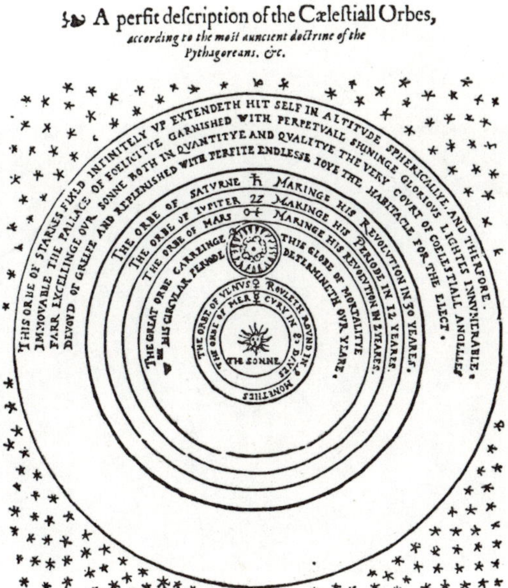

Système de Digges (1576)

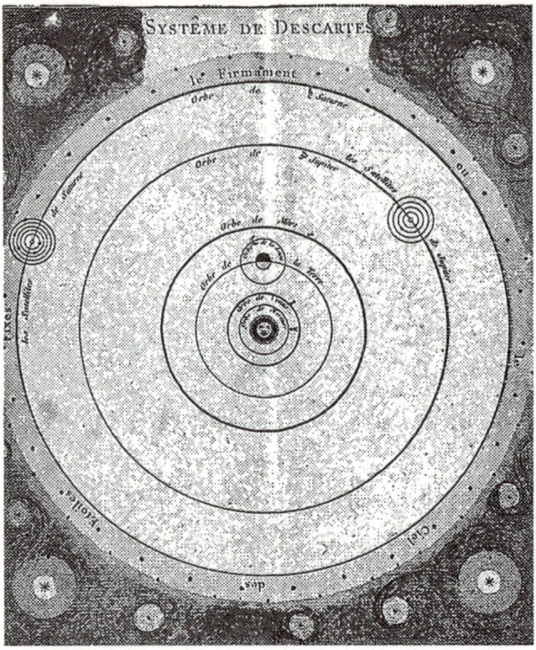

Système de Descartes (1633)

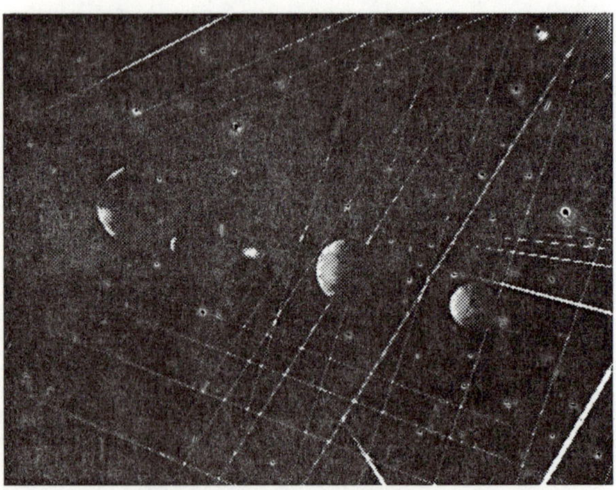

Système de Newton (1687)
(adaptation moderne)

Pour l'éditeur, le principe est d'utiliser des papiers composés de fibres naturelles, renouvelables, recyclables et fabriquées à partir de bois issus de forêts qui adoptent un système d'aménagement durable.

En outre, l'éditeur attend de ses fournisseurs de papier qu'ils s'inscrivent dans une démarche de certification environnementale reconnue.

Photocomposition Asiatype

Impression réalisée par
CPI BRODARD ET TAUPIN
La Flèche
en février 2010

Imprimé en France
Dépôt légal : mars 2010
N° d'édition : 01 – N° d'impression : 56658